U0013376

道地韓國媽媽
家常菜360道

·暢銷250,000本珍藏版·

suncolor
三采文化

韓國評價最高料理雜誌《Super Recipe》月刊誌／著

為料理新手而生的專門食譜書！

初學料理的我，不管煮什麼都會失敗

結婚至今已邁入第 13 年，雖然現在親朋好友都稱讚「你手藝真好」，但其實我也有過一段失誤連連的料理新手時期。

結婚當時抱著「船到橋頭自然直」的心態，只買了一本食譜書，也沒特別去學做菜，等到實際動手做後，才發現下廚真的好難。某次要做涼拌菠菜，但菠菜燙過頭結成一大塊；平淡無味的味噌砂鍋，也被老公說像水；香炒馬鈴薯，碎到只能用湯匙舀；還有不懂拿捏麵糊濃稠度與火候大小，做出外皮焦黑、內餡又沒熟的海鮮煎餅。現在回想起來，這些明明都是最簡單的基本料理，為何會錯得如此離譜……。

相信很多人跟我一樣，每當做菜遇到困難時，就會想打電話回家跟媽媽求救，雖然得到的回答常常是：「要看情形，然後再……」，但即使如此也幫我不少忙。儘管媽媽本身廚藝精通，料理調味全在彈指之間，但笨拙如我，在把媽媽的好廚藝完整吸收之前，還是得靠自己反覆練習，從錯誤中學習。

投入料理雜誌編輯後，擺脫料理新手

記得確切地與「料理新手」這個封號說再見，是在 6 年前，也就是《Super Recipe》月刊誌創刊之後。這是一本專為料理初學者所設計，同時以「料理成敗取決於食譜好壞，而非

廚藝本身」、「新手照著做也一定會成功」等精神為目標，歷經了千辛萬苦才得以誕生的料理雜誌。

每道食譜皆是經過試作小組幾番的研究試做。正式刊載於雜誌前，必須邀請讀者實做、驗證，還必須針對讀者意見反覆檢討。雜誌出刊後，要關心讀者們實際運用的狀況，甚至觀察、追蹤他們所喜好的料理與食譜。

每次雜誌出刊，我也會跟著試做，一個月會做個近 30 道料理，日積月累之下，我的料理實力進步神速，家人對三餐菜色也是越來越滿意。

讀者需要超基本的料理食譜書！

最近陸續有讀者反應，希望《Super Recipe》能介紹更多簡單上手的基本料理。由於這本雜誌為月刊形式，主要是介紹以當季食材為靈感所發想的創意食譜，但有些才剛開始學習料理的讀者，也希望我們能多介紹一些家常菜色，比方說涼拌菠菜或是菠菜味噌湯等。

為了回應讀者的心聲，我們沿襲《Super Recipe》的製作精神，企劃出一本完全是基本菜色的食譜書。而關於這本食譜的內容，我光是回想自己料理新手時期的歷程，就整理出得分成 3～4 本才能討論完的資料，但過多的資訊，對料理新手們而言絕對是一大負擔！

因此我決定徵求真正的料理初學者，請他們選出「真正的基本料理」。透過即時通訊軟體所經營的粉絲團，我們選出 100 位料理新手作為審查團，並對他們進行兩次問卷調查，再將所有精華內容濃縮編輯成這本食譜。

嚴選 360 道，百名新手試做成功

最後選出的基本菜色有 306 道，外加延伸菜色 56 道，這多達 360 餘道的料理食譜，全都經過了無數次的研究與驗證。此外，還收錄審查團們指定的內容，例如食材的挑選方法、保存方式等，經過一番的資料蒐集整理後，這本書的製作時間竟比原先預設的要花上兩倍之多。

雖然過去我們也製作過不少食譜專書，但為了製作出符合真正基本料理精神的食譜，過程困難度其實已超越我們原先所想像。

誠如一位大力支持我們的料理審查員所說：「《Super Recipe》像是我的廚藝老師，而這本食譜則比較像是我媽媽！」因此我衷心期盼，這本食譜能幫助更多的料理初學者，解決他們下廚時的各種疑難雜症。

最後，由衷感謝這 100 位料理新手審查團，有他們的鼎力協助才能完成如此意義非凡的食譜，更要向進行無數次實驗、修正作業的試作小組、編輯群投以熱烈的掌聲。

《Super Recipe》月刊誌
總編輯 朴成珠

《道地韓國媽媽家常菜 360 道【暢銷 25 萬本珍藏版】》
百名料理新手審查團

「這本食譜不是要教你做什麼複雜名菜，而是確實地將料理基礎知識傳授給你。是一本像我這種在腦子裡很會煮，但實際動手做卻經常出狀況的料理初學者，照著做也不會失敗的食譜專書！相信它能替更多的料理新手帶來滿滿的自信感。」

——韓素姬小姐

Chapter 01　基礎廚藝指南

Chapter 02　基本家常料理

涼拌野菜蔬食

醬燒與小菜類

Chapter 03　基本湯品料理

本書使用說明

本書所介紹的每道食譜，全是由以下元素所組成。

各項元素在食譜中扮演的角色如下，照著食譜動手料理前，請務必詳讀！

★本書介紹的食譜皆以 2 人份為基準，泡菜類等料理則為適合一次製作的分量，且另有標示冷藏可保存的天數。

★食譜中若出現了以手抓分量的食材，以 1 把或 2 把為標記時，請參考第 13 頁的圖片。

1 按食材類別設計菜色
嚴選四季都能輕易買到的食材，
來設計食譜。

2 介紹各項食材的處理方法
詳細介紹食材的處理法與步驟圖。

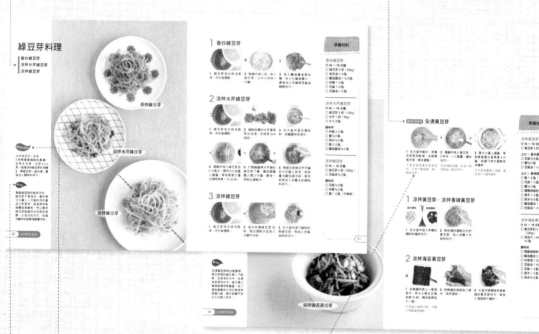

3 ＋Recipe 特別收錄延伸菜色
想利用家中現有食材來替代嗎？這裡告訴你該
如何調理。另外，某些料理可用壓力鍋烹調，
在這也有詳細介紹壓力鍋的煮法。

4 不失敗的小撇步
不能因為一個小失誤就搞砸整道料理！超級實用
的小撇步與烹調相關的原理，讓你跟著食譜做的
同時，同步確認。

5 ＋Tip 實用又值得牢記的附加情報
不管是讓料理更美味的祕訣，還是按不同用途的食材
挑選方法、剩餘料理的保存方式，這些豐富又實用的
附加情報，絕對讓你的食譜活用度破表。

6 清楚標示調味，讓你依照喜好做選擇
若能熟知各式調味搭配，就能增加料理的變化。
這裡列出可與各式料理搭配的調味選項，稍微改
變一下調味，就能做出不同的精采料理。

chapter

01

零經驗料理新手必讀

基礎廚藝指南

- 計量法與刀工切法
- 調味料使用法
- 新鮮食材挑選要領
- 剩餘食材保存方式
- 拯救你的失敗料理

相信曾經下廚做菜的人，心中總是有許多大大小小的疑問。無論是剛開始

學習做料理的新手，還是廚藝已有一定水準的老手，你們的所有疑惑，都

能在本書找到解答。像是食材的計量與刀法、調味料的使用，或讓人最困

惑的食材保存法，甚至是沒人告訴你的料理必勝小撇步，這些超實用的基

礎廚藝知識，全都完整收錄在書中。

精準呈現色香味！食材計量法

要讓一道料理呈現相同風味的關鍵就在正確地計算分量！
依照食材屬性，來學習使用專門計量器具、紙杯、湯匙甚至是手的分量計算法。

使用專門容器　以 1 大匙 15ml，1 小匙 5ml，1 杯 200ml 為基準。

醬油、醋、酒等液體類
使用量杯時，須放在平整無傾斜的地方，將材料盛裝至不溢出邊緣的程度。量匙也是這樣使用。

砂糖、鹽等粉末類
裝滿材料後，如照片所示，將頂部抹平整。不須用力按壓材料，只要在盛滿後，輕輕抹去多餘部分。

味噌、辣椒醬等醬料類
裝滿材料後，將頂部抹平整。

花生、堅果等顆粒類
按壓盛滿後，將頂部抹平整。

★麵粉較輕，辣椒醬較重，同樣是一杯，重量也不同。

沒有專門容器時

量杯 vs 紙杯
量杯的容量為 200ml，紙杯也是相同的容量，所以可以用紙杯直接取代量杯。

量匙 vs 餐匙
因為餐匙 1 大匙＝10～12ml，容量比量匙少，所以要滿一點，但每個人家中的餐匙大小皆不同，建議還是使用專門量匙。

＝

將食譜分量增加至 4 人分

本書介紹的食譜皆為 2 人份。增加食譜分量時最需注意的就是要重新調味。不論是調味料，或是煮湯的水量，都能以下列所述方式來調節，亦可視實際狀況調整。

只要增加 90% 的調味料＆水量

水
即便料理的分量變多，烹煮過程中水分的蒸發量都是差不多的，若是單純的多一倍水量，味道會變得過淡，因此僅需增加 90% 的水量。

調味料
即便料理的分量變多，沾黏在大盆或平底鍋等器具上的調味料損耗都是差不多的，若是直接多一倍的調料用量，味道會過重，所以僅需增加 90% 的調料用量。

用手抓分量

鹽 少許（⅕茶匙以下）

胡椒粉 少許（輕撒兩次）

冬粉 1 把（100g）

麵條 1 把（150g）

韓國麵線 1 把（70g）

大蔥（蔥白）
1 根 15cm

舞菇 1 把（50g）

秀珍菇 1 把（50g）

青花菜 1 棵（200g）

黃豆芽、綠豆芽 1 把（50g）

菠菜 1 把（50g）

冬莧菜 1 把（100g）

薺菜 1 把（20g）

野蒜 1 把（50g）

甜菜葉 1 把（150g）

韭菜 1 把（50g）

水芹 1 把（70g）

蘿蔔葉 1 把（100g）

山茼蒿 1 把（40g）

蘿蔓生菜 1 把（75g）

小葉蔬菜 1 把（20g）

桔梗 1 把（100g）

短果茴芹 1 把（50g）

乾海帶芽 1 把（4g）

終結失敗下廚去！火候調整

為了完美呈現各式料理，遵守各步驟提示的火候大小是必須的。
請將書中所提示的火候標準熟記在心。

調整火候大小

每家的爐火火力皆不相同，請以火焰與鍋底間的距離為依據，來調整火候大小。

中小火

中大火

預熱
以中火燒熱煎鍋，用手靠近能感覺到熱氣時，代表預熱完成。

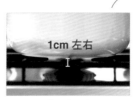
1cm 左右

小火
火焰與鍋底約距離 1cm。

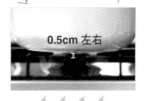
0.5cm 左右

中火
火焰與鍋底約距離 0.5cm。

大火
火焰能直接碰觸到鍋底。

炸油溫度這樣看

製作油炸料理時，若油溫過高，食物容易外部燒焦但內部卻尚未熟透。因此油的溫度很重要。將炸油燒熱後，要用長筷攪拌讓油溫更均勻，可撒入麵粉或麵糊檢測油溫（如下圖）。油炸過程中的溫度維持也相當重要，用大火燒滾炸油後，轉中火維持油溫。若一次放入過多食材，導致油溫下降得太快時，可轉大火升高油溫；若一放入食材，麵衣顏色就立刻變深，請轉小火維持油溫。

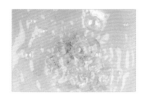

低溫（150°～160℃）
撒入麵糊測試，麵糊沉至鍋底後，再浮起來。

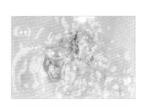

中溫（170°～180℃）
撒入麵糊測試，麵糊僅沉至鍋子中等深度就浮起來。

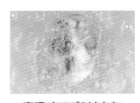

高溫（190℃以上）
撒入麵糊測試，麵糊在炸油表面就開始變酥。

剩餘炸油處理法
報紙揉成團放進牛奶盒，倒入廢油，再塞入報紙重覆相同步驟，最後將吸滿油的報紙丟入垃圾袋。

料理賣相看這裡！基本刀工切法

最讓新手們害怕的料理步驟便是刀工了。
無論拿刀姿勢，還是食材切法，現在全部一次教會你。

辛香料處理

蒜末切法

1 用刀鋒側面將已去皮的大蒜壓碎。

2 將大蒜切碎。

3 蒜末裝入保鮮袋，用刀背壓出一次用量的痕跡、冷凍，每次取一小塊使用。

大蒜 2 顆（10g）
＝蒜末 1 大匙

蔥末切法

1 一手固定蔥，用刀在蔥白切出數道切口。

2 將蔥白切碎。

3 將剩餘蔥擦乾，放入保鮮袋或鋪有廚房紙巾的密封容器中冷藏，或直接切碎冷凍保存。

大蔥（蔥白）
5cm（10g）
＝蔥末 1 大匙

洋蔥末切法

1 從洋蔥右側，以 45 度角切至中間部位，重複幾道切口。

2 將洋蔥轉向，從右側以 45 度角切至中間，重複幾道切口。

3 洋蔥轉 90 度角後切碎。

洋蔥 1/20 顆（10g）
＝洋蔥末 1 大匙

薑的處理法

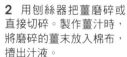

1 薑洗淨，用湯匙輕輕刮除表皮。

2 用刨絲器把薑磨碎或直接切碎。製作薑汁時，將磨碎的薑末放入棉布，擠出汁液。

薑（蒜頭大小）2 塊（10g）
＝薑末 1 大匙

基本刀工

切兩等分
上:從長邊對切兩等分。
下:從中間對切兩等分。

切丁、切末
左:切小丁。(0.5cm,葵花子大小)
右:切末。(0.3cm,米粒大小)

斜切
把食材斜切成 0.3cm 的厚度。

切絲
左:切絲。(0.5cm 厚度)
右:切細絲。(0.2 ~ 0.3cm 厚度)

切絲(白蘿蔔及紅蘿蔔)
把食材切成方片後再切成絲。若切成圓片,切絲時的長短會不整齊。

切絲(辣椒)
食材從長邊對切,剔除辣椒籽,按所要的長度切成絲。

切薄片
把食材切成厚度 0.3cm 的薄片。

切片
把食材切成厚度 0.3cm 的小片。

切圓塊
把食材切成所要的大小後,將邊角處修圓。

平切
把食材切成 0.3 ~ 0.5cm 的厚度後,再平切成四邊 2 ~ 3cm 的大小。

切正四方塊
把食材切成 2 ~ 2.5cm 的厚度,再切成寬度 2 ~ 2.5cm 的正四方塊。

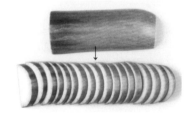

切半月形
食材從長邊對切後,再切成所要的厚度。

切一口大小
把食材切成容易就口的大小（約栗子大小）。

按食材原形切
去除香菇或杏鮑菇的蒂頭後，按原來的形狀切片。

+Tip

拿刀的姿勢
很多人以為拿刀時只要握著刀柄就可以了，實際上必須同時握緊刀背與刀柄，手腕才不會過度用力，刀鋒上的力量才能平均分散，切得更平穩。如下圖所示，拇指與食指輕握著刀背，剩餘三隻手指，如包覆般地握緊刀柄。切的時候手腕不要太出力，才能更自在地使用廚刀。

切扇形（銀杏葉形）
馬鈴薯、白蘿蔔：把食材以十字刀法切塊後，再切成所要的厚度。
櫛瓜：把食材從長邊切四等分後，再切成所要的厚度。

切條，切圓片
把食材切成固定厚度。

不同食材的刀工

切青椒、甜椒

1 把紅甜椒從長邊對切成兩等分。

2 拔除蒂頭並清除內部。

3 紅甜椒內部朝上，切時才不會滑手，並切成所要的大小。

削小黃瓜皮

1 先切成需要的長度。

2 在表皮畫出切口後，順著切口插入刀。

3 由上往下轉動刀子，不要切到中間的部分，削除表皮。

家家常備！**基本調味醬料**

本書所介紹的食譜，都是以每個人家中必備的調味料來增添風味。
跟著本書下廚前，先來看看這些必備調味料與替代方法吧！

這些調味料不可少！

- ☐ 鹽
- ☐ 砂糖
- ☐ 胡椒粉
- ☐ 韓國辣椒粉
- ☐ 純釀造醬油
- ☐ 韓式醬油
- ☐ 韓式辣椒醬
- ☐ 韓式味噌醬
- ☐ 薑末
- ☐ 蒜末
- ☐ 醋
- ☐ 清酒
- ☐ 料理酒
- ☐ 果寡糖
- ☐ 韓國醃梅汁
- ☐ 蜂蜜
- ☐ 韓國蝦醬
- ☐ 韓國魚露
- ☐ 食用油（大豆油、葡萄籽油、芥花油或是葵花油）
- ☐ 橄欖油
- ☐ 芝麻油
- ☐ 紫蘇油
- ☐ 熟芝麻
- ☐ 紫蘇籽粉
- ☐ 太白粉
- ☐ 麵粉
- ☐ 韓國煎餅粉
- ☐ 美乃滋
- ☐ 西式芥末醬
- ☐ 番茄醬
- ☐ 韓式黃芥末醬
- ☐ 蠔油

鹽
請使用鹽花（海鹽）。若是使用精鹽，依食譜分量加入時，鹹度會過高，請品嚐過後斟酌的用量。

鹽花 vs 粗鹽
鹽花是將粗鹽再多一道製程，去除雜質精製而成，在韓國家庭中被廣為使用。粗鹽則是把海水蒸發後，去除滷水而得取的天然海鹽，多用於醃漬蘿蔔、大白菜或是生鮮海產，因為依然含有部分灰塵與雜質，因此一定要用水把食材洗淨。

砂糖
請使用白砂糖。黑糖與黃糖的甜度雖然類似，但料理的香氣與色澤會不一樣。為了呈現清澈純淨的甜味，建議使用白砂糖。

醬油
請使用市售的純釀造醬油、韓式醬油。使用混合醬油取代純釀造醬油時，加入相同份量即可。

純釀造醬油（양조간장）vs 混合醬油（진간장）
vs 韓式醬油（국간장）
純釀造醬油是利用微生物將大豆、小麥等原料發酵後加入食鹽水，經過 6 個月以上的熟成製成「天然醬油」。混合醬油則是為了在短時間內大量生產，在純釀造醬油中加入「酸水解醬油」（速成的化學醬油）混製而成的。一般而言，加入酸水解醬油的比例越高，混合醬油的價格越低，最近還有所謂縮短釀造時間的「自然醬油」，購買前請認清商品說明，盡可能使用純釀造醬油。韓式醬油則是以豆醬為原料，發酵熟成製造的古早味醬油，也稱作「朝鮮醬油」。比起韓式醬油，純釀造醬油與混合醬油的顏色較深，鹹度較低並帶有甜味，比較不適合用在湯品料理；而韓式醬油適合用在涼拌菜中。而燉煮醬油、低鹽醬油、芝麻醬油，多都可取代純釀造醬油或混合醬油。

韓式辣椒醬
請使用一般市售辣椒醬。私釀的傳統式辣椒醬在辣味與口味上皆有差異，使用時若發現風味不足，可加點純釀造醬油或韓國蝦醬、魚露。

韓式味噌醬
請使用一般市售改良式味噌醬。傳統式味噌醬的鹹度較高，請試過斟酌的用量。

薑末
若想用薑粉替代，用量約薑末的⅕。例如薑末（1 大匙，10g）＝薑粉（⅕大匙，2g）。

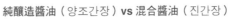

基本調味料的替代方法

酸味

以酸味為基準，醋的酸味要比檸檬來得明顯，而檸檬有特殊香氣，適合用在生菜沙拉的醬汁裡。

★醋 1 大匙＝檸檬汁 1 ½ 大匙

甜味

以砂糖為基準，飴糖與砂糖的糖度相似，使用相同分量即可，水麥芽或果糖的糖度較低，用量就需增加。但使用顆粒糖或液體糖，會影響料理的濃稠度與光澤感，請注意。

★砂糖 1 大匙＝飴糖 1 大匙＝果糖 1 ½ 大匙＝蜂蜜¾大匙

料理酒

東方料理中常使用清酒與韓國燒酒，西方料理中則常用葡萄酒或啤酒。料理酒是帶有甜味的調味酒，所以替代時得適度加點砂糖。

★清酒 1 大匙＝韓國燒酒 1 大匙＝啤酒 4 大匙
★料理酒 1 ½ 大匙＝清酒 1 大匙＋砂糖½大匙

* 水麥芽／用酸性物或酵素將穀類或薯類的澱粉質糖化後製成，是無色或淡黃色，略帶黏稠性的甜味佐料。可用台灣的透明麥芽糖替代。

飴糖／將穀物以麥芽糖燉煮入味製成，是猶如蜂蜜般濃稠的甜味佐料。

清酒、料理酒
在料理中加入酒，隨著酒精的蒸發可去除腥味。料理酒的酒精濃度低、甜度高，比起用來去除腥味，更常被用作增添料理的光澤感與風味。一般人家裡常常只準備清酒或料理酒，但這兩種酒在料理中所扮演的角色不同，建議兩種都要備齊。

果糖
請使用市售果糖。使用水麥芽時，放入與果糖相同的分量即可。

果糖 vs 水麥芽 vs 飴糖 *
相較於其他糖類，果糖不但熱量與血糖上升指數比較低，甜度也高，適合使用在料理之中。但若是想做出具光澤感的燉物料理，它就不能像砂糖或水麥芽，在熬煮過程中呈現光澤感，要在燉煮結束，關火再放入拌勻才能帶出一些光澤。水麥芽比飴糖更易溶解，若在烹調的最後加入，光澤感會更為明顯，甜味也更加醇厚。飴糖則多用大米製成，帶有褐色與濃稠感是其特色，雖然可能會讓料理顏色過深或太甜，但加入某些特定料理時更能增添風味。這三種糖都能增加料理的甜味與光澤感，所以互相取代使用也無妨。

韓國蝦醬
鹹度高不易結凍，可以整瓶冷凍保存。

韓國魚露
請使用玉筋魚魚露（까나리 액젓）或鯷魚魚露（멸치 액젓）。製作泡菜、生拌菜、涼拌菜或是在調味湯品時，加入魚露來取代鹽及醬油，即便不加其他調味料，也能使料理的風味變好。一般來說，玉筋魚魚露的味道比鯷魚魚露來得清爽，想吃清爽涼拌菜時就用玉筋魚魚露，若想呈現濃郁風味則使用鯷魚魚露。購買小瓶裝冷藏儲存就可以久放使用。

食用油
請使用葡萄籽油、芥花油或大豆油。

葡萄籽油 vs 芥花油 vs 大豆油
葡萄籽油或芥花油不易沾黏燒焦，適合用在熱炒、油炸、煎烤等多樣料理中，同時香味淡與稠度稀薄，也適合做醬汁。此外，葡萄籽油富含維生素 E 可抗老化，而芥花油在所有食用油中，其飽和脂肪酸的人體吸收率是最低的。大豆油的味道淡雅，主要用於熱炒料理中，若用於油炸時則容易燒焦，不建議高溫使用，且其飽和脂肪酸的人體吸收率也偏高，所以也不建議直接生飲。

橄欖油
用作一般食用油的話，香氣會太強。由於其發熱點低，比起需要高溫烹調的油炸料理，更適合用在溫度不高的煎炒料理如義大利麵，或直接用麵包沾著吃，或調製成沙拉醬汁。

芝麻油、紫蘇油
皆在欲增添料理風味時使用。兩者最大的特色就在於「香氣」，芝麻油有強烈濃郁的芝麻香氣，而紫蘇油則帶有紫蘇籽的特殊香味。一般而言，芝麻油常加入涼拌菜類或肉類料理中，而紫蘇油若與帶有腥味的海鮮一起烹煮，不僅可以去除腥味還能減少料理的油膩感。因其發熱點低，兩種油都得在最後才能加入。

精挑細選好健康！新鮮食材挑選要領

使用新鮮食材做菜，絕對能讓料理的美味度更上一層樓。
以下是選購食材需注意的挑選重點大彙整，去市場或超市前一定要好好詳讀！

海鮮水產

★雖然多數食材一年四季都能買到，但是當季食材一定是更加美味，
以下用（）括號標示各類食材的盛產季節。

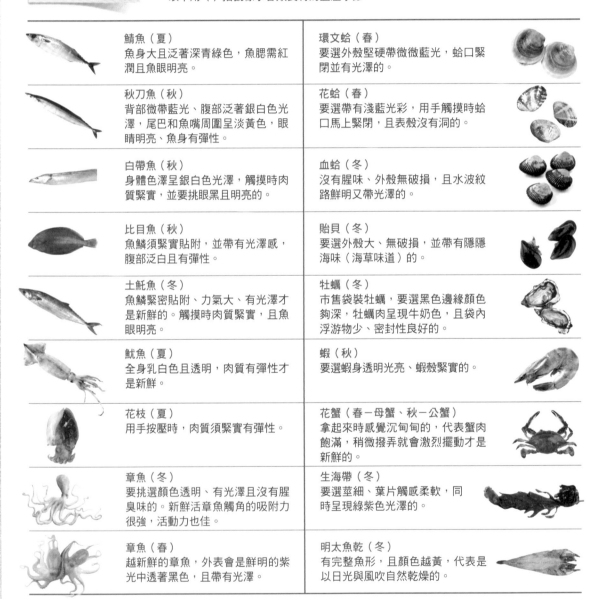

鯖魚（夏）
魚身大且泛著深青綠色，魚腮需紅潤且魚眼明亮。

環文蛤（春）
要選外殼堅硬帶微微藍光，蛤口緊閉並有光澤的。

秋刀魚（秋）
背部微帶藍光、腹部泛著銀白色光澤，尾巴和魚嘴周圍呈淡黃色，眼睛明亮、魚身有彈性。

花蛤（春）
要選帶有淺藍光彩，用手觸摸時蛤口馬上緊閉，且表殼沒有洞的。

白帶魚（秋）
身體色澤呈銀白色光澤，觸摸時肉質緊實，並要挑眼黑且明亮的。

血蛤（冬）
沒有腥味、外殼無破損，且水波紋路鮮明又帶光澤的。

比目魚（秋）
魚鱗須緊實貼附，並帶有光澤感，腹部泛白且有彈性。

貽貝（冬）
要選外殼大、無破損，並帶有隱隱海味（海草味道）的。

土魠魚（冬）
魚鱗緊密貼附、力氣大、有光澤才是新鮮的。觸摸時肉質緊實，且魚眼明亮。

牡蠣（冬）
市售袋裝牡蠣，要選黑色邊緣顏色夠深，牡蠣肉呈現牛奶色，且袋內浮游物少、密封性良好的。

魷魚（夏）
全身乳白色且透明，肉質有彈性才是新鮮。

蝦（秋）
要選蝦身透明光亮、蝦殼緊實的。

花枝（夏）
用手按壓時，肉質須緊實有彈性。

花蟹（春－母蟹、秋－公蟹）
拿起來時感覺沉甸甸的，代表蟹肉飽滿，稍微撥弄就會激烈擺動才是新鮮的。

章魚（冬）
要挑選顏色透明、有光澤且沒有腥臭味的。新鮮活章魚觸角的吸附力很強，活動力也佳。

生海帶（冬）
要選莖細、葉片觸感柔軟，同時呈現綠紫色光澤的。

章魚（春）
越新鮮的章魚，外表會是鮮明的紫光中透著黑色，且帶有光澤。

明太魚乾（冬）
有完整魚形，且顏色越黃，代表是以日光與風吹自然乾燥的。

水果

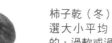

	**柿子乾（冬）** 選大小平均，蒂頭與表皮沒有發霉的，過軟或過硬的都不好。	**水蜜桃（夏）** 要選外觀上無瑕疵且香氣濃郁的，若蒂頭呈現淺黃色，代表已經熟成。
	橘子（冬） 選按壓時飽實有彈性，蒂頭與表皮不乾燥。皮薄緊實、有沉重感，代表汁液充足。	**蘋果（秋）** 表皮若是深紅色的，代表營養高風味佳，拿起來沉重又結實的代表很新鮮。
	柿子（秋） 蒂頭黃色且越凸，代表果核分布均勻且味道佳。表皮色澤光亮且深的話代表越新鮮。	**藍莓（夏）** 挑藍色色澤鮮明、果肉結實，表面沾有銀白粉末的，彈性不佳且出水的藍莓則不要選購。
	紅棗（秋） 生紅棗要選果粒粗大且結實的；乾燥紅棗則要選表皮乾淨且充滿光澤的。	**杏桃（夏）** 果實整體若為均勻的淡黃色，代表果肉結實、汁液豐富、風味絕佳。
	草莓（春、冬） 果實呈現均勻紅色，表面光亮且布滿草莓籽，花萼向上翻起的話代表是新鮮的。	**西瓜（夏）** 選擇外表紋路是鮮明深綠色且間距整齊的。若還帶有蒂頭代表新鮮度夠，且蒂頭越小越好。
	花生（秋） 花生容易發酸，要選尚未剝殼的，且要避開有霉味的。	**柳橙** 要選形狀圓潤、顏色均一，拿起來有重量的。表皮不要太過光滑，要找有點粗糙的。
	檸檬 選帶有淺黃色且香氣濃郁，表面有光澤、拿起來有重量的。	**李子（夏）** 要找摸起來結實且底部微尖，同時帶有鮮明深紅色且蒂頭有明顯凹陷的。
	哈密瓜 選用手拿起來時感覺結實沉重，表皮網狀紋路明顯、按壓蒂頭時要可以按壓進去的。	**香瓜（夏）** 要選表皮深黃且帶有光澤，並且散發濃郁的香瓜氣味。
	香蕉 若要現吃，要選鮮明黃色且上頭有褐色斑點的；根部若是尚呈現綠色，要放在室溫1～2天熟成後再吃。	**奇異果** 要挑大小均勻且表面乾淨光亮的。整粒果實軟的會比硬的好吃。
	栗子（秋） 要選果實粗厚，表皮呈深褐色且有光澤的。	**葡萄（夏）** 要選果實不分散而緊密貼附在一起的，表皮白色部分越多的話，代表味道越好。
	水梨（秋） 要選又大又圓，表皮光滑又光亮的。	**核桃（秋）** 要選核仁飽滿、有沉重手感的。若是有洞可能是被蟲咬過或是脂肪酸化造成，要避免選購。

蔬菜

 茄子（夏）
表皮要呈現鮮明紫色且光亮平滑，形狀筆直或彎曲，在口感上差異不大。

 大蔥（秋）
要挑蔥白與蔥綠清楚分明，白根部位結實光亮、蔥葉沒有枯黃的。

 馬鈴薯（夏、秋）
挑選表面光滑、結實有重量，且外皮乾燥無水氣的。

 沙參（春）
至少要 3 年生以上的才好吃。要選表面紋路不深、大小均一，鬚根少、無枯黃且香氣強烈的。

 地瓜（夏、秋）
將外表泥土抖落後，要選表皮是光亮且呈現鮮紫紅色的；表面若有黑斑或瑕疵就不要選購。

桔梗（春）
韓國產的桔梗，比其他國家產的來得細短，大部分都會分岔出 2～3 個粗根且鬚根較多。

蕨菜（春）
韓國產的蕨菜，莖細短、多葉並呈現淺棕色，鱗毛較少且有強烈的獨特香氣。

 山藥（秋）
整體粗重者比較新鮮，且要挑表面沒有傷痕、斷面呈白色的。

甜菜葉（秋）
要挑葉片大、柔軟且莖要粗短才是鮮嫩的，同時葉片需無損傷且結實光亮。

 蒜頭（夏）
要選外皮結實、拿起來有沉重手感的。韓國產的蒜頭，表皮會有紅色光澤並帶有鬚根。

紫蘇葉（夏）
要選表面絨毛分布均勻且蒂頭沒有乾枯萎縮的。

 蒜苔（春）
新鮮蒜苔的上截是鮮綠無枯黃且有韌度的。韓國產的蒜苔，下截為淺綠色的；中國產為白色的。

薺菜（春）
要挑根部不會過粗，葉子為深綠色且香氣濃郁的。

 白蘿蔔（秋）
挑選帶葉、結實沉重且有光澤的。白色部分光亮、青色部分較多的比較好吃。

 秀珍菇（秋）
蕈傘表面透出些許灰色，其背面的蕈折紋路鮮明整齊又帶著白光的越新鮮。

 水芹（春）
葉子為淺綠色且帶光澤的水芹比較鮮嫩。要選莖粗、梗節間距短、香氣濃郁的。

 南瓜（秋）
整體是深綠色，底部為黃色且拿起來沉重的才是新鮮的。

 大白菜（秋、冬）
要找葉片完整且濕潤有水分、底部結實、拿起來有重量，根部無裂痕與變色。

 野蒜（春）
要挑選球根粗、鬚根少、白色部位短、葉莖顏色鮮明，摸起來軟嫩有水分的。

 韭菜（夏）
要挑葉子顏色鮮明、粗短且筆直的，葉子尾端有枯黃的不要選購。

 紅蘿蔔（秋、冬）
要選表面光滑無鬚根且顏色鮮明，結實且形狀筆直的。

 青花菜（冬）
綠色越深代表營養素越多，整體花蕾小且緊密結實的代表較嫩且甜度高的。

萵苣生菜
要選葉子翠嫩有厚度且表面光亮的，不要選購葉子上有黑點或有撕傷的。

洋菇（秋）
要挑蕈傘微白且圓，蒂頭肥大的。

杏鮑菇（秋）
要挑蕈柄表面光滑結實，蕈傘形狀勻稱、背面蕈紋密實的。

洋蔥（夏）
要找外皮光亮、乾爽、乾燥的，整體結實拿起來有沉重手感的。

薑（秋）
緊連的薑塊要粗且彎曲少，表皮薄代表比較嫩、不辣且水分多的。

蓮藕（冬）
要選形狀粗長，拿起來有重量，內部呈白色且柔軟的。

菠菜（冬）
長度短、葉片厚的比較好吃，要選葉子是深綠色且嫩葉較少的。

蘿蔔葉（夏）
要挑葉子呈鮮綠色，莖部軟嫩且稍微厚實的。

蘿蔔葉乾（冬）
要確認有沒有長蟲，若還帶有淺淺微綠的話，營養比較豐富。

小黃瓜（夏）
要找表皮光亮帶有小刺，且有彈性的。

艾草（春）
要挑新鮮帶有小嫩葉，同時莖細柔軟的，整體為深綠色且葉背有銀光。

玉米（夏）
要選表皮是鮮綠色、玉米鬚是棕色，且玉米粒彈性佳、水分多的。

茼蒿（冬）
葉片翠綠有光澤的代表新鮮好吃。

牛蒡（冬）
直徑在 2cm 以下的牛蒡較無韌度；要挑外皮光亮無瑕，握住下擺搖晃，會激烈擺盪者。

冬莧菜（秋）
葉子須為鮮綠色且大又柔軟，莖部若肥碩的代表很新鮮。

青辣椒（夏）
表面越綠，代表吸收充足陽光成長，營養豐富，頂頭圓圓部位的口感也很細緻。

櫛瓜（春、夏）
呈現清新翠綠色並帶光澤，拿起來有沉重手感的，代表內部飽實不空洞。

番茄（夏）
表面光亮、蒂頭濕潤，拿起來結實有重量的代表很新鮮。

高麗菜（夏）
如左側斷面，頂部是飽滿且緩緩隆起突出、外葉呈深綠色的代表很新鮮。

金針菇（秋）
要挑蕈傘小、蕈柄整齊，不要選購根部已呈深褐色的。

結球萵苣（春）
呈淺綠色且用手按摸感到緊實，代表新鮮又好吃。

香菇（秋）
要挑蕈傘均勻展開，背部蕈紋明顯，蒂頭短小且肥碩的則代表很新鮮。

聰明吃出美味！各部位肉類的美味之道

大家最常購買的食材，非肉類莫屬。
想知道從各種肉類的挑選法及最佳烹調方式嗎？且看我們的詳細介紹。

1 肩胛肉
可做熱炒或需長時間熬煮的湯品、砂鍋用肉片。

2～5 腰脊肉
等級較高如板腱肉、肋眼等，適合直接烤或乾煎；等級較低的則適合熱炒，串燒或醬烤。

3 板腱肉
擁有豐富的大理石油花、充滿肉汁，口感柔軟、風味絕佳，適合直接燒烤。

4 肋眼
肉質細緻軟嫩，適合燒烤或乾煎，或是用作涮涮鍋、烤肉片。

5 後腰脊肉
位於牛腰部後方里脊部位，國外多是整塊乾煎，韓國料理則用來熱炒、串燒、燒烤、涮涮鍋等。

1,5 下肩胛梅花捲（Chuck Eye Roll）
進口牛肉中最常吃到，等同於韓國韓牛的腰脊與肩胛等部位。可使用在牛排、燒烤、熱炒、鍋物、涮涮鍋等料理。

6 腰內肉
由於脂肪含量不高，烹調過熱過久，肉質會變硬。適合燒烤、乾煎、醬燒。

7 牛臀肉
跟牛腱、牛腩一樣，多用在湯品、砂鍋肉片或是醬燒牛肉、熱炒牛肉、涮涮鍋等料理。

8 前腿肉
最適合用在需長時間烹煮的料理，也可作為湯品肉片，或用在熱炒或串燒。

9 牛小排
口感柔軟、脂肪含量高，白色霜降部分越多等級越高，主要用來燉煮、燒烤或煮成排骨湯。

10 牛橫隔膜
肉質組織結實，口感上稍硬，但肉汁濃郁且香Q耐嚼，很適合用來燒烤。

11 胸腹肉
猶如白色鵝卵石般的脂肪，交錯鑲嵌在瘦肉中，是牛胸腹肉的特色，耐嚼結實的口感，很適合薄切後用作涮涮鍋或燒烤。

12 牛腩肉
主要用來燉煮、白灼或煮湯。順著紋理很容易就能撕開，因此也很適合用來醬燒。

13 後腿部肉
主要由外側後腿肉、牛膝肉及牛後臀肉所組成。外側後腿肉適合燉煮或砂鍋料理；牛膝肉適合熱炒、煮湯；後臀肉則適合乾煎。

14 牛腱肉
分成前腱肉、後腱肉、腱子心（後腱肉與後腿連接附近）。前、後腱肉適合用在湯品、燉煮與熱炒，腱子心則適合用來燒烤、生拌或需久煮的料理。

牛肉

牛肉挑選法
挑選沒有腥味、肉塊呈現明亮深紅色且帶光澤感的牛肉。牛肉要軟嫩多汁才美味，所以最好選購熟成度佳的冷藏肉，若是只有冷凍，烹調前得緩慢解凍才不會讓肉汁大量流失。牛肉商品中有韓國國產韓牛、用母乳牛製成的乳牛肉、以公乳牛製成的肉牛肉，以及進口牛肉等。

牛肉等級
牛肉等級略分類為：左右美味度的大理石油花，即以脂肪分布程度來判定的「肉質等級」，或是以整體肉塊總重中，瘦肉占比多寡的「肉量等級」。
挑選時要確認清楚，若依據肉質等級，越接近1++級的，代表其脂肪含量高、肉質柔軟風味佳，適合用作燒烤、涮涮鍋。但不一定都得購買脂肪含量高的牛肉，像是醬燒、熱炒等料理就可以選擇2、3級的肉品。

豬肉

豬肉挑選法
挑選呈現淡紅色並帶有光澤感的豬肉。肉塊顏色蒼白且偏軟者，代表肉汁已流失。優質豬肉不僅脂肪顏色雪白、肉塊結實有彈性又帶香氣。脂肪部位若過於熟軟，或是已呈現黃色的肉塊，請避免購買。

1 肩胛肉
最具濃厚風味，主要用來燒烤或白灼後，包著萵苣生菜吃也很美味。

2 大里肌肉
肉質軟嫩較無脂肪且味道淡雅，可用在酥炸、醬燒或乾煎。

3 豬小排
肉質彈牙風味佳，可直接燒烤或醃漬後火烤，也能塗上西式烤肉醬做碳烤豬小排。

4 前腿肉
多作為火腿或香腸等加工品的原料，或是熱炒、砂鍋、煮湯。

5 豬肋排
主要作為塗抹調味料的煎烤用肉，或須長時間蒸煮的料理。

6 五花肉
肉質柔軟又美味，國外常做成培根，韓國則常用在煎烤或白灼後包著萵苣生菜吃。

7 小里肌肉
肉質軟嫩且肉汁多，適合厚切做成料理，主要用在炸、醬燒或糖醋、串燒等料理。

8 後腿肉
肉質紮實較無脂肪且味道淡雅，很常拿來做熱炒、油炸、砂鍋或白灼等料理。

雞肉

雞肉挑選法
用肉眼看時，雞肉呈現淡黃色並帶有光澤，肉質摸起來需有彈性；雞皮光亮帶乳白色，可清楚看到凹凸毛孔的代表很新鮮；按壓時感到水分潤澤飽滿，即可選購。

1 雞胸肉
最佳減肥食材，久煮肉質會乾澀，烹調時需多加留意。很適合搭配蔬菜做沙拉、冷盤，或做成醬燒、熱炒等料理。

2 雞里肌
此部位雞肉的蛋白質含量高，而脂肪、膽固醇及熱量則較低，適合油炸、熱炒、燉煮或做沙拉。但久煮肉質會變乾澀，烹調時需多加注意。

3 雞肩肉
肉質彈牙風味佳，煮熟後依舊軟嫩，適合用在油炸、烘烤、碳烤等。

4 雞翅肉
可以直接烹煮或去骨炸，尾端富含膠質，也很適合煮湯。

5 雞腿肉
肉質脆彈美味，雞腿皮中的脂肪含量比較高，適合用在需將油脂逼出而帶出光澤感的料理，如碳烤、醬烤、生烤或燉煮。

精打細算不浪費！食材保存法

每種食材都有不同的短期存放法與長期保存法。
活用這些保存法，新手更能精打細算地下廚去。

冷藏法

大蔥、青蔥
清洗後去除水氣，依照密封容器長度切段，並鋪上廚房紙巾分裝。每次只拿出所需分量使用，可保存10～14天。

蒜頭
逐顆剝除沾有泥土的外皮，置於室溫乾燥一天，裝入鋪有廚房紙巾的密封容器冷藏保存，可存放3個月左右。

薑
將還沾有泥土的薑，直接用報紙或廚房紙巾包裹，再用保鮮袋或保鮮膜包覆住冷藏保存，可保存2個星期左右。

黃豆芽、綠豆芽
放入裝水容器中密封起來，存放在冷藏室的蔬果保鮮層，每2～3天換一次水，可保存10天。

辣椒
有水氣的話容易腐爛，務必確認沒有水氣且保留蒂頭，裝入保鮮袋中放入冷藏的蔬果保鮮層，可存放3～5天。

青椒、彩椒
切過的，需去除內部的籽與蒂頭，並擦乾水分；沒切過的就保持整顆，兩者皆用保鮮膜包好後冷藏，可存放3～5天。

紫蘇葉、生菜
無需水洗，直接用報紙或廚房紙巾包裹後放入保鮮袋冷藏保存，可存放1星期左右。

韭菜
洗淨後將水完全瀝乾，切成易就口的長度，放入鋪有廚房紙巾的密封容器冷藏保存，可存放1星期。

櫛瓜、白蘿蔔、茄子
未用完的櫛瓜、白蘿蔔、茄子，水分會從切面開始蒸發，所以要用保鮮膜包覆後放入保鮮袋冷藏，白蘿蔔可放7～10天，櫛瓜與茄子可保存3～5天。

香菇
將蕈紋朝上，顛倒置放在密封容器中，蓋上保鮮膜，放入冷藏的蔬果保鮮層，可存放3～4天。

金針菇
不要拆除包裝，直接冷藏保存。若拆封可將尚帶有根部的金針菇，用保鮮膜包覆後冷藏保存，可存放3～4天。

秀珍菇
用廚房紙巾整個包覆後裝入保鮮袋中，放入冷藏室的蔬果保鮮層，可存放3～4天。

綠葉蔬菜
用報紙包裹後，將根部朝下套入塑膠袋，於冷藏室中直立存放，可保存3天左右。

魚
去除內臟與魚鰭並洗淨後，撒點鹽巴裝入密封容器或保鮮袋，放入冷藏室中的控溫保鮮層，可存放2天左右。

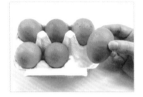

雞蛋
將尖的部分朝下冷藏保存，才能隨時吃到新鮮雞蛋，可存放1個月左右。

豆腐
將豆腐裝入密封容器，倒入能浸泡到豆腐⅔高度的冷水，不需馬上使用時，每天替換一次水，就能延長豆腐的新鮮度。

室溫存放法

昆布
剪成5×5cm的大小，裝入密封容器或保鮮袋存放在室溫，要使用時再取出，不讓濕氣滲入的話，可存放1年左右。

洋蔥
將洋蔥放入絲襪中打結，再放入下一個打結，用這種方式綁好後存放在室溫，可存放約2個月。

馬鈴薯
個別用報紙包好，放在通風陰涼處，與1～2個蘋果一同擺放就不易長芽，可存放2個月左右。

生米
密封好，放在無濕氣、無直射光線的10℃低溫環境，若使用的是黃土缸或洗淨乾燥過的密封容器，可存放1年左右。

冷凍法 能保存 1～3 個月

+Tip 冷凍前一定要記住！

1 將食材切成易就口的大小。

2 汆燙食材，將水瀝乾。

3 保持距離放在熱傳導性佳的托盤上，完全放涼才能冷凍。

4 記下保存起始日期與內容物，盡可能在一個月內食用完畢。

蔬菜

大蔥、青蔥
大蔥切成 0.5cm 寬，青蔥切成蔥花後裝入保鮮袋或密封容器中冷凍保存。無需解凍，在冷水中洗去表面的結霜後，就可加入料理中使用。

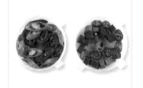

辣椒
辣椒切成 1cm 的寬度冷凍保存，可將青、紅辣椒分開裝入保鮮袋或小型密封容器中保存，再按用途取用。

蒜頭、薑
切末後，以 1 大匙為分量放入鋪有保鮮膜的製冰盒，再蓋上保鮮膜放入冷凍庫，完全結凍後裝進保鮮袋中，需要時再取出。

豆腐
切成易就口大小，放在金屬托盤上急速冷凍，再移入保鮮袋冷凍存放。冷凍豆腐無需解凍，直接加入味噌鍋煮，或做成醬燒料理都很好吃。

蘿蔔葉
洗淨處理後切成易就口大小，滾水汆燙後，用保鮮袋分裝成一次要吃的分量冷凍保存。無需解凍，在煮湯或砂鍋時加入即可。

地瓜藤
去皮放入加有鹽巴的滾水中煮約 5 分鐘，煮至半透明後將水瀝乾，用保鮮袋分裝，若買來的是已煮熟的，直接冷凍即可。烹調前移放冷藏解凍，可用在醬燒魚或燒炒料理。

櫛瓜
切成 0.7cm 厚的半月形，攤放在金屬托盤上急速冷凍，裝進保鮮袋冷凍存放。水分會隨著解凍過程流失，比起直接做成料理，拿來當作砂鍋的副食材更為適宜。

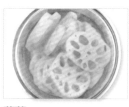

蓮藕
刨除外皮後切成 0.5cm 厚，用醋水泡 5 分鐘以防變色，將水瀝乾裝入保鮮袋冷凍保存。無需解凍即可做成醬燒料理，或在冷藏室解凍 30 分鐘，沾裹用麵粉與雞蛋混製成的麵衣，煎烤至金黃色。

馬鈴薯、紅蘿蔔
馬鈴薯去皮切成 1cm 厚，紅蘿蔔切成 0.5cm 厚，攤放在金屬托盤上急速冷凍，再以保鮮袋或密封盒冷凍存放。無需解凍，可用在湯品、醬燒或咖哩。

白蘿蔔
切成易就口大小，放入保鮮袋冷凍保存。無需解凍，與鰻魚、昆布一起熬湯，或煮魚板湯時加入。

高麗菜
洗淨後，逐片切成易就口大小，裝入保鮮袋冷凍保存。無需解凍，當作副食材加入燒炒料理，或用滾水汆燙，做成涼拌菜。

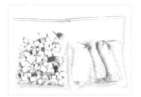

杏鮑菇
切成易就口大小裝入保鮮袋冷凍保存。無需解凍，煮飯時加入一起煮，或加調味料做成醬燒料理。

菠菜
用加有鹽巴的滾水汆燙後瀝乾水分，以保鮮膜把一次要吃的分量分裝冷凍。用鰻魚高湯將味噌醬煮散煮滾後，放入冷凍菠菜，煮 2 分鐘，就能做出菠菜味噌湯。

短果茴芹
用加有鹽巴的滾水汆燙後瀝乾水分，以保鮮膜把一次要吃的分量冷凍。放在室溫下 3～4 小時解凍後，做成涼拌菜或用雞蛋、煎餅粉做成煎餅。

黃豆芽
稍微汆燙瀝乾水分後冷凍保存。加入鰻魚昆布高湯或蛤蜊高湯燉煮成湯品，或是當副食材用在煎炒料理中。解凍烹調會導致口感不爽脆，直接用大火快速烹調即可。

彩椒
切絲後冷凍保存。無需解凍可直接加入煎炒料理中，冷藏解凍後雖然能直接生吃，但口感不佳，最好還是煮熟食用。

其他

年糕
用保鮮膜把一次要吃的分量分裝包好，放入保鮮袋冷凍保存。使用前，放室溫 30 分鐘或泡冷水 5 分鐘，邊解凍邊把黏在一起的年糕分開。

吐司
因為容易吸附食物異味及互相沾黏，所以要用保鮮膜分開包好，再裝入保鮮袋冷凍。冷凍吐司無需解凍，直接用烤吐司機或烤箱加熱，或沾裹蛋液後用煎鍋煎來吃。

米飯
把米飯以一餐的分量用保鮮膜分裝包好，急速冷凍後再放入保鮮袋中冷凍保存。解凍時可灑點水再放入微波爐中，以 700W 加熱 5 分鐘。

粉末類
裝入保鮮袋並標註存放日期與種類，緊密封好不讓水氣滲入冷凍保存。特別容易生蟲的夏天，最好是放入冰箱或冷凍保存。

海鮮

海帶芽
泡開的海帶芽用滾水汆燙
1 分鐘後，冷水沖洗兩到
三次，將水瀝乾。用保鮮
袋分裝成一次要吃的分量
冷凍保存。無需解凍，直
接煮湯，或在冷藏解凍 1
小時左右，再做成涼拌海
帶芽。

蝦子
把蝦頭、內臟、蝦殼摘
除後洗淨，用加有 1 ～
2 大匙料理酒的滾水汆燙
10 ～ 20 秒，先急速冷凍
再裝入保鮮袋冷凍保存。
泡鹽水解凍 10 分鐘後即
可使用。

花蟹
處理洗淨後，用保鮮膜將
一次要吃的分量包好後冷
凍保存。無需解凍，煮砂
鍋或湯品料理時直接加
入，或是事先調味再用保
鮮袋分裝，使用前一天移
至冷藏解凍即可。

明太魚卵
用保鮮膜分塊包好並急速
冷凍後，裝入保鮮袋冷凍
保存。食用前 3 ～ 4 小時
移放冷藏室解凍，加入芝
麻油、韓國辣椒粉、蔥花
與芝麻拌勻後即可食用。

白帶魚
處理成易就口大小再撒粗
鹽，用保鮮膜分塊包好急
速冷凍。無需解凍，可加
入調味料直接醬燒，或放
入加油的煎鍋，蓋上鍋蓋
用小火煎至兩面金黃。

煎烤用鯖魚
撒點粗鹽，用保鮮膜分塊
包好後冷凍保存。在冷藏
室放上半天解凍後，再放
入加油的煎鍋中煎烤。

醬燒用鯖魚
處理洗淨後，切成易就口
大小，用保鮮袋分裝成一
次要吃的分量並冷凍保
存。無需解凍，加水與調
味料直接醬燒即可。

煙燻鮭魚
用保鮮膜將一次要吃的分
量包好，急速冷凍後再放
入保鮮袋冷凍保存。食用
前 3 ～ 4 小時移至冷藏解
凍，可與蔬菜做成鮮蔬包
鮭魚，也能做成鮭魚飯卷
或鮭魚沙拉。

魷魚
去除外皮、內臟與軟骨，
切成 1.5cm 厚，用保鮮袋
分裝成一次要吃的分量冷
凍保存。水煮或放入冷藏
室自然解凍後，就能做成
魷魚煎餅或辣炒魷魚。

章魚
處理成易就口大小，將一
次要吃的分量，放在金屬
托盤上急速冷凍，再裝保
鮮袋冷凍，食用前 3 ～ 4
小時移至冷藏解凍。冷凍
章魚比新鮮章魚更耐煮，
適合用在燒炒料理。

小章魚（短蛸）
處理乾淨放在金屬托盤上
急速冷凍，再裝入保鮮袋
冷凍保存。將冷凍小章魚
泡冷水或水煮解凍後，可
用在火鍋及燒炒料理。

魚板
處理成易就口大小，將一
次要吃的分量用保鮮袋分
裝冷凍。無需解凍，用熱
水泡過後，與昆布、白蘿
蔔一同煮成魚板湯，還能
加入辣炒年糕中或做成辣
炒魚板。

血蛤
煮過後連殼一起冷凍保存。若是袋裝血蛤，可連同袋中的水一起冷凍。放在室溫解凍 2～3 小時後，洗淨烹調即可。

蛤蠣
泡鹽水吐沙洗淨後裝袋冷凍，或取出蛤肉，用保鮮膜包裹後再放入保鮮袋冷凍。放在室溫解凍 1～2 小時後可加入煎餅內，或不解凍直接放入湯或火鍋料理中。

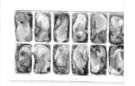

牡蠣
用鹽水洗淨，以每格放 2～3 個牡蠣的方式，放進鋪有保鮮膜的製冰盒，再蓋上保鮮膜冷凍。可不解凍直接加入湯中，或放在冷藏室解凍 3～4 小時後做成煎餅。

高湯類
昆布小魚、鮮蛤等高湯，可事先煮好一大鍋，冷卻後放入製冰盒結凍，再裝入保鮮袋冷凍保存，當要快速煮湯時，再取出需要的分量來使用。

 肉類

五花肉
用保鮮膜分開包好冷凍保存。可直接煎烤，或分切加入泡菜鍋。

豬頸肉
切成一口大小，用保鮮膜分裝成一次要吃的分量，再裝進保鮮袋冷凍保存。冷藏解凍 1～2 小時後，用在泡菜鍋或燒炒料理。

砂鍋用牛肉
將一次要用的量，分開放在金屬托盤上，包蓋上保鮮膜後急速冷凍，完全結凍後再裝入保鮮袋冷凍保存。煮味噌鍋或湯品料理，就能馬上使用。

牛絞肉
牛絞肉裝入保鮮袋攤開，用筷子分成六或八等分後冷凍保存。一塊塊取出放在冷藏解凍 1～2 小時，可用在炒飯等料理。

煎烤用牛肉
牛排專用的腰內肉、腰脊肉，分塊用保鮮膜包好，裝進保鮮袋冷凍保存。食用前 3～4 小時移放冷藏室解凍即可。

雞胸肉
浸泡牛奶 30 分鐘去除腥臭味，再用冷水洗淨、擦乾，用保鮮膜包好裝進保鮮袋冷凍保存。放置冷藏室解凍半天後，可用烤箱或煎鍋以小火煎烤、醬燒。

雞里肌肉
用保鮮膜分塊完整包好，裝進密封容器或保鮮袋冷凍保存。食用前一晚，將所需分量移到冷藏，自然解凍後即可使用。

德國香腸
保鮮膜分開包好，裝進保鮮袋冷凍保存。放冷藏 1 小時左右解凍使用，或用微波爐（700W）加熱 30 秒～1 分鐘解凍後，放入煎鍋以小火煎烤。

有效保鮮更持久！冰箱收納管理祕訣

每種食材都有適宜的保存溫度，
而冰箱內不同隔層與位置也有溫度差異，
一起了解不同食材的最佳存放位置吧。

★以對開冰箱做範例。

冷凍庫

1 冷凍庫上層
-18℃的冷凍庫上層，溫度最低，因拿取不
易，可冰放一些不常使用的食材，也能將大
量的蒜末，裝入製冰盒保存在此。

2 冷凍庫中層
一眼就能看見存放物也容易拿取，可將得盡
快吃完的食物存放在此，還有不會散發味道
的乾魚貨、穀物、嫩蔥與辣椒、熟食或冷凍
食品。第四個隔層要騰出一個擺放金屬托盤
的空間，以便隨時將食材急速冷凍。
★急速冷凍法，請參考第 28 頁。

3 冷凍庫下層
需長時間冷凍保存的肉類或已洗淨處理完的
海鮮類，分裝成一次食用的分量，包好後存
放在冷凍庫下層。最好使用密封容器以避免
凍傷。

4 冷凍庫側門
這個區塊溫度較高，溫度較不穩定，可存放
較無變質疑慮的粉末類、穀物、辣椒粉、柴
魚片或明太魚、鯷魚等乾魚貨。

冷藏室

5 冷藏室上層
溫度最低的冷藏室上層,可放魚板、香腸、火腿、起司、奶油等加工食品。也可暫放2～3天內就要吃完的肉類或魚類。

6 冷藏室中層
開門時內容物一目了然又易拿取,可放保存期限較短及常吃的食物。也能把常吃的料理,放入透明容器並疊放在此。

7 冷藏室下層
拿取較中層不便,比起每天都要拿取的食物,最好擺放一星期只會拿取幾次的醬菜或泡菜,還有不常使用的醬料。第四個隔層要騰出一個空間,以便取放烹調途中要冷卻的食材,或是製作沙拉冰脆蔬菜。

8 蔬果保鮮層
水分多的蔬果對溫度敏感,放在冷藏室會容易凍壞,請存放在蔬果保鮮層。蔬菜與水果不要堆疊,才不會擠壞。

9 控溫保鮮層
溫度可調控範圍為 -1℃～ 4℃,能配合多種食材各自的適宜溫度存放。但每款冰箱不同,有的並無設置此空間。

10 冷藏室側門
冷藏室側門的溫度較不定,也偏高,可存放得盡快吃完或較無變質疑慮的水、飲料或醬料等。但開關門時會導致物品晃動,一定要確認容器瓶蓋是否有鎖緊。

易開吧
有些冰箱設計有易開吧,可存放常取用的水、果汁、牛奶或吃剩的零食餅乾等,便於拿取。

清潔乾淨保衛生！廚房必備器具的清潔妙方

下廚時最常使用的器具，
要是疏於清潔保養，不但會損壞，甚至會有衛生問題。
但別擔心，馬上告訴你這些廚房必備器具的清潔妙方。

砧板

肉類、海鮮類、蔬果類的砧板要分開使用。用後要立刻洗淨，並直立在照得到陽光且通風良好的地方徹底乾燥。

這樣殺菌才安心

砧板使用後要用清潔劑及菜瓜布徹底擦洗，用水沖過後，再澆上熱水殺菌。但直接用熱水清洗切過肉類的砧板，蛋白質會凝固留在表面上，所以要先用冷水沖洗並使用中性清潔劑，最後用熱水清洗乾淨。處理過海鮮的砧板，要用鹽巴搓洗後用冷水洗淨。
殺菌時，先在 100ml 杯熱水中加入 4 大匙小蘇打粉，待完全溶解後加入 1L 溫水攪拌，將砧板浸泡水中 1 小時左右，用水洗淨後放在陽光下曬乾。使用漂白水殺菌時，在 3L 熱水中加入 10ml 漂白水，浸泡砧板 5 分鐘後用水洗淨即可。

清潔妙方

1 處理魚類或泡菜後遺留下的髒污腥味，可用粗鹽去除。撒上粗鹽搓洗 3 分鐘，再用熱水洗淨曬乾。
2 腥味太重時，可擠點檸檬汁並用切面用力擦洗，或是在熱水中加入檸檬片，放入砧板浸泡 1 小時再曬乾。

廚刀

若所有食材都用同一把菜刀處理，不僅會交叉感染，還會滋生細菌。請將廚刀分成蔬果熟食、海鮮肉類兩把，最好是不同顏色的刀柄，以便快速辨認。

這樣殺菌才安心

廚刀每次使用後要在流水中以清潔劑洗滌，再用熱水洗淨擦乾。刀鋒與刀柄間的縫線，要用牙刷沾取清潔劑刷洗。
使用漂白水殺菌時，在 3L 溫水中加入 30ml 漂白水，浸泡廚刀 5 分鐘，再用水充分洗淨、擦乾。若廚刀材質並非不鏽鋼，切勿使用漂白水，以免有腐蝕疑慮。

清潔妙方

1 切過魚或肉類的廚刀上若有腥味，可在 1L 水中加入 10ml 醋攪勻後，以醋水洗淨除臭。
2 木頭刀柄容易滋生細菌，要用熱水洗淨，徹底擦乾。
3 廚刀上若還沾有水氣或油分時就收納起來，很容易生鏽，所以洗淨後一定要徹底晾乾再收納。

抹布

抹布要每週水煮殺菌，最好每月更新。流理檯、烹調器具、餐桌用的抹布要分開使用，以免交叉污染。

這樣殺菌才安心

抹布要煮 30 分鐘以上，並泡在熱水中 1 小時待涼，洗好後曬乾。使用肥皂粉與漂白水消毒時，可在厚底鍋加入 1L 水，煮滾後放入 2 小匙肥皂粉與 1 小匙漂白水，完全溶解後再放入抹布煮約 30 分鐘。因為漂白水為強鹼性，所以過程中，一定要戴上橡膠手套。

使用小蘇打粉時，不要一次全部加入熱水裡，不然會產生許多泡泡，要等水滾後，轉小火並一點點的加入溶化。1L 水加 1 ～ 2 小匙小蘇打粉，完全溶解後再加 2 小匙肥皂粉攪散，放入抹布煮 30 分鐘。

清潔妙方

自來水裡的氯，對去除一般細菌與大腸桿菌有不錯的效果。一般來說，把抹布浸泡在自來水裡 20 分鐘，就可去除 99.3% 的一般細菌與 86.5% 的大腸桿菌。所以抹布使用完畢後，可在自來水中浸泡一下。

菜瓜布

菜瓜布使用後，要將沾在表面的菜渣與洗劑徹底洗淨，並立刻擠乾收納，最好每個月都換新。菜瓜布有各式種類與材質，如海綿、網紗、壓克力線與常見的綠色菜瓜布，可選擇自己順手的使用。

這樣殺菌才安心

將菜瓜布放入微波爐專用容器，加入水、鹽、醋各 1 小匙稍微浸濕，用微波爐 (700W) 加熱 2 分鐘殺菌。沖水洗淨後，不要濕濕的放著，要放在通風良好的地方陰乾。

清潔妙方

1 海綿材質菜瓜布可用水：醋＝ 1:1，調製剛好可蓋過菜瓜布的醋水，浸泡半天，再洗淨晾乾。
2 壓克力線材質的菜瓜布因不能加熱，所以不能水煮或使用漂白水，只能以少量的廚房洗潔精洗淨晾乾。
3 其他材質的菜瓜布，可將½小匙漂白水加 1L 水稀釋，放入菜瓜布浸泡 30 分鐘，再洗淨晾乾。

煎鍋

陶瓷塗層平底鍋與不鏽鋼平底鍋是現在一般家中最常使用的煎鍋。只要熟記以下收納技巧，鍋具就可以長久地使用。

陶瓷塗層平底鍋

如陶瓷般堅硬的塗層表面不易被刮傷，蓄熱性與導熱性極佳，能縮短烹煮時間，加熱時還會釋放遠紅外線，讓食物內外都能均勻熟透。

用法：以中小火預熱 30 秒～ 1 分鐘，倒入油開始料理。若用大火空燒過久，表面塗層有可能裂開，需特別注意。

清潔：食物不會沾黏，因此相當容易洗淨。使用柔軟的海綿菜瓜布或廚房紙巾清洗，可預防表面塗層受損。

收納：不要和其他湯鍋或煎鍋疊放，可掛在牆上或靠牆直立收放。

不鏽鋼平底鍋

表面不會吃油、調味料或沾附味道，也不容易生鏽，還能在短時間內將食物烹煮好，吸油量也少。

用法：以中火加熱 2 分鐘後，轉小火，倒入食用油均勻分布鍋底後開始料理。若用大火空燒，鍋子可能會產生燒焦班痕，需特別注意。

清潔：使用柔軟的海綿菜瓜布清洗，若鍋子有燒焦或斑點，可先倒入熱水浸泡，再撒點小蘇打粉清洗乾淨。

收納：將水分完全擦乾，放在乾燥的地方收納。

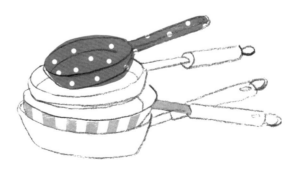

白飯、糙米飯、雜糧飯 香 Q 米飯這樣煮！

煮飯祕訣大公開，同樣的米與飯鍋卻能煮出更 Q 彈口感的米飯。
還有養生者最愛的糙米飯、雜糧飯等健康米飯的好吃煮法唷。

基本白飯煮法

1 冷水洗
洗太多次營養會流失，用冷水輕輕搓洗並快速沖水兩次。

2 泡冷水
米粒若吸足水分，能減少烹煮時間，口感更 Q 彈。新米大約泡 30 分鐘，舊米則需泡 1 小時左右。

3 將水瀝乾
若浸泡太久，煮好的米飯會過於軟爛，一定要將水瀝乾。洗米水含有各種營養素，可直接加入一起煮成飯。

4 加入與米同量的水
一般所知的 1：1.2 米水比例，是在米沒有事先泡水的情況下，若是米已吸足水分，只要加入與米等量的水即可，即 1 杯米加 1 杯水。
★使用電子鍋煮飯，則是按鍋內刻度加水煮。

5 關鍵在於火候
用大火煮至水滾後，轉中火煮 5 分鐘，再轉小火煮 15 分鐘後關火，蓋上鍋蓋燜 5 分鐘。
★使用壓力鍋煮飯時，用大火煮至洩壓閥開始搖動後轉小火，5～8 分鐘後關火，等蒸氣散去再把飯多燜一下。

6 用飯匙均勻翻攪
打開飯鍋時要均勻翻攪，空氣滲入飯粒之間才會蓬鬆，也能預防米飯結糰。

+Tip

石鍋煮飯法
用石鍋煮飯時，米要與煮飯水同量。但需注意火候的調整，燒熱石鍋須花較長時間，待鍋內的水煮滾時，直接轉小火。因為關火後，石鍋溫度會維持一段時間，所以小火煮 10 分鐘即可關火，利用餘溫將飯多燜 10 分鐘。鍋燒熱時可先抹上芝麻油，再放入米與水，煮出來的飯比較不會燒焦，味道也更香。

糙米飯煮法

要煮出好吃的糙米飯，建議用糯米糙米，而不要使用普通糙米。此外，一般不會100%全用糙米煮飯，而是混著白米一起煮。第一次嘗試吃糙米飯的人，先從加入⅒的糙米開始，而已吃慣糙米飯的人，可加⅓比例的糙米煮飯。糙米吸水較慢，先泡在水中5～6小時左右泡發後，再用壓力鍋煮。另外燜飯時，要比煮白米飯多燜5～10分鐘，口感上才不會太硬。

所謂發芽糙米？

在適當的水分及溫度條件下，比糙米再發芽個1～5mm的米就叫發芽糙米，其蛋白質、維生素、必需氨基酸的含量比普通糙米高，口感上也更柔軟好消化。白米與發芽糙米的比例為3:1，煮出來的飯最好吃。

➕Tip

Q1 該選購怎樣的米？
先確認米中是否混入雜質，米粒是否光亮透明潔淨。不要選購米粒有破損或帶有白色斑點的，加工日期要選最近期的。

Q2 舊米散發臭油味，怎麼辦？
醋可解決舊米的臭油味。洗米時可滴入一滴醋，再將水瀝乾，煮飯前再過一次溫水，煮好的飯就不會再有臭油味。

Q3 米可以不泡水直接煮嗎？
泡水是為了在加熱時讓米粒的糊化更完全，才能煮出Q彈的米飯。若是泡過水的米，米與水的比例為1:1，若沒泡過水，1杯米就得加入1.2杯的水。

Q4 如何讓米久放也能保鮮？
把米存放在陰涼且溫差小的地方。曝曬在陽光下會加速米粒乾燥龜裂，內含的澱粉物質流出後就容易變質。此外，米很容易吸附氣味，只要沾上異味就算洗淨味道還是難以去除，所以不要放在清潔劑附近或油氣重的地方。旁邊擺顆蘋果，能有助保持米的新鮮度。

Q5 米缸中發現米蟲，怎麼辦？
發現米蟲時，要把米攤平在無陽光且通風良好的陰涼處乾燥。若只有幾隻直接抓除即可。也可在米缸內放點蒜頭、洋蔥與辣椒，對付米蟲很有效果。

雜糧飯煮法

與白米一同泡水或直接放入的穀物

麥片／大麥仁
因為已經是熟的，洗過就可直接混入泡過水的米中。

小米
洗淨後可與米一同泡水，或是直接放入煮成飯。

高粱
要搓洗到不會出紅色的水為止，才能去除澀味，可與米一同泡水。

黑米
可與米一同泡水。

需泡得比白米久的穀物

黑豆
含有豐富蛋白質，加入煮成飯能讓營養更均衡。先泡水3～4小時後瀝乾，再混入泡過水的米。

薏仁
泡水3～4小時充分吸水後，可混入白米煮成飯。但水量要增加至全部穀物分量的1.5倍。

得先煮過才能放入的穀物

大麥米
泡水30分鐘，加入1.2倍的水，完全煮開後，可混入米煮成飯。

紅豆
紅豆要充分加水煮熟。第一次的水倒掉後再加水煮，第二次的水則保留下來，可與泡過水的米、紅豆一起煮成飯。

★煮雜糧飯時，視所添加的穀物量，再加入同量的水即可。須先泡發過的穀物，要以泡發後的分量來計算水量，舉例而言，若混入1杯泡發過的黑米，就再加入1杯水。

南瓜、地瓜、馬鈴薯、玉米 炊熟技巧不藏私！

再也不需要靠插入筷子才能確定有沒有熟透，
下面介紹不同的炊熟方法，其火候大小、烹煮時間都要精確地告訴你。

南瓜

蒸熟
1 南瓜切成四等分，湯匙挖除籽。
2 蒸籠置於爐火上，等蒸氣大量冒出時，連皮放進蒸籠。
★皮要朝上才不會蒸爛，甜味才能完整釋放。
3 中火蒸 15 ～ 20 分鐘。

微波爐煮熟
1 南瓜對切，用湯匙挖除籽。
2 放進耐熱容器包上保鮮膜，700W 加熱 7 分鐘。

地瓜

煮熟
1 洗淨後將地瓜放進厚底湯鍋，加水蓋過地瓜，不蓋鍋蓋大火煮。
2 水滾後轉中火，蓋上鍋蓋燜 20 分鐘。

蒸熟
1 蒸籠置於爐火上，等蒸氣大量冒出時，連皮放進蒸籠。
2 中火蒸 25 分鐘。

烤箱烤熟
1 將洗淨的地瓜包上一層鋁箔紙，或整個放入烤箱。
2 放進以 200℃預熱好的烤箱中層，烤 45～50 分鐘。

微波爐煮熟
1 將洗淨還略帶點水氣的地瓜，用報紙或烘焙紙包裹。
2 700W 加熱 10 分鐘，若要吃更熟透的口感，可再多加熱 5 分鐘。

馬鈴薯

煮熟
1 洗淨後將馬鈴薯放進厚底湯鍋中，加水蓋過馬鈴薯，再放少許鹽。
2 不蓋鍋蓋用大火煮，水滾後蓋上鍋蓋，轉中火燜煮 25 分鐘。
3 插入筷子測試，若覺得有彈性又能插入時，可酌量留下少部分的水（其餘的水倒除）。
4 轉小火再煮 10 分鐘。

蒸熟
1 蒸籠置於爐火上，等蒸氣大量冒出時，連皮放進蒸籠，用中火蒸煮 20 ～ 30 分鐘。
2 快蒸好時，倒掉蒸籠內的水，把鹽水（1 杯水＋1 大匙鹽）淋在馬鈴薯上，再蒸 2 ～ 3 分鐘。
3 插入筷子測試，若能輕易插入的話，關火多燜 5 分鐘左右。

烤箱烤熟
1 將洗淨的馬鈴薯包上鋁箔紙或連皮放入烤箱。
2 放進以 200℃預熱好的烤箱中層，烤 50 分鐘。

微波爐煮熟
1 將洗淨還略帶點水氣的馬鈴薯，用報紙或烘焙紙包裹 2 ～ 3 層。
2 700W 加熱 10 分鐘，若要吃更熟透的口感，可再多熱 5 分鐘。

玉米

煮熟
1 將玉米放入湯鍋中，加水蓋過玉米，再放入鹽、糖各 1 小匙煮開。
★粗海鹽取代精鹽，再加點糖煮，才不會把玉米煮得過於軟爛。
2 水煮滾時，轉中火再煮 45 ～ 50 分鐘。

奶油烤玉米
1 平底鍋熱鍋後，加入 1 大匙奶油與½小匙鹽，用小火煮至奶油融化。
2 放入煮過的玉米，邊轉動邊煎烤 10 分鐘。

煎蛋、水煮蛋、炒蛋 雞蛋料理超簡單！

煎蛋、水煮蛋、炒蛋，看似簡單卻容易失敗，
只要照著下面步驟，你也能完美做出雞蛋料理。

煎蛋

1 挑一個大小適當的煎鍋，用小火熱鍋。
★對比雞蛋的量，若煎鍋過大，蛋的水分很快就會蒸發，而且會從邊緣開始變硬。
2 在鍋中滴入一滴水時，若馬上蒸發掉，就可均勻抹上一層薄薄的油。
3 打顆雞蛋於鍋中，用中火煎 1 分 30 秒，煎至蛋黃上有層薄膜的半熟狀態。
★若想吃全熟蛋，可將蛋翻面再煎 1 分 30 秒。

水煮蛋

1 把蛋放入湯鍋中，加水蓋過雞蛋，用大火煮。
★冰過的雞蛋要放置室溫 20 ～ 30 分鐘再煮，才不會容易裂開。
2 水滾後轉中火煮 7 分鐘是半熟，煮 12 分鐘是全熟。
★煮蛋時可加少許鹽跟醋，有助蛋殼硬化以防裂開，若蛋殼已有裂縫，亦有助於快速將蛋白凝固。
3 煮好泡入冷水，完全冷卻後再剝除蛋殼。

炒蛋

1 在大盆中打入 3 顆蛋，加入¾杯牛奶、1 小匙鹽及少許胡椒粉，攪拌均勻。★此為 2 人份。
2 熱好的鍋中加入 1 大匙油，開中火，倒入蛋液後先靜置 15 秒。
3 感覺中央有點熱感，就用筷子快速攪炒，炒至 9 成左右的蛋熟後，即可關火。

微波爐也能炒蛋
1 耐熱容器中倒入炒蛋用蛋液，攪拌均勻後，700W 加熱 3 分鐘。
2 從微波爐中取出，用筷子將蛋攪碎。
★為防止餘熱將蛋煮熟，得在蛋液凝固前快速攪拌。
3 再放進微波爐，以 700W 加熱 3 分鐘，用筷子或馬鈴薯泥搗碎器，均勻將蛋攪碎，炒蛋即完成。

料理失敗了！請幫幫我！

解答由楊貞秀提供
（首爾專門學校 飯店宴食調理學系教授）

煮米飯

Q 明明已經加入了適量的米和水，但煮出來的飯不是太硬就是太軟。

A 煮好的飯若太硬，可將水煮滾後倒入飯內攪拌均勻，再以保溫狀態燜 5 分鐘。此時所加入的熱水量，3 人份的飯（煮 3 杯米時）約加入 1/3 杯的熱水即可。
要挽救稀軟的飯不容易，若有剩下的冷飯，可加入熱燙的軟飯中一起拌勻，飯就會變得比較硬實，或是可以再倒入水、多樣食材熬成粥品，或是加入馬鈴薯、栗子、野菜乾等做成菜飯。但稀軟的飯冷卻後會變成像年糕般一塊塊的，所以最好趁熱吃。

Q 家裡就兩個人，變黃變硬的剩飯，吃不完直接丟掉又好可惜。

A 變黃的剩飯經常會有味道，直接吃並不美味，建議加入香氣濃郁的咖哩粉、泡菜或番茄醬，做成炒飯或蛋包飯。
飯若變硬時，可把飯攤平在煎鍋內，灑點水讓飯粒濕潤，以小火邊壓邊煎 15 分鐘做成鍋巴飯。
如果剩下太多，可購買酒釀用的袋裝麥芽粉，在飯鍋內加入剩飯、水與袋裝麥芽粉，以保溫模式放置 12 小時，即能做出香甜酒釀。

Q 做牡蠣飯或黃豆芽飯時，飯裡會有一股腥臭味，有沒有方法挽救呢？

A 會產生腥臭味通常是溫度差異的關係，所以飯若有腥臭味，可加點水蓋上鍋蓋再煮 3～5 分鐘。特別是煮黃豆芽飯時，必須蓋著鍋蓋烹調，才不會有菜腥味。若不喜歡牡蠣與黃豆芽的特殊氣味，可先稍微汆燙後再加入，煮好的飯就不會沾上味道。
此外，用有特殊氣味的食材燒成飯時，可加入香氣濃郁的野菜，像是水芹、山薊菜、紫蘇葉或大蒜、香菇等一起煮，也能減少腥味。

家常料理

Q 涼拌黃豆芽或菠菜時，偶爾會有太鹹的情況，該如何重新調味？

A 涼拌菜太鹹時，可過一下冷開水把水瀝乾，再撒點芝麻油與芝麻攪拌，就可重新調味。亦能直接加入切絲的洋蔥、香菇，或是壓碎的豆腐，都有助於減少鹹味。

Q 涼拌菜做好想盛盤時，發現出水好多，不曉得調味會不會變淡，該怎麼辦？

A 若要立即食用，可先將水分去除，嚐過味道若覺得太淡，再用釀造醬油調味。醬油比鹽更能被快速吸收，緊急調味時很好用。還有，存放涼拌菜時要去除水分才能保存久放。

Q 炒菜時，不知是否鍋子燒得太熱一下就焦了，此時若直接關火，菜餚不就變成外焦內不熟嗎？有沒有好的解決方法？

A 鍋子太熱食材一下就燒焦時，得先撈出食材。將鍋子翻面，在底部灑水快速降溫，然後用小火重新熱鍋，再放入食材煎炒。

Q 烹煮燒炒料理時下手太重味道變好鹹，有方法可以重新調味嗎？

A 燒炒料理不能重新調味。調味太鹹時，可切點含水量多的洋蔥或香菇進去，等食材釋放水分，就能讓鹹味變淡。若是帶湯汁的炒物，可調些太白粉水勾芡，湯汁產生稠度後，鹹味也會變淡。

Q 本來想挑戰南瓜煎餅和魚肉煎餅，但一把煎料放進鍋中，外層的蛋液就膨脹起來了，這時該怎麼辦？

A 鍋子若燒太熱，蛋液會馬上膨脹，此時要先將火轉小再放入煎料。也可能是油放太多，蛋液容易膨脹，可用廚房紙巾擦除過多煎油。若想煎出完美漂亮的煎餅，得先將鍋子燒熱後倒點油，用廚房紙巾將煎油擦勻，轉小火就能煎出外形漂亮的煎餅。

Q 要把海鮮煎餅或韭菜煎餅等翻面時，竟然破掉了！

A 煎餅破裂時千萬不要慌張，可加點剩餘的粉漿黏補。有可能是粉漿太稀，或是煎料太多才會導致煎餅破裂。若粉漿太稀，可多加點煎餅粉重新調整濃稠度，若是煎料太多，可再多調點麵糊進去。如果覺得重新調製麵糊太過麻煩，直接加入蛋液也可以。

Q 製作魚、馬鈴薯或豆腐等醬燒料理時，調味料有時會黏在鍋底，這時該怎麼辦？

A 趕快撈出湯鍋或煎鍋中的食材，否則沾黏在鍋底的調味料會燒焦，食材也會沾到焦味。將撈出的食材移至其他鍋中，倒點水或醬油，重新煮熟。肉類或馬鈴薯富含蛋白質與碳水化合物，本來就屬容易沾黏的食材，因此做醬燒料理時，可切入洋蔥或大蔥等含水量多的蔬菜一起燒煮。

Q 做醬燒料理時，發現只有食材底部有燒出醬色，頂部顏色還是淡淡的，但調味料全都放了，這時該怎麼辦呢？

A 蓋著鍋蓋烹煮是做醬燒料理的重點，如此才能燒出均勻醬色。先翻攪一下醬色不均的食材，再製作點調味料放入重新燒煮。醬燒時所用的鍋具，最好選寬底（食材不會交疊能平放的程度）的鍋子，調味料才能完整浸泡食材並燒出均勻色澤。

Q 泡菜熟成過頭變得太酸，做泡菜鍋或炒泡菜時一點都不好吃，該怎麼吃才美味呢？

A 可將過酸的泡菜在流水中稍微沖洗。過熟泡菜上的醃料也會很酸，所以將醃料洗掉後，酸味就會減少，或是在烹調時放少許糖以減低酸度。

Q 為了讓醃漬醬菜入味，所以放在常溫下，結果發霉了，該怎麼辦？

A 發現醬菜發霉時，請先清除黴菌部位，把湯汁重新煮滾，冷卻後再倒回醬菜中。保存時要放在陰涼無陽光的地方，但就算是陰涼的地方，若還是能照到光線，醬菜依舊可能發霉或腐壞。而出水多的食材在夏季很容易變酸，可將湯汁重新煮滾，冷卻後再倒回醬菜。

湯品料理

Q 煮湯跟砂鍋料理時覺得太鹹了，只要再多加點水就可以了嗎？

A 若加的是冷水，待再次煮滾時會花上許多時間，所以請加熱水。加水之外還要再放點鹽、胡椒粉、蒜末重新調味，風味才不會變調。

Q 煮湯跟砂鍋時感覺太淡，所以多加了鹽，但最後只覺得死鹹。是要加醬油嗎？

A 以韓式醬油來做湯品的調味是最好的，韓式醬油也稱作清醬油。不喜歡醬油味或怕湯色過於黑濁的人，可用粗海鹽調點鹽水加入，風味會比只放入鹽來得更為醇厚。

Q 湯煮好了，但湯水的分量好像太少，若再加水煮的話，怕味道會變淡，到底該怎麼辦？

A 湯水不夠時，一定要多加點水煮，在熱水中加入鹽、胡椒粉、蒜末調味後再放入湯中，味道才會好。也可依照湯的種類，多放點醬油、味噌醬或辣椒醬，或是加入粉末類的天然調味料，風味才不會變調。

Q 煮砂鍋煲時，湯水太多變得不像砂鍋煲也不像湯，直接倒掉多餘的湯水就可以了嗎？還是要再多放點湯料？

A 湯水過多時，可把多餘湯水盛到另外的容器，下次煮湯或砂鍋煲時就能當作高湯來使用。若選擇再放湯料進去，不但得重新調味，湯的分量也會變多，過程麻煩又會有吃不完的疑慮，不建議人數少的家庭這樣做。

chapter

02

好吃多變又有媽媽味

基本家常料理

- 涼拌野菜蔬食
- 醬燒與小菜
- 煎烤與煎餅
- 燒炒與燉煮
- 醬菜與泡菜

一碗熱呼呼的白飯，只要搭配上幾道美味料理，就能讓菜色看起來很豐

盛。看似簡單卻難以做出正宗風味的涼拌菜、天天吃也不膩口的家常菜、

做好可以存放的醃漬菜，或是可以當作主食享用的風味料理，本章要把這

些美食佳餚一一介紹給你，並完整公開所有細節。只要照著食譜做，更多

令人著迷的烹調樂趣正在等著你。

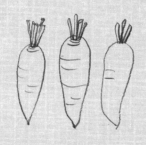

涼拌野菜蔬食 開始料理前請先詳讀！

1 涼拌菜的美味祕訣

1 葉菜類購買後最好盡快烹調，才能吃到鮮味與香氣，營養價值也高。相反地，根莖類蔬菜不要洗，用報紙包好後，存放一陣子再調理也無妨。

2 清洗菠菜、韭菜、青蔥等根部沾有大量泥沙的蔬菜時，可在水裡浸泡 10 ～ 15 分鐘，等藏在蔬菜中的細小泥沙或雜質浮起，再沖洗乾淨。

3 韓式涼拌法可分為，生拌（將新鮮的蔬菜直接調味拌勻）、熟拌（蔬菜煮熟後再調味拌勻）、拌炒（蔬菜處理洗淨後，用油稍微炒過）。

生拌
食材洗淨後瀝乾，調味料才會完整附著；若有水氣調味會變淡。桔梗、白蘿蔔等硬的食材很不容易入味，可先用鹽抓醃，等食材出水變軟再調味。

熟拌
汆燙蔬菜的重點，就是避免破壞其營養成分並保留爽脆的口感，請按照食譜說明的水量、鹽巴用量及時間進行。一般來說，汆燙黃豆芽時一定要加鹽，黃豆芽才不會有腥味；相反，若加鹽汆燙綠豆芽，會變得不脆口。黃（綠）豆芽汆燙後若泡水冷卻，涼拌時會出很多水，所以要攤平放在大托盤上放涼。汆燙綠色蔬菜時，水要淹蓋過食材並加入少許鹽，才能保持色澤翠綠，此外，汆燙好後要趕緊撈出泡冰水，才能維持爽脆口感。

拌炒
在鍋裡炒太久，蔬菜的水分流失，就會變得韌硬難嚼，因此將食材放入均勻熱好的鍋中，以短時間快炒最好。另外，可先在熱鍋中加入蒜末或蔥，將香氣逼出後再放入食材拌炒會更美味。

4 蔬菜拌好後，若還是覺得味道不足或味道單調，加點醬油調味，可讓風味變得更有深度。

5 做涼拌菜時，生拌類的菜色是撒上調味料後，用筷子或指尖輕輕攪拌就好。而黃豆芽、菠菜或桔梗等蔬菜，則是靠手掌溫度讓鹽融化，並使調味料徹底滲透進食材內，所以得用整隻手捏拌。

2 涼拌菜的百搭調味

1 基本調味
鮮嫩蔬菜 350g（汆燙前）

鹽 1 小匙 ＋ 芝麻 1 小匙 ＋ 芝麻油 1 小匙

2 香辣調味
萵苣生菜或韭菜 100g

韓國辣椒粉 2 大匙 ＋ 水 2 大匙 ＋ 芝麻 1 小匙 ＋ 蒜末 1 小匙 ＋
醬油 1⅓ 小匙 ＋ 果糖 1 小匙 ＋ 芝麻油 1 小匙

3 酸辣調味
根莖蔬菜 200g（汆燙前）
或鮮嫩蔬菜 350g（汆燙前）

蔥末 1 大匙 ＋ 韓式辣椒醬 2 大匙 ＋ 芝麻 1 小匙 ＋ 砂糖 1 小匙 ＋ 韓國辣椒粉 1 小匙 ＋
蒜末 1 小匙 ＋ 醋 2 小匙 ＋ 芝麻油 1 小匙 ＋ 鹽 少許

4 味噌調味
根莖蔬菜 200g（汆燙前）
或鮮嫩蔬菜 350g（汆燙前）

蒜末 1 大匙 ＋ 韓式味噌醬 1 大匙 ＋ 芝麻 1 小匙 ＋ 砂糖 ½ 小匙 ＋
（斟酌鹹度調整）
蒜末 1 小匙 ＋ 芝麻油 2 小匙

③ 如何保存吃剩的涼拌菜

涼拌菜最好是做一次能吃完的分量。若有剩餘的千萬不要和其他的涼拌菜混放，得分開冷藏保存，各自的風味才不會流失，也比較不易壞。雖然也能冷凍保存，但解凍時會出水讓味道變淡，所以不建議。只要裝進密封容器冷藏，就可存放 3～4 天左右，若是一直放在冷藏中途不取出，維持在固定冷度，即可存放 1 星期左右。

④ 用剩餘涼拌菜變出新吃法

1 蔬菜拌飯
將剩餘的涼拌菜加入飯中，再放上一顆煎蛋，接著加點醬油、香炒辣肉醬、芝麻油，攪拌均勻後，即能享用蔬菜拌飯。

2 泡菜炒飯
把洋蔥、泡菜、涼拌菜切碎，然後先將洋蔥炒香，再放入飯、涼拌菜與泡菜一起拌炒，泡菜炒飯立即完成。

3 野蔬手捏飯糰
將剩餘的涼拌菜與飯拌勻後，加點鹽與芝麻油，用手捏揉成圓球狀，做成野蔬手捏飯糰。

4 野蔬海苔飯卷、風味飯卷
將包進海苔飯卷中的食材，替換成涼拌菜與醃黃蘿蔔，捲成圓筒狀後再切片成一口大小。或者可以把飯鋪在海苔上，翻面後將涼拌菜等食材鋪疊上去，捲好後在外層滾上一層芝麻，做成野蔬風味飯卷。記得先鋪保鮮膜再捲，飯粒才不會沾黏，可以捲得很完美。

5 野蔬辣拌麵
使用以酸醋辣椒醬拌製成的涼拌菜最為合適。將麵線煮熟後，放入些許韓式辣椒醬、醋、芝麻油與涼拌菜拌勻後就能立即享用。或是在韓國 Q 麵中加入涼拌黃豆芽，拌勻來吃，或在烏龍麵中放入涼拌菜、海鮮或其他蔬菜，一起炒來吃。

▲ 野蔬風味飯卷
將少許的鹽與芝麻油放入飯中拌勻後，薄薄地鋪在海苔上，把米飯那面朝下放在保鮮膜上，鋪上涼拌菜、醃黃蘿蔔與烤肉片等食材就能捲製。撕除保鮮膜，均勻滾上一層芝麻後，切成易就口的大小。

▼ 野蔬手捏飯糰
將涼拌菜與飯拌勻後，加點鹽與芝麻油，用手捏揉成圓球狀，做成野蔬手捏飯糰。若再加入炒蛋，就更營養了。

熟拌黃豆芽

▋涼拌黃豆芽
▋涼拌香辣黃豆芽
▋涼拌海苔黃豆芽

涼拌黃豆芽

涼拌香辣黃豆芽

涼拌海苔黃豆芽

+Tip

氽燙黃豆芽時注意事項
黃豆芽裡的維生素C不耐
熱，且易溶在水中，氽燙
後若浸泡水中，維生素C
會被破壞得更嚴重。為了
避免營養成分流失與保持
爽脆口感，最好是攤平放
在大托盤上放涼。

`處理共同食材` ## 汆燙黃豆芽

1 在大盆中裝水，把黃豆芽抓洗乾淨，去除殼後沖淨，將水瀝乾。

→ 黃豆芽是黃豆發芽長成，不用大費周章一根一根地洗淨。

2 湯鍋中放入黃豆芽、2 杯水、1 小匙鹽，攪拌均勻。

→ 汆燙時加鹽，味道才會完整滲入黃豆芽內。

3 開大火蓋上鍋蓋，等到蒸氣冒出後再煮 4 分鐘，用漏勺將水瀝乾放涼備用。

→ 全程都要蓋上鍋蓋，黃豆芽才不會有腥味。

1 涼拌黃豆芽・涼拌香辣黃豆芽

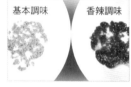 

基本調味　　香辣調味

1 在大盆中放入所要的調味料攪拌均勻。

2 將汆燙好瀝乾水分的黃豆芽，加入步驟 **1** 中抓拌均勻。

2 涼拌海苔黃豆芽

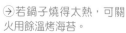

1 在熱鍋中放上一張海苔片，用大火將正反面各烤 10 秒，烤好後再放下一張。

→ 若鍋子燒得太熱，可關火用餘溫烤海苔。

2 把烤過的海苔放入袋中，用手捏碎。

3 大盆中將調味料與煮過的黃豆芽拌勻，再放入海苔碎片攪拌。

涼拌黃豆芽
⏱ 10 ～ 15 分鐘
☐ 黃豆芽 4 把（200g）

選擇 1 **基本調味**
☐ 芝麻 ½ 大匙
☐ 鹽 ⅔ 小匙
☐ 芝麻油 1 小匙

選擇 2 **香辣調味**
☐ 醋 1 大匙（可省略）
☐ 芝麻 1 小匙
☐ 鹽 ½ 小匙
☐ 韓國辣椒粉 1 小匙
☐ 蔥末 1 小匙
☐ 蒜末 ½ 小匙
☐ 釀造醬油 1 小匙
☐ 芝麻油 1 小匙

涼拌海苔黃豆芽
⏱ 10 ～ 15 分鐘
☐ 黃豆芽約 4 ½ 把（240g）
☐ 海苔片（A4 大小）10 張

調味料
☐ 韓國辣椒粉 ½ 大匙
☐ 釀造醬油 2 大匙
☐ 料理酒 1 大匙
☐ 芝麻油 1 大匙
☐ 芝麻 1 小匙
☐ 蔥末 1 小匙
☐ 蒜末 ½ 小匙

拌炒黃豆芽

香炒黃豆芽
香炒培根黃豆芽
香炒魚板黃豆芽

香炒黃豆芽

香炒培根黃豆芽

香炒魚板黃豆芽

+Tip

不同用途的黃豆芽挑選法
莖短又細的嫩黃豆芽，適合
用來涼拌、拌炒或煮湯，莖
長又粗的一字型黃豆芽，則
適合用來燉煮或放入辣湯中。

1 香炒黃豆芽

1 大盆中裝水，把黃豆芽抓洗乾淨，去殼後沖淨，再用漏勺將水瀝乾。

2 鍋內加入油及 1 大匙水，放入黃豆芽後以大火煮 1 分鐘。

3 放入蒜末、鹽、韓國辣椒粉及 3 大匙水，轉中火炒 2 分 30 秒，加入芝麻油拌勻。

2 香炒培根黃豆芽

1 黃豆芽洗淨後瀝乾水，培根切成 1cm 寬，大蔥切成四等分，每段長 5cm。

2 熱好的鍋中倒入油，放入蒜末以中小火炒 30 秒，再放入培根炒 1 分 30 秒。

3 加入黃豆芽、大蔥後轉中火炒 3 分鐘，炒軟後用砂糖與鹽調味，最後加入芝麻與芝麻油拌勻。

3 香炒魚板黃豆芽

1 黃豆芽洗淨後瀝乾水。魚板切成 5cm 長的細條，在上頭澆淋熱水去除油分。

2 熱好的鍋中倒入油，放入蒜末與魚板用中火炒 30 秒。

3 加入黃豆芽與 3 大匙水拌炒 2 分鐘，放入調味料轉大火快速拌炒 1 分鐘。

準備材料

香炒黃豆芽
⏱ **10 ～ 15 分鐘**
- ☐ 黃豆芽 4 把（200g）
- ☐ 食用油 2 大匙
- ☐ 水 4 大匙
- ☐ 蒜末½大匙
- ☐ 鹽½小匙（可增減）
- ☐ 韓國辣椒粉 2 小匙（可省略）
- ☐ 芝麻油 1 小匙

香炒培根黃豆芽
⏱ **10 ～ 15 分鐘**
- ☐ 黃豆芽 5 把（250g）
- ☐ 培根 3 ½ 片（50g）
- ☐ 大蔥（蔥白）15cm 1 根
- ☐ 食用油 1 小匙
- ☐ 蒜末½大匙
- ☐ 砂糖½小匙
- ☐ 鹽½小匙（可增減）
- ☐ 芝麻 1 小匙
- ☐ 芝麻油½小匙

香炒魚板黃豆芽
⏱ **10 ～ 15 分鐘**
- ☐ 黃豆芽 3 把（150g）
- ☐ 魚板 1 片（70g）
- ☐ 蔥 5 把（50g）
- ☐ 食用油 1 大匙
- ☐ 蒜末 1 小匙
- ☐ 水 3 大匙

調味料
- ☐ 釀造醬油 1 ½ 大匙
- ☐ 水 1 大匙
- ☐ 砂糖 1 小匙

綠豆芽料理

香炒綠豆芽
涼拌水芹綠豆芽
涼拌綠豆芽

香炒綠豆芽

涼拌水芹綠豆芽

涼拌綠豆芽

Recipe

涼拌綠豆芽＋茼蒿
3 把茼蒿葉摘除枯黃處，並用水洗淨，切成 5cm 長。銜接涼拌綠豆芽的步驟 **2**，與綠豆芽一起汆燙，最後加入調味料拌勻。

+Tip

剩餘綠豆芽的保存方式
綠豆芽不易保存，最好每次只購入一次能吃完的量並立即享用。因為與空氣接觸後易變色，所以要把綠豆芽裝進加水的密封容器，以泡水的方式，放進冷藏中的蔬果保鮮層存放。

1 香炒綠豆芽

1 綠豆芽泡水抓洗乾淨，沖水後瀝乾。

2 熱鍋內倒入油，放入綠豆芽，以中火拌炒 1 分鐘。

3 放入釀造醬油與砂糖，炒 2 分鐘後關火，最後加入芝麻與芝麻油輕輕拌勻。

2 涼拌水芹綠豆芽

1 綠豆芽泡水抓洗乾淨，沖水後瀝乾。

2 摘除枯黃的水芹葉再用水洗淨，切成長 5cm 段狀。

3 在大盆中混合調味料，砂糖要拌至溶化。

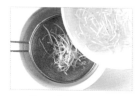

4 湯鍋中放入綠豆芽及 5 大匙水，開中大火並蓋上鍋蓋，等到蒸氣大量出現時再煮 1 分 20 秒。

5 打開鍋蓋將水芹鋪在綠豆芽下層，蓋回鍋蓋關火燜 3 分鐘，最後一同取出瀝乾水。

6 將綠豆芽與水芹平鋪在大托盤上放涼，或放置冷藏加速冷卻。食用前再加入步驟 **3** 的調味料拌勻。

3 涼拌綠豆芽

1 綠豆芽泡水抓洗乾淨，沖水後瀝乾。

2 滾水汆燙綠豆芽 30 秒，取出瀝乾水並放入冷藏中冷卻。

3 在大盆內混勻調味料與綠豆芽，再放入芝麻油抓拌均勻。

熟拌菠菜

涼拌菠菜
涼拌酸辣菜
涼拌味噌菜

涼拌菠菜

涼拌酸辣菜

涼拌味噌菜

+Tip

菠菜的正確氽燙法
菠菜煮太久會過於軟爛不
好吃，維生素C與葉酸也
會被破壞，因此稍微氽燙
後做成涼拌菜較佳。氽燙
時，將菠菜放入加鹽的滾
水中，以不蓋鍋蓋的方式
煮不超過1分鐘，這樣菠
菜的顏色才會翠綠，也能
減少營養成分流失。燙菠
菜時，先放入較硬的根莖
部位，菜葉只要稍微燙一
下就好。

1 菠菜放入水裡抓洗，把藏在菜葉中的泥沙清除乾淨。

➔ 若菠菜沾有大量泥沙，可先泡水 10 分鐘再洗。

2 摘除枯黃葉子，根莖部位若沾有泥土，可用刀切除。

3 比較大棵的菠菜，在根底切十字分成四等分。

4 抓著菜葉，先將根莖部位泡入滾水（5 杯水＋1 大匙鹽）中 15 秒，再放入葉子汆燙 30 秒。

5 用漏勺快速撈起，泡入裝有冷水的大盆，並用手搖晃大盆。

➔ 用手搖晃泡冷水的菠菜，可使熱氣快速散去，並維持色澤。

6 用手擠乾水，將菠菜整成團後切十字。

➔ 水若沒擠乾，會使調味變淡。

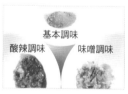

7 大盆中放入所要的調味料，混合均勻後放入菠菜拌勻。

➔ 也能慢慢地加入調味料，邊嚐味道邊調味。

➔ 完成後靜置 10 分鐘，等待入味。

⏱ **10 ～ 15 分鐘**
☐ 菠菜 7 把（350g）

選擇 1　基本調味
☐ 芝麻 1 小匙
☐ 鹽 1 小匙
☐ 芝麻油 2 小匙

選擇 2　酸辣調味
☐ 蔥末 1 大匙
☐ 韓式辣椒醬 2 大匙
☐ 芝麻 1 小匙
☐ 砂糖 1 小匙
☐ 韓國辣椒粉 1 小匙
☐ 蒜末 1 小匙
☐ 醋 2 小匙
☐ 芝麻油 1 小匙

選擇 3　味噌調味
☐ 蔥末 1 大匙
☐ 韓式味噌醬 1 大匙（可增減）
☐ 芝麻 1 小匙
☐ 砂糖½小匙
☐ 蒜末 1 小匙
☐ 芝麻油 2 小匙

生拌・拌炒菠菜

▎生拌菠菜
▎菠菜炒蛋

生拌菠菜

菠菜炒蛋

+Tip

保留菠菜養分的烹調法
菠菜常用來涼拌或煮湯，
比起煮熟吃，生吃更能吸
收其維生素 C 與葉酸。此
外，菠菜裡的 β 胡蘿蔔
素與油分一起被攝取時，
可以提高吸收率，因此將
菠菜用油稍微翻炒後再吃
是非常不錯的。

處理共同食材 挑揀菠菜

1 將菠菜在水裡抓洗幾次,把藏在菜葉中的泥沙清除乾淨。

→若菠菜沾有大量泥沙,可先泡水 10 分鐘再清洗。

2 摘除枯黃的葉子,根莖部位若沾有泥土,可用刀切除。

3 比較大棵的菠菜可在根底切十字分成四等分。

1 生拌菠菜

1 洋蔥切細絲。

→若想去除洋蔥的嗆辣味,可用冷水泡 10 分鐘,再瀝乾水。

2 在大盆內將調味料混拌均勻,再放入菠菜拌勻。

2 菠菜炒蛋

1 將挑揀好的菠菜剪除根部,切成 1cm 寬。

2 大盆中打入雞蛋,並加鹽調味。

3 熱好的鍋中倒入油,放入菠菜以中火拌炒 1 分鐘。

4 倒入蛋液靜置 30 秒,等蛋液稍微凝固,再炒 1 分 30 秒。

準備材料

生拌菠菜

⏱ 10 ～ 15 分鐘
□ 菠菜 2 把(100g)
□ 洋蔥¼顆(50g)

調味料
□ 韓國辣椒粉 1 大匙
□ 釀造醬油 1 大匙
□ 砂糖⅔小匙
□ 蒜末 1 小匙

菠菜炒蛋

⏱ 10 ～ 15 分鐘
□ 菠菜 4 把(200g)
□ 雞蛋 4 顆
□ 鹽 1 小匙(可增減)
□ 食用油 1 大匙

熟拌・拌炒水芹

| 涼拌酸辣水芹
| 香炒水芹

涼拌酸辣水芹

香炒水芹

水芹的種類

水芹喜愛生長在濕氣重的水田，葉梗長、梗節粗、顏色淺，常用作涼拌或泡菜食用。野芹則是在旱田所收割，葉色淺、莖梗短、香氣濃郁，常壓汁後飲用或放入湯中煮食。若覺得水芹的葉子太老或長太大時，可去除後再吃。

1 涼拌酸辣水芹

1 摘除枯黃的水芹葉後洗淨，切成 5cm 長。

→若發現水芹上有蟲或其他雜質，可先浸泡醋水（3杯水＋1小匙醋）10 分鐘後再洗淨使用。

2 放煮滾的鹽水中汆燙30 秒，以冷水沖洗瀝乾。

→需按水芹的粗細來調整汆燙時間，不能燙太久以免口感變老。

3 在大盆內將調味料混合均勻，再放入水芹拌勻。

準備材料

涼拌酸辣水芹

⊙ 10 ～ 15 分鐘
☐ 水芹約 3 把（200g）

調味料
☐ 蔥末 1 大匙
☐ 韓式辣椒醬 2 大匙
☐ 芝麻 1 小匙
☐ 砂糖 1 小匙
☐ 韓國辣椒粉 1 小匙
☐ 蒜末 1 小匙
☐ 醋 2 小匙
☐ 芝麻油 1 小匙

香炒水芹

⊙ 10 ～ 15 分鐘
☐ 水芹 2 把（140g）
☐ 紅辣椒 1 條（可省略）
☐ 紫蘇油 1 大匙
☐ 蒜末 ½ 大匙
☐ 蔥末 1 小匙
☐ 韓式醬油 ½ 大匙
☐ 鹽少許（可增減）
☐ 紫蘇籽粉 1 大匙（可增減）

2 香炒水芹

1 摘除枯黃的水芹葉後洗淨，切成 5cm 長。

2 紅辣椒從長邊對切後去籽，切成長 3cm 細絲。

3 熱鍋中倒入紫蘇油，放入蒜末、蔥末以小火拌炒 30 秒。

→蒜末與蔥末容易炒焦，要注意火候與炒的時間。

4 放入水芹與紅辣椒絲，轉大火炒 1 分鐘，再加入韓式醬油與鹽拌炒 30 秒。

5 先關火加入紫蘇籽粉拌勻，再開小火炒 30 秒。

拌炒・燉煮地瓜籐

香炒地瓜籐
香辣地瓜籐
韓式味噌燉地瓜籐

香辣地瓜籐

香炒地瓜籐

+Tip

使用地瓜籐乾時
若購買的是沒處理過的地
瓜籐乾，先將地瓜籐乾
浸泡冷水 12 小時以上，
泡發後在滾鹽水（5 杯水
＋1 小匙鹽）中煮 10 分
鐘。煮完泡冷水 1 小時，
切成 5cm 段狀，再以滾
鹽水汆燙 1 分鐘。

韓式味噌燉地瓜籐

處理共同食材 汆燙地瓜籐

1 將市售煮熟處理過的
地瓜籐,切成 5cm 長。

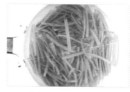

2 以滾鹽水(5 杯水+1
小匙鹽)汆燙 1 分鐘,
過冷水後瀝乾。

1 香炒地瓜籐・香辣地瓜籐

香辣調味　基本調味

1 選擇想要的調味料並
混拌均勻。

2 熱鍋中倒入油,放入
燙好的地瓜籐以中火炒
1 分 30 秒。

3 轉小火加入調味料炒
2 分鐘,再放入紫蘇籽
粉與 2 大匙水,炒 1 分
30 秒。最後加入紫蘇油
拌勻。

2 韓式味噌燉地瓜籐

1 紅辣椒從長邊對切去
籽,切成長 3cm 細絲。

2 熱鍋中放入小魚乾和
清酒,小火炒 2 分鐘。

3 放入燙好的地瓜籐、
蒜末與紫蘇油,轉中火
炒 2 分鐘。

4 放入味噌醬與 1 ½ 杯
水煮 8 分鐘後,待水分
變少,放入紫蘇籽粉與
辣椒絲再煮 2 分鐘。

→燉煮過程要不時攪拌以
防黏鍋。

→若不加紫蘇籽粉,就在
最後放入 1 小匙紫蘇油。

香炒地瓜籐
⏱ **10 ～ 15 分鐘**
☐ 熟地瓜籐 1 杯
　(100g)
☐ 食用油 1 大匙
☐ 紫蘇籽粉 1 大匙
　(可省略)
☐ 水 2 大匙
☐ 紫蘇油 1 小匙

選擇1　**基本調味**
☐ 砂糖½小匙
☐ 蒜末 1 小匙
☐ 韓式醬油 2 小匙

選擇2　**香辣調味**
☐ 韓國辣椒粉½大匙
☐ 砂糖½小匙
☐ 蒜末 1 小匙
☐ 韓式醬油 2 小匙

韓式味噌燉地瓜籐
⏱ **20 ～ 25 分鐘**
☐ 熟地瓜籐 1 ½杯
　(150g)
☐ 小魚乾⅓杯(20g)
☐ 紅辣椒 1 條
☐ 清酒 1 大匙
☐ 蒜末 1 大匙
☐ 紫蘇油 1 大匙
☐ 韓式味噌醬 1 ½大匙
☐ 水 1 ½杯(300ml)
☐ 紫蘇籽粉 2 大匙
　(可省略)

熟拌 · 拌炒蒜苔

| 辣拌蒜苔
香炒魚板蒜苔
辣炒蝦乾蒜苔

辣炒蝦乾蒜苔

辣拌蒜苔

香炒魚板蒜苔

+Tip

蒜苔炒過後才能保存
因為蒜苔容易出水，一定要汆
燙後再炒，不出水後當作醃存
小菜可以存放 7 ～ 10 天。

處理共同食材 汆燙蒜苔

1 蒜苔用水洗淨,切成5cm長。

2 放入滾鹽水中(2杯水+1小匙鹽)汆燙30秒,撈起沖冷開水瀝乾。

1 辣拌蒜苔

1 取大盆混勻調味料。

2 把汆燙好的蒜苔放進調味料裡抓拌均勻。

2 香炒魚板蒜苔

1 魚板切成1×5cm的大小,並把調味料混勻。

2 熱鍋倒入油,放入蒜末與汆燙好的蒜苔,以中小火炒1分鐘。

3 加魚板炒30秒,再加調味料炒2分鐘,熄火加入芝麻與芝麻油拌勻。

3 辣炒蝦乾蒜苔

1 調味料混拌均勻。

2 熱鍋倒入油,放進蒜末以中小火炒30秒後,放入蝦乾炒1分鐘,再加入清酒炒30秒。

3 加入調味料均勻拌炒2分鐘後,放入汆燙好的蒜苔炒30秒。

準備材料

辣拌蒜苔

⏱ 10～15分鐘
- 蒜苔18～20根(280g)

調味料
- 韓式辣椒醬1大匙
- 芝麻1小匙
- 砂糖2小匙
- 鹽1小匙
- 韓國辣椒粉2小匙
- 果糖2小匙
- 芝麻油2小匙

香炒魚板蒜苔

⏱ 15～20分鐘
- 蒜苔10～12根(160g)
- 四角魚板1½片(100g)
- 食用油½大匙
- 蒜末1小匙
- 芝麻1小匙
- 芝麻油1小匙

調味料
- 釀造醬油1⅓大匙
- 水1大匙
- 果寡糖1大匙
- 鹽⅓小匙
- 韓國辣椒粉½小匙

辣炒蝦乾蒜苔

⏱ 15～20分鐘
- 蒜苔10～12根(160g)
- 去頭蝦乾2杯(50g)
- 食用油1½大匙
- 蒜末2小匙
- 清酒1大匙

調味料
- 釀造醬油1大匙
- 清酒1大匙
- 水1大匙
- 韓式辣椒醬2大匙
- 芝麻油1大匙
- 芝麻1小匙
- 砂糖2小匙

生拌鮮蔬

| 生拌萵苣
| 生拌蔥絲
| 生拌韭菜

生拌萵苣

生拌蔥絲

生拌韭菜

+Tip

生拌料理的美味祕訣
吃之前再拌入調味料，最
能嚐到蔬菜的鮮甜。拌入
調味料時，先放入⅔的分
量拌勻，嚐過味道後隨喜
好決定是否要再加調味
料。此外，蔬菜上的水要
完全瀝乾，調味料才能完
全融合，避免用力攪拌，
輕輕拌勻就好，太用力會
讓蔬菜釋放汁液，就不美
味了。

1 生拌萵苣

1 把萵苣逐片洗淨並撕成一口大小,將水瀝乾。

→處理後可將萵苣冰入冷藏 10 分鐘,萵苣就不會變得坍軟。

2 在大盆內將調味料混勻,要吃前再放入萵苣輕輕拌勻。

→萵苣葉很嫩,吃之前再拌才會爽脆。

2 生拌蔥絲

1 蔥絲泡在水裡抓洗,再沖水洗淨,瀝乾。

→泡冷水 10 分鐘,去除蔥絲的嗆辣味與黏液後會更好吃。

2 在大盆內將調味料混勻,要吃前再放入蔥絲輕輕拌勻。

3 生拌韭菜

1 摘除枯黃的韭菜,洗淨後將水瀝乾,切成 5cm 長。洋蔥切絲。

2 在大盆內將調味料混勻,要吃前再放入韭菜與洋蔥輕輕拌勻。

準備材料

生拌萵苣

⏱ **10 ～ 15 分鐘**

☐ 萵苣生菜 10 ～ 12 片（15g）

調味料

☐ 韓國辣椒粉 2 大匙
☐ 水 2 大匙
☐ 芝麻 1 小匙
☐ 蒜末 1 小匙
☐ 釀造醬油 1 ⅓ 小匙
☐ 果寡糖 1 小匙
☐ 芝麻油 1 小匙

生拌蔥絲

⏱ **10 ～ 15 分鐘**

☐ 市售大蔥絲 100g

調味料

☐ 砂糖 ½ 大匙
☐ 醋 1 大匙
☐ 鹽 ½ 小匙
☐ 韓國辣椒粉 1 ½ 小匙（可增減）
☐ 芝麻油 1 小匙

生拌韭菜

⏱ **10 ～ 15 分鐘**

☐ 韭菜 1 ½ 把（75g）
☐ 洋蔥 ¼ 顆

調味料

☐ 砂糖 ½ 大匙
☐ 韓國辣椒粉 ½ 大匙
☐ 醋 ½ 大匙
☐ 釀造醬油 ½ 大匙
☐ 芝麻油 ½ 大匙

紫蘇葉料理

涼拌紫蘇葉
香蒸醬味紫蘇葉
生拌紫蘇葉

 Tip

新鮮紫蘇葉的保存方式
紫蘇葉容易乾枯，存放過
程中若水分不足，會從葉
緣開始變黑。為了不讓水
分蒸發，不要洗直接用廚
房紙巾包住，再用保鮮膜
包好放蔬果保鮮層冷藏，
可保存 3 ～ 4 天。

涼拌紫蘇葉

香蒸醬味紫蘇葉

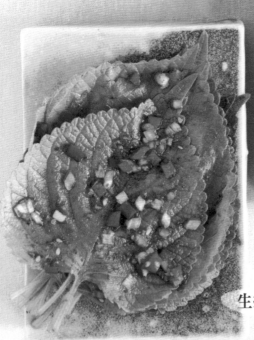

生拌紫蘇葉

1 涼拌紫蘇葉

1 紫蘇葉逐片洗淨，抓住葉梗甩掉水分並徹底瀝乾。

2 摘除葉梗，從長邊對切再切成 3cm 寬。

3 滾鹽水（5 杯水 + 1 大匙鹽）中放入紫蘇葉，汆燙 30 秒，沖冷水瀝乾。

4 大盆內混勻調味料後，放入紫蘇葉拌勻。

5 熱鍋放入步驟 **4** 紫蘇葉、小魚乾與 5 大匙水，以小火炒 5 分鐘（紫蘇葉芽，炒 3 分鐘）。

6 轉中火炒 3 分鐘（紫蘇葉芽炒 2 分鐘）後，加入芝麻與芝麻油再炒 30 秒。

2 香蒸醬味紫蘇葉

1 紫蘇葉逐片洗淨，抓住葉梗甩掉水分並徹底瀝乾。

2 紅辣椒從長邊對切除籽，切成長 3cm 細絲。

3 熱鍋放入小魚乾，以中小火炒 3 分鐘後，在盤內攤平放涼。

4 大盆內放入調味料、步驟 **3** 小魚乾與辣椒絲混拌均勻。

5 在耐熱的深盤上，每放兩片紫蘇葉就抹上 ½ 小匙步驟 **4** 調味料，交叉疊放。

→ 葉梗要交錯放置。

6 在已冒蒸氣的蒸籠內，放入步驟 **5** 紫蘇葉，蓋上鍋蓋以中大火蒸 1 分 30 秒，關火再燜 2 分鐘。

準備材料

生拌紫蘇葉
⏱ 20～25 分鐘
可冷藏保存 3～5 天
☐ 紫蘇葉 50 片
　　（100g）
☐ 洋蔥¼顆（50g）
☐ 紅辣椒 1 條
☐ 大蔥（蔥白）
　　10cm 1 根

調味料
☐ 韓國辣椒粉 1 大匙
☐ 蒜末 1 大匙
☐ 釀造醬油 2 大匙
☐ 水 3 大匙
☐ 果寡糖 3 大匙
☐ 芝麻½小匙
☐ 芝麻油½小匙

3　生拌紫蘇葉

1　紫蘇葉逐片洗淨，抓住葉梗甩掉水分並徹底瀝乾。

➜水分要瀝乾，調味才不會變淡。

2　把洋蔥、紅辣椒、大蔥切小丁。

3　在大盆內放入調味料、洋蔥、紅辣椒與大蔥混拌均勻。

4　將調味料撥到一邊，在沒有調味料的那邊放入 3 片紫蘇葉，均勻淋上⅔大匙的調味料。

➜放 1 片就淋調味料會過鹹，因此要以 2～3 片為單位來澆淋調味料。

5　其餘紫蘇葉，也以每放 3 片就均勻淋上⅔大匙調味料的方式，交叉疊放。

➜葉梗交錯放置，方便取食。

6　完成的生拌紫蘇葉可放在室溫 10 分鐘後再吃，或冷藏後再吃。

青花菜料理

涼拌豆腐青花菜
香炒鮪魚青花菜
香炒蒜味青花菜

涼拌豆腐青花菜

香炒鮪魚青花菜

香炒蒜味青花菜

+Tip

青花菜處理法
先切青綠色花蕾部分，花蕾會碎開散落，所以要從莖部切開再用手剝，不僅等分容易，花蕾也不會碎落一地。剩餘的根莖部位不要丟棄，去除外皮汆燙後，就能沾醬吃，或與肉類、其他蔬菜拌炒來吃，口感爽脆又美味。

微波爐炊煮法
洗淨後切成易就口大小，放入保鮮袋並加入1大匙鹽水。在保鮮袋表面戳3～4個小洞，以700W加熱2分鐘。這麼做不僅可以防止營養流失，也能嚐到鮮甜原味。

準備材料

涼拌豆腐青花菜

⏱ **15 ～ 20 分鐘**
☐ 青花菜 1 棵（200g）
☐ 豆腐（1 盒）⅔ 塊

調味料
☐ 韓國魚露½ 大匙
☐ 芝麻油 1 大匙
☐ 鹽½ 小匙
☐ 蒜末 1 小匙

處理共同食材 汆燙青花菜

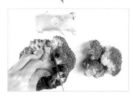  

1 將青花菜切成四邊皆 2cm 的大小。

→根莖部位鮮甜又爽脆，千萬別丟掉，可以薄切後烹煮。

2 放入滾鹽水（5 杯水＋ 1 小匙鹽）中汆燙 1 分鐘。

→用滾鹽水汆燙，能維持翠綠。燙好馬上用冷水沖涼，顏色才不會變黑，避免養分流失。

3 撈出青花菜並泡入冷水冷卻，再瀝乾。

→不要泡水過久，以免水溶性維生素損失。

→可再用廚房紙巾或乾淨的抹布包裹，將附著在花蕾上的水氣吸除乾淨。

★烹煮涼拌豆腐青花菜時，可先將豆腐汆燙，再用同一鍋水汆燙青花菜即可。

1 涼拌豆腐青花菜

1 在滾鹽水中（5 杯水＋ 1 小匙鹽）放入整塊豆腐汆燙 1 分鐘，撈出後放涼。

2 燙過的豆腐用刀鋒側面壓碎，再用棉布包住後將水擠乾。

→水要擠乾，調味才不會變淡。

3 將調味料混合均勻。

→沒有魚露時，可用等量的釀造醬油加少許糖取代。

 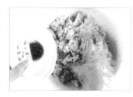

4 大盆中將燙過的青花菜與壓碎的豆腐拌勻。

5 放入步驟 3 調味料一半的分量，均勻攪拌後再放入剩下一半的調味料拌勻。

2 香炒蒜味青花菜

1 蒜頭長邊對半切。

2 熱鍋中倒入油，放入蒜頭以中小火炒 5 分鐘，再放入燙過的青花菜拌炒。

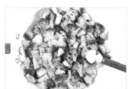

3 加入魚露與鹽，轉大火快速翻炒 30 秒後撒上黑芝麻。

→ 沒有魚露時，可用等量的釀造醬油加少許糖取代。

3 香炒鮪魚青花菜

1 瀝除鮪魚罐頭中的湯汁。蒜頭切成薄片。

2 熱鍋中倒入 1 大匙油，放入蒜片以小火炒 2 分鐘。

3 加入魚露與燙過的青花菜，轉中火炒 1 分鐘，取出盛盤。

→ 沒有魚露時，可用等量的釀造醬油加少許糖取代。

4 原鍋再倒入 1 大匙油，放入鮪魚炒 30 秒，再加入料理酒炒 30 秒，最後放入步驟 **3** 的青花菜與芝麻油輕輕拌勻。

準備材料

香炒蒜味青花菜

🕐 **15 ～ 20 分鐘**
☐ 青花菜 1 棵（200g）
☐ 大蒜 20 粒（100g）
☐ 食用油 3 大匙
☐ 韓國魚露⅔大匙
☐ 鹽⅓小匙（可增減）
☐ 黑芝麻½小匙

香炒鮪魚青花菜

🕐 **15 ～ 20 分鐘**
☐ 青花菜 1 棵（200g）
☐ 鮪魚罐頭 1 罐（165g）
☐ 大蒜 5 粒
☐ 食用油 2 大匙
☐ 韓國魚露 1 ½小匙
☐ 料理酒 1 ½大匙
☐ 芝麻油 1 小匙

生拌小黃瓜

| 生拌小黃瓜
| 生拌酸辣小黃瓜
| 生拌醋香小黃瓜
| 韭香味噌小黃瓜

韭香味噌小黃瓜

生拌醋香小黃瓜

生拌小黃瓜

生拌酸辣小黃瓜

+Recipe

1 生拌酸辣小黃瓜＋
　　魷魚
魷魚（1條，240g）處理
好後（參考183頁），放
入滾水（1大匙清酒＋3
杯水）汆燙，燙好後切成
易就口大小。在做好的生
拌酸辣小黃瓜中，放入
魷魚、1小匙醋、1小匙
釀造醬油、1小匙芝麻油
拌勻。

2 生拌酸辣小黃瓜＋
　　明太魚絲或魷魚絲
明太魚絲（1⅔杯，50g）
或魷魚絲（1杯，50g）
在水裡洗一下，把水擠乾
後切成易就口大小，放入
做好的生拌酸辣小黃瓜中
拌勻。

3 生拌小黃瓜＋洋蔥
洋蔥（¼顆，50g）切絲
並泡冷水去除嗆辣味後，
瀝乾。在混合調味料與
小黃瓜時一同放入輕輕
拌勻。

1 生拌小黃瓜・生拌酸辣小黃瓜・生拌醋香小黃瓜

1 用刀刮除小黃瓜表面的刺並用水洗淨。

2 將頭尾切除，再切成0.3cm 厚度的圓片。

→小黃瓜切太薄易拌爛，切太厚則不易醃入味，請盡量切成上述厚度。

3 把鹽均勻撒在小黃瓜片上，醃漬 5 分鐘後把水擠乾。

→醃過頭口感會比較韌，請特別注意。

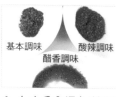

4 在大盆內混勻所要的調味料。

5 把小黃瓜片放進調味料中，均勻拌好後靜置2 ～ 3 分鐘使其入味，即可裝盤食用。

→小黃瓜久放會出水讓調味變淡，所以裝盤時要再拌一下，把底部的調味料淋在上頭。

2 韭香味噌小黃瓜

1 用刀刮除小黃瓜表面的刺並用水洗淨。

2 將頭尾切除，再切成0.5cm 厚度的圓片。

3 韭菜摘除枯黃葉並洗淨，將水瀝乾後切成2cm 長。

4 在大盆內混勻調味料，放入小黃瓜均勻抓拌，最後放入韭菜拌勻。

→韭菜拌太久的話會有辛辣味，所以最後再加入。

準備材料

生拌小黃瓜
⏱ **10 ～ 15 分鐘**
☐ 小黃瓜 1 條（200g）
☐ 鹽 1 小匙（醃漬小黃瓜用）

選擇 1 基本調味
☐ 芝麻 1 小匙
☐ 砂糖 1 小匙
☐ 鹽 1/3～1/2 小匙（可增減）
☐ 韓國辣椒粉 1 小匙
☐ 醋 1 小匙

選擇 2 酸辣調味
☐ 蔥末 1 大匙
☐ 韓式辣椒醬 2 大匙
☐ 芝麻 1 小匙
☐ 砂糖 1 小匙
☐ 韓國辣椒粉 1 小匙
☐ 蒜末 1 小匙
☐ 醋 2 小匙
☐ 芝麻油 1 小匙

選擇 3 醋香調味
☐ 芝麻 1 小匙
☐ 砂糖 1 小匙
☐ 醋 1 小匙
☐ 釀造醬油 1/2～ 1 小匙（可增減）

韭香味噌小黃瓜
⏱ **15 ～ 20 分鐘**
☐ 小黃瓜 1 條（200g）
☐ 韭菜 1 把（50g）

調味料
☐ 芝麻 1 大匙
☐ 果寡糖或韓國醃梅汁 1 大匙
☐ 韓式味噌醬 1 1/2 大匙
☐ 芝麻油 1 大匙
☐ 蒜末 1 小匙
☐ 冷開水 1 小匙

拌炒小黃瓜

| 香炒小黃瓜
| 香炒香菇小黃瓜
| 香炒牛肉小黃瓜

香炒香菇小黃瓜

香炒小黃瓜

香炒牛肉小黃瓜

＋Tip

不同用途的小黃瓜挑選法

· **帶刺小黃瓜**
呈深綠色，皮薄刺多甜度
高，常切細絲後放入冷湯
或冷盤中食用。

· **白黃瓜**
呈淺綠色，又稱「朝鮮小
黃瓜」，脆口，常用作鹽
漬黃瓜、黃瓜泡菜或醃黃
瓜等料理。

· **青黃瓜**
呈深綠色，常用作拌炒、
涼拌、冷盤等料理。由於
籽較多，常去皮挖籽後，
切絲拌入冷盤中食用。

處理共同食材 鹽漬小黃瓜

1 用刀刮除小黃瓜表面的刺並用水洗淨。

2 頭尾切除，從長邊對切再斜切成 0.5cm 厚。或是先切成四段，再各切成八條。

3 均勻撒上鹽，醃漬 5 分鐘後沖水，將水瀝乾再用廚房紙巾按壓，把水吸乾。

1 香炒小黃瓜

1 熱鍋中倒入油，放入蒜末以中小火炒 30 秒。

2 放入鹽漬小黃瓜，轉中火炒 1 分 30 秒後關火，加入芝麻與芝麻油拌勻。

2 香炒香菇小黃瓜

1 香菇去蒂，按原形薄切。調味料混合均勻。

2 熱鍋中倒入油，放入香菇以中火炒 30 秒，加入調味料轉大火炒 2 分 30 秒。

3 放入鹽漬小黃瓜，炒 1 分鐘後關火，加入芝麻與芝麻油拌勻。

3 香炒牛肉小黃瓜

1 把調味料加入牛肉中醃拌均勻。

2 熱鍋中倒入油，放入鹽漬小黃瓜以中大火炒 1 分鐘，取出盛盤備用。

3 原鍋放入牛肉炒 1 分鐘，再倒回小黃瓜炒 15 秒後關火，加入芝麻與芝麻油拌勻。

準備材料

鹽漬小黃瓜
- ☐ 小黃瓜 1～2 條（200～400g）
- ☐ 鹽 1～2 小匙

★小黃瓜數量增加，鹽量就等比增加，但鹽漬的時間不變。

香炒小黃瓜

⏱ **10～15 分鐘**
- ☐ 鹽漬小黃瓜 1 條的量（200g）
- ☐ 食用油 2 小匙
- ☐ 蒜末 1 小匙
- ☐ 芝麻 1 小匙
- ☐ 芝麻油 ½ 小匙

香炒香菇小黃瓜

⏱ **10～15 分鐘**
- ☐ 鹽漬小黃瓜（200g）
- ☐ 香菇 4～5 朵（120g）
- ☐ 食用油 1 大匙
- ☐ 芝麻 1 小匙
- ☐ 芝麻油 ½ 小匙

調味料
- ☐ 砂糖 ½ 大匙
- ☐ 釀造醬油 1 大匙
- ☐ 蒜末 1 小匙
- ☐ 胡椒粉 少許
- ☐ 水 ⅓ 杯

香炒牛肉小黃瓜

⏱ **10～15 分鐘**
- ☐ 鹽漬小黃瓜（400g）
- ☐ 牛絞肉 100g
- ☐ 食用油 1 大匙
- ☐ 芝麻 1 小匙
- ☐ 芝麻油 ½ 小匙

調味料
- ☐ 釀造醬油 1 大匙
- ☐ 砂糖 1 ½ 小匙
- ☐ 蒜末 ½ 小匙
- ☐ 芝麻油 1 小匙
- ☐ 胡椒粉 少許

拌炒・熟拌櫛瓜

| 香炒櫛瓜
| 涼拌櫛瓜

香炒櫛瓜

Recipe

香炒櫛瓜＋蝦乾或香菇
蝦乾（2杯，50g）或香
菇（100g）切成一口大
小，接續香炒櫛瓜步驟
4，與櫛瓜一起放入鍋中
拌炒。若選擇放香菇，要
再加入⅓小匙的鹽（可增
減）加以調味。

Tip

維持櫛瓜清脆口感
若要維持櫛瓜的色澤與清
脆口感，可先用鹽稍微醃
漬過。此外，櫛瓜煮熟後
要盡快放在大盤中放涼。

涼拌櫛瓜

1 香炒櫛瓜

1 將櫛瓜從長邊對切再切成 0.5cm 厚，洋蔥則切成細絲。

2 在櫛瓜上撒鹽，醃漬 10 分鐘後用廚房紙巾按壓，把水分去除。

3 熱鍋中倒油並放入洋蔥絲，以中大火炒 1 分鐘。

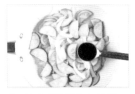

4 放入櫛瓜炒 2 分鐘，再放入釀造醬油與果糖炒 2 分 30 秒。

5 最後加入芝麻與芝麻油拌勻。

2 涼拌櫛瓜

1 將櫛瓜切成厚 0.5cm 的圓片。

2 在櫛瓜上撒點鹽，醃漬 10 分鐘後用廚房紙巾按壓，把水分去除。

3 在大盆內將調味料混勻。

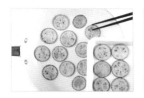

4 熱鍋中倒入紫蘇油，放入櫛瓜以中大火將正反面各煎 30 秒，煎至金黃後取出盛盤。
↪視煎鍋大小，分次煎完。

5 煎好的櫛瓜放涼後，食用前再與調味料輕輕拌勻。
↪或將櫛瓜整齊裝盤後，再淋上調味料。

香炒櫛瓜
⏱ **20 ～ 25 分鐘**
☐ 櫛瓜 1 條（270g）
☐ 洋蔥½顆（100g）
☐ 鹽½小匙
　（醃漬櫛瓜用）
☐ 食用油½大匙
☐ 釀造醬油 1 大匙
　（可增減）
☐ 果糖 1 大匙
☐ 芝麻 1 小匙
☐ 芝麻油⅓小匙

涼拌櫛瓜
⏱ **20 ～ 25 分鐘**
☐ 櫛瓜 1 條（270g）
☐ 鹽½小匙
　（醃漬櫛瓜用）
☐ 紫蘇油 1 大匙

調味料
☐ 釀造醬油½大匙
☐ 芝麻⅓小匙
☐ 韓國辣椒粉½小匙
☐ 蔥末½小匙
☐ 蒜末⅓小匙
☐ 芝麻油 1 小匙

熟拌紫茄

| 涼拌紫茄
| 涼拌香辣紫茄

涼拌紫茄

涼拌香辣紫茄

+Tip

茄子的挑選與保存
要挑選表面帶鮮明紫色且
有光澤的為佳,若個頭太
大且色澤太淺,代表太晚
採收,味道不佳要避免選
購。避免存放在太低溫的
環境,會破壞其顏色及光
澤,若2天內要吃,可用
報紙包妥置於室溫,若室
溫太高,可把茄子裝進保
鮮袋,放入冷藏的蔬果保
鮮層,可存放3～4天。

炊熟茄子

1-1 蒸熟

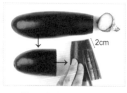

1 茄子去蒂,從長邊對切,再切半。以 0.7cm 為間距在茄子上劃開數道長切口,底部保留約 2cm 不要切到底。

2 茄子皮朝下放入已冒出蒸氣的蒸籠,蓋上鍋蓋以中小火蒸 4 分鐘。
→若切面朝下,直接碰觸水蒸氣,易被蒸爛。

3 蒸好後,將茄子皮朝下放入盤中,放涼後撕成一條條易就口大小。
→若不喜歡茄子太多水,可在此步驟將水分擠乾。

1-2 煎熟

1 茄子去蒂,切成薄片。
→若切太厚,口感會比較硬。

2 熱鍋中放入茄子,小火煎約 3 分 30 秒,邊煎邊翻面避免煎焦。
→把兩面水氣煎乾,就代表差不多煎好了。

3 茄子不要交疊,平放在鋪有廚房紙巾的大盤中放涼。

1-3 用微波爐炊熟

1 茄子去蒂,切成 5cm 長的小段,每段再切成 6 小塊。

2 將茄子外皮朝下平放在鋪有廚房紙巾的大盤中,包上保鮮膜後用微波爐(700W)加熱 3 分 30 秒。

3 將保鮮膜撕除,茄子放涼。

涼拌紫茄 · 涼拌香辣紫茄

基本調味　　香辣調味

1 在大盆內把所要的調味料混合均勻。

2 把炊熟的茄子放入大盆內,與調味料拌勻。

準備材料

🕐 15 ~ 20 分鐘
☐ 茄子 1 條(150g)

選擇 1 **基本調味**
☐ 芝麻 1 小匙
☐ 砂糖 ½ 小匙
☐ 韓式醬油 1 小匙
　(可增減)
☐ 芝麻油 1 ½ 小匙

選擇 2 **香辣調味**
☐ 芝麻 1 小匙
☐ 砂糖 ½ 小匙
☐ 韓國辣椒粉 1 小匙
☐ 蔥末 1 小匙
☐ 蒜末 1 小匙
☐ 醋 1 小匙
☐ 韓式醬油 1 小匙
　(可增減)
☐ 芝麻油 1 ½ 小匙

拌炒紫茄

▌香炒紫茄
▌辣炒紫茄

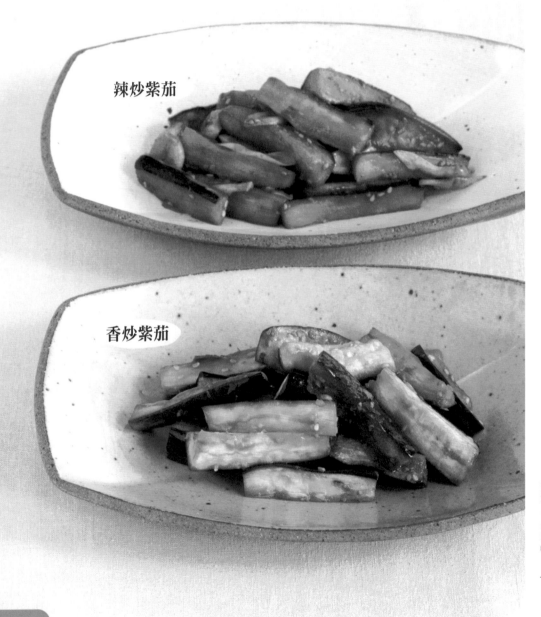

辣炒紫茄

香炒紫茄

1 香炒紫茄

1 切除茄子蒂頭，切成長 5cm 的小段，每段再切成六小條。

2 將調味料混合均勻。

3 熱鍋中放入茄子，以中小火乾炒 2 分鐘。

4 倒入油炒 1 分鐘，放入調味料炒 1 分鐘，加入芝麻拌勻。

2 辣炒紫茄

1 切除茄子蒂頭，切成長 5cm 的小段，每段再切成六小條。

2 大蔥斜切，蒜頭切成蒜片。

3 將調味料混合均勻。

4 熱鍋中倒入油，放入蒜片以中小火炒 30 秒，再放入茄子炒 2 分鐘炒至金黃。

5 放入大蔥與調味料拌炒 1 分鐘，最後加入芝麻與芝麻油拌勻。

香炒紫茄

⏱ 10 ～ 15 分鐘
- [ ] 茄子 2 條（300g）
- [ ] 食用油 2 大匙
- [ ] 芝麻 1 小匙

調味料
- [ ] 蔥末 1 大匙
- [ ] 釀造醬油 1 ½ 大匙
- [ ] 砂糖 1 小匙
- [ ] 蒜末 1 小匙
- [ ] 芝麻油 1 小匙

辣炒紫茄

⏱ 10 ～ 15 分鐘
- [ ] 茄子 2 條（300g）
- [ ] 大蔥（蔥白）15cm 1 根
- [ ] 蒜頭 2 粒（10g）
- [ ] 食用油 3 大匙
- [ ] 芝麻 1 小匙
- [ ] 芝麻油 1 小匙

調味料
- [ ] 釀造醬油 1 大匙
- [ ] 料理酒 1 大匙
- [ ] 韓式辣椒醬 1 大匙
- [ ] 砂糖 1 小匙

生拌蘿蔔

生拌蘿蔔絲
醋拌蘿蔔絲

生拌蘿蔔絲

醋拌蘿蔔絲

+Tip

讓蘿蔔爽脆的祕訣
製作生拌蘿蔔絲時,因為
蘿蔔容易出水,所以要先
醃漬,去除水分再拌製。
醃漬蘿蔔時,鹽與砂糖為
1:2的比例,醃好的蘿蔔
絲就會吃起來清脆又美味。

1 生拌蘿蔔絲

1 蘿蔔削皮後，為避免切片時容易滑動，可稍微修飾表面。先切成厚0.5cm 片狀，再切成寬0.5cm 絲狀。

2 在蘿蔔絲上撒鹽，醃漬 5 分鐘後，用水沖洗並將水分擠乾。

3 在大盆內將調味料混勻，放入鹽漬過的蘿蔔絲攪拌均勻。

2 醋拌蘿蔔絲

1 蘿蔔削皮後，為避免切片時容易滑動，可稍微修飾表面。先切成厚0.5cm 片狀，再切成寬0.5cm 絲狀。

2 在蘿蔔絲上撒糖、鹽，醃漬 10 分鐘。

⮑如圖所示，可把蘿蔔絲折一下，若可折彎又不會斷裂，代表差不多醃妥。

3 醃漬好的蘿蔔絲瀝乾水，加入韓國辣椒粉攪拌，使其均勻上色。

4 加入蔥末、蒜末、醋與芝麻，再用鹽調味後拌勻。

準備材料

生拌蘿蔔絲
🕐 **15 ～ 20 分鐘**
可冷藏保存 3 ～ 4 天
☐ 白蘿蔔 1 條（200g）
☐ 鹽 1 小匙
　（醃漬蘿蔔用）

調味料
☐ 蔥末 1 大匙
☐ 砂糖 1 小匙
☐ 鹽 ½ 小匙
☐ 韓國辣椒粉 2 小匙
☐ 蒜末 1 小匙

醋拌蘿蔔絲
🕐 **20 ～ 25 分鐘**
可冷藏保存 4 ～ 5 天
☐ 白蘿蔔 1 條（300g）
☐ 砂糖 2 小匙
　（醃漬用）
☐ 鹽 1 小匙（醃漬用）
☐ 韓國辣椒粉 1 小匙
☐ 蔥末 ½ 小匙
☐ 蒜末 ½ 小匙
☐ 醋 2 小匙
☐ 芝麻 少許
☐ 鹽 ½ 小匙（可增減）

白蘿蔔料理

▌蔥香白蘿蔔沙拉
▌拌炒白蘿蔔絲

蔥香白蘿蔔沙拉

拌炒白蘿蔔絲

+Tip

白蘿蔔各部位的使用方式
靠近蒂頭的頂部較甜，越
往底部則辣味強烈，可按
用途分別使用。接近蒂頭
部位適合生拌或醋醃。中
段適合醬燒或煮湯，底部
辣中帶苦，適合煎炒或醃
漬。此外，蘿蔔蒂頭富含
大量的維生素C，可拿來
炒或燉，或曬乾後煮湯。

1 蔥香白蘿蔔沙拉

1 削除蘿蔔皮，切成 1.5×5cm 的長薄片。

2 大蔥切成 5cm 長段，每段再從長邊對切，去除白蔥心後切成細絲。

3 白蘿蔔片與蔥絲泡冰水 15 分鐘後，用廚房紙巾徹底將水吸乾。

4 在大盆內混勻調味料，放入白蘿蔔片與蔥絲抓拌均勻。

2 拌炒白蘿蔔絲

1 削除蘿蔔皮，表面修飾平整，避免切片時滑動。之後切成 0.5cm 的厚片，再切成 0.5cm 寬的細絲。

2 熱鍋中倒入 1 大匙紫蘇油，放入蒜末、蘿蔔絲以中小火炒 2 分鐘。

3 加入 5 大匙水，蓋上鍋蓋煮 3 分鐘，開蓋加入砂糖、韓式醬油、鹽炒 1 分鐘。

→白蘿蔔絲切太厚不容易熟透，可多放 2 大匙水，再煮 2 分鐘。

→可加入 1⅓ 小匙的韓國蝦醬取代砂糖與鹽，風味會更為鮮美。

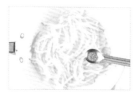

4 放入芝麻與 1 小匙紫蘇油拌勻。

準備材料

蔥香白蘿蔔沙拉
⏱ 20～25 分鐘
☐ 白蘿蔔 1 條（200g）
☐ 大蔥（蔥白）20cm 2 根

調味料
☐ 醋 1 大匙
☐ 釀造醬油 2 大匙
☐ 食用油 1 ½大匙
☐ 砂糖 1 ½～2 小匙（可增減）
☐ 芝麻油 1 小匙

拌炒白蘿蔔絲
⏱ 15～20 分鐘
☐ 白蘿蔔 1 條（200g）
☐ 紫蘇油 1 大匙＋1 小匙
☐ 蒜末 1 小匙
☐ 水 5 大匙
☐ 砂糖⅓小匙
☐ 韓式醬油½小匙
☐ 鹽 少許（可增減）
☐ 芝麻½小匙

香炒馬鈴薯絲

+Recipe

香炒馬鈴薯絲＋洋蔥
洋蔥（¼顆，50g）切絲，
與馬鈴薯絲一起拌炒。銜
接步驟 **4**，用 ½ 小匙的釀
造醬油取代鹽來調味，整
道菜的色澤會變得金黃，
令人口水直流。可隨個人
喜好，撒點胡椒粉。

去除馬鈴薯的澱粉質

1 馬鈴薯洗淨後用刨刀削除外皮。

2 切成 0.5cm 厚片,再切成 0.5cm 寬的細絲。

→馬鈴薯絲切得太薄或過厚,炒的時候會容易碎。

3 用水輕輕沖洗後,浸泡鹽水(2 杯水 + 1 大匙鹽)5 ～ 10 分鐘,再將水瀝乾。

→用冷水洗去澱粉質,炒的時候就不易黏鍋。

→用鹽水泡過後,馬鈴薯絲不僅有了基本調味,質地也變結實,不易碎。

製作 **拌炒馬鈴薯絲**

1 青辣椒從長邊對切去籽,切成 5cm 長的細絲。

2 預熱不沾鍋後倒入油,放入馬鈴薯絲以中大火炒 1 分鐘。

3 加入 1 大匙水,蓋上鍋蓋轉小火煮 4 分鐘。

→過程中要不時搖晃鍋子,以防沾黏鍋底。

4 放入青辣椒絲與鹽,轉中大火拌炒 1 分鐘。

→太早放入辣椒絲,口感會變硬,完成前才入鍋,稍微炒過就好。

準備材料

香炒馬鈴薯絲

⏱ **20 ～ 25 分鐘**
☐ 馬鈴薯 1 個(200g)
☐ 青辣椒 2 條(或青椒½個,亦可省略)
☐ 食用油 1 ½ 大匙
☐ 水 1 大匙
☐ 鹽¼小匙(可增減)

馬鈴薯風味小炒

> 丁香薯塊小炒
> 鮪魚薯塊小炒

丁香薯塊小炒

+Tip

馬鈴薯的挑選與保存方式
表面無傷痕、結實又沾有
泥土的最為新鮮。若是已
發芽或顏色太過青綠代表
已產生毒性。室溫存放
時,直接把還沾有泥土的
馬鈴薯裝進箱子或籃子,
放置陰涼處,若放在有
陽光的地方則容易發芽。
冷藏保存時,先用冷水洗
淨,去除水氣後用保鮮袋
或保鮮膜密封好,存放在
蔬果保鮮層。

鮪魚薯塊小炒

處理共同食材 去除馬鈴薯的澱粉質

1 馬鈴薯洗淨後用刨刀削除外皮。

2 以十字刀法分成四等分，每等分再切成0.5cm厚。

3 用水輕輕沖洗一下馬鈴薯，再將水瀝乾。

→用冷水洗去澱粉質，炒的時候就不易沾黏在鍋底。

1 丁香薯塊小炒

魚乾調味料　薯塊調味料

1 青辣椒切片，魚乾及薯塊調味料分別混勻。

2 鍋中放入小魚乾，以中小火炒1分鐘，炒出香味後盛盤。

3 原鍋用紙巾擦淨，以中火再次熱鍋，倒入油加入馬鈴薯炒2分鐘至表面半透明。

4 加入薯塊調味料，轉中小火炒4分鐘，炒至熟透且收乾醬汁。

5 加入小魚乾、青辣椒、魚乾調味料炒1分鐘至醬汁收乾。

2 鮪魚薯塊小炒

1 青辣椒切片，鮪魚將油分瀝除，再把調味料混勻。

2 熱鍋中倒入油，加入蔥末與蒜末以小火炒30秒。

3 放入馬鈴薯及調味料，轉中火炒3分鐘，再放入鮪魚、青辣椒炒2分鐘。

→若薯塊沾黏鍋底，可加1大匙水炒開。

丁香薯塊小炒

⏱ **20～25分鐘**
- 馬鈴薯1個（200g）
- 小魚乾約½杯（20g）
- 青辣椒2條
- 食用油2大匙

薯塊調味料
- 砂糖½大匙
- 蔥末½大匙
- 釀造醬油1大匙
- 蒜末1小匙
- 芝麻油½小匙
- 水⅓杯

魚乾調味料
- 清酒1大匙
- 果糖½大匙
- 芝麻油½小匙
- 胡椒粉 少許

鮪魚薯塊小炒

⏱ **20～25分鐘**
- 馬鈴薯1個（200g）
- 鮪魚罐頭1罐（100g）
- 青辣椒2條（可省略）
- 食用油2大匙
- 蔥末2小匙
- 蒜末1小匙

調味料
- 釀造醬油1大匙
- 果糖½大匙
- 鹽 少許（可增減）
- 胡椒粉 少許（可增減）

桔梗料理

▌辣拌桔梗
▌香炒桔梗

辣拌桔梗

香炒桔梗

+Recipe

1　辣拌桔梗＋魷魚

魷魚（1條，240g）處理好後（參考183頁），放入滾水中（1大匙清酒+3杯水）汆燙，燙好後切成易就口大小。在做好的辣拌桔梗中，放入魷魚、1小匙醋、1小匙釀造醬油、1小匙芝麻油拌勻。

2　辣拌桔梗＋明太魚絲　或魷魚絲

明太魚絲（1⅔杯，50g）或魷魚絲（1杯，50g）用開水洗淨，擠乾後切成易就口大小，放入辣拌桔梗中拌勻。

3　辣拌桔梗＋白蘿蔔

白蘿蔔（50g）切成細絲，撒上½小匙砂糖與1小匙鹽醃漬5分鐘，再沖水洗淨並把水擠乾，放入辣拌桔梗中拌勻。

+Tip

新鮮整根桔梗的處理方法尚未去皮的整根新鮮桔梗，要先切除鬚根並洗淨，再用小刀刮除外皮。若去皮不易，可將桔梗整根放入冷凍冰20分鐘，外皮就可容易去除。

去除桔梗的苦辣味

1 將桔梗較粗的底部，切出 0.5cm 寬的刀痕，再連同其他較細的部分，切成 4cm 的長條。

→也可以將較粗的底部切成 0.5cm 厚的片狀，再切成細條。

2 大盆內放入桔梗及 2 大匙鹽，抓醃 2 分鐘，再用清水洗。

3 倒入冷水淹蓋過桔梗並浸泡 1 小時以上，試吃若沒苦味，就可將水瀝乾。

→烹調前一天就泡水冰入冷藏會更好。

1 辣拌桔梗

1 大盆內將調味料混合均勻。

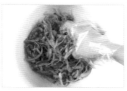

2 將處理好的桔梗放入步驟 1 調味料中拌勻。

2 香炒桔梗

1 滾鹽水（4 杯水＋1 大匙鹽）中加入處理好的桔梗，再次煮滾後汆燙 2 分鐘，撈出沖洗冷水並將水瀝乾。

2 取大盆將調味料混勻，再放入桔梗拌勻。

3 熱鍋中倒入油，加入步驟 2 桔梗以小火炒 2 分鐘。

4 加入 3 大匙水並蓋上鍋蓋煮 2 分鐘後，開蓋轉中火炒 1 分 30 秒。

5 關火冷卻後，放入芝麻與芝麻油拌勻。

準備材料

辣拌桔梗

🕐 10 ～ 15 分鐘
☐ 桔梗（已去皮）2 把（200g）

調味料
☐ 蔥末 1 大匙
☐ 韓式辣椒醬 2 大匙
☐ 芝麻 1 小匙
☐ 砂糖 1 小匙
☐ 韓國辣椒粉 1 小匙
☐ 蒜末 1 小匙
☐ 醋 2 小匙
☐ 芝麻油 1 小匙

香炒桔梗

🕐 10 ～ 15 分鐘
☐ 桔梗（已去皮）2 把（200g）
☐ 食用油或紫蘇油 1 大匙
☐ 水 3 大匙
☐ 芝麻 1 小匙
☐ 芝麻油 1 大匙

調味料
☐ 砂糖 1/3 小匙
☐ 鹽 1/3 小匙
☐ 蔥末 2 小匙
☐ 蒜末 1/2 小匙
☐ 韓式醬油 1/2 小匙

拌炒鮮菇

| 香炒秀珍菇
| 辣炒香菇
| 香辣綜合炒菇

香辣綜合炒菇

香炒秀珍菇

辣炒香菇

香菇處理方法
香菇在種植時幾乎不會使用農藥，所以用乾淨濕布，將附在上頭的雜質擦除就可使用。若用水洗，香菇不僅會變得軟爛，不易煮入味還破壞口感。尤其香菇炒後會出水，必須多加注意。

1 香炒秀珍菇

1 秀珍菇切除底部，撕成易就口大小。放入滾水裡汆燙 1 分鐘，再沖冷水並將水擠乾。

2 大盆內將調味料混勻，加入燙好的秀珍菇拌勻。

3 熱鍋中倒入油，放入秀珍菇以中小火炒 5 分鐘。

2 辣炒香菇

1 切除香菇蒂頭。放入滾水裡汆燙 2 分鐘，取出攤在平盤內放涼。

➔ 若使用乾香菇，先泡在溫熱糖水（3 杯水＋1 小匙砂糖）中 30 分鐘～1 小時，泡開後無需汆燙，將水分擠乾即可使用。

2 燙好的香菇要把水分擠乾，按香菇原形切片，大蔥斜切，混勻調味料。

3 熱鍋中倒入紫蘇油與食用油，放入香菇以中大火炒 1 分鐘，再放入調味料轉中小火炒 1 分 30 秒後裝盤，最後放上蔥片即可。

3 香辣綜合炒菇

1 切除香菇蒂頭並按香菇原形切片，秀珍菇則用手撕開。

2 將洋蔥切絲，蔥切成蔥花。

3 大盆內將調味料混勻，放入兩種菇拌勻。

4 熱鍋中倒入油，放入洋蔥以中火炒 30 秒。

5 放入步驟 **3** 綜合菇炒 4 分鐘後，關火放入蔥花與芝麻油拌勻。

海苔料理

香炒海苔
涼拌海苔
香烤海苔佐野蒜醬

香炒海苔

涼拌海苔

香烤海苔佐野蒜醬

 Tip

保存吃剩的香炒海苔
若想要長久維持香炒海苔
的鮮脆口感，只要將原包
裝中的乾燥劑，連同炒海
苔一同放入密封容器，就
能去除水分並延長海苔的
鮮脆度。

1 香炒海苔

1 在大盆內將調味料攪拌拌勻。

2 海苔裝入保鮮袋中，捏碎成約 2～3cm 大小的碎片，再放入步驟 1 調味料中拌勻。

→ 海苔放太久受潮變軟時，可用熱鍋將正反面各烤 3～5 秒後再捏碎。

3 熱鍋中放入海苔碎，以中火炒 2～3 分鐘。

2 涼拌海苔

1 熱鍋中放入海苔，以中小火將正反面烤過，再放入保鮮袋中捏碎。

2 蔥切成蔥花，調味料混勻。

3 大盆內放入海苔與芝麻油拌勻，再放入蔥花與調味料拌勻，最後撒上芝麻。

3 香烤海苔佐野蒜醬

1 熱鍋中放入海苔，以小火將正反面各烤 1 分鐘，烤到海苔變青綠色，再切成易就口大小。

→ 越後面要烤的海苔，可縮短烤的時間或直接關火用餘熱來烤。

2 去除枯黃的野蒜葉及球根外皮，黑色部分用指尖摘除後，沖水洗淨。

3 混勻野蒜醬材料，搭配烤海苔一同盛盤。

準備材料

香炒海苔

⊘ 10～15 分鐘
- ☐ 海苔（A4 大小）5 片

調味料
- ☐ 芝麻 1 小匙
- ☐ 砂糖 1 ⅓ 小匙
- ☐ 鹽 ⅔ 小匙
- ☐ 芝麻油 1 ½ 大匙

涼拌海苔

⊘ 10～15 分鐘
- ☐ 海苔（A4 大小）10 片
- ☐ 青蔥 4 根（40g）
- ☐ 芝麻油 1 大匙
- ☐ 芝麻 ½ 小匙

調味料
- ☐ 釀造醬油 1 大匙
- ☐ 料理酒 2 大匙
- ☐ 冷開水 3 大匙
- ☐ 果寡糖 1 ½ 大匙
- ☐ 鹽 ¼ 小匙
- ☐ 蒜末 1 小匙

香烤海苔佐野蒜醬

⊘ 10～15 分鐘
- ☐ 海苔（A4 大小）5 片

野蒜醬
- ☐ 野蒜 ½ 把（25g）
- ☐ 釀造醬油 2 大匙
- ☐ 芝麻 1 小匙
- ☐ 砂糖 1 小匙
- ☐ 韓國辣椒粉 ½ 小匙
- ☐ 芝麻油 2 小匙

醋拌小黃瓜海帶芽

熟拌・拌炒海帶芽

| 醋拌小黃瓜海帶芽
| 醋拌杏鮑菇海帶芽
| 香炒海帶芽

醋拌杏鮑菇海帶芽

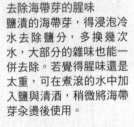

香炒海帶芽

+Tip

去除海帶芽的腥味
鹽漬的海帶芽，得浸泡冷水去除鹽分，多換幾次水，大部分的雜味也能一併去除。若覺得腥味還是太重，可在煮滾的水中加入鹽與清酒，稍微將海帶芽汆燙後使用。

處理共同食材 泡發乾海帶芽並汆燙

1 在大盆內倒水蓋過乾海帶芽，泡發 15 分鐘。

2 滾水中汆燙 50 秒。

3 將燙好的海帶芽放冷水中抓洗，洗至不出泡沫為止，再將水擠乾。

1 醋拌小黃瓜海帶芽

  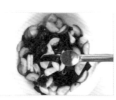

1 大盆內混勻調味料，放入燙好的海帶芽拌勻，靜置醃漬 10 分鐘。

2 小黃瓜從長邊對切，再切成 0.5cm 厚的片，加入 1 大匙水及鹽醃漬 5 分鐘，將水擠乾。

3 將醃漬好的小黃瓜放入步驟 **1** 大盆拌勻，再放入韓國辣椒粉輕拌。

2 醋拌杏鮑菇海帶芽

  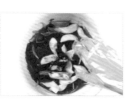

1 杏鮑菇從長邊對切，再斜切成 1cm 厚片，洋蔥切絲，紅辣椒從長邊對切去籽，再切成 3cm 長的細絲。

2 2 杯水煮滾，放入杏鮑菇汆燙 1 分鐘後，沖冷水洗淨並把水擠乾。

3 大盆內混勻調味料，放入燙好的海帶芽、杏鮑菇、洋蔥、辣椒絲攪拌均勻。

3 香炒海帶芽

1 海帶芽用水清洗，浸泡 30 分鐘去除鹽分，再用冷水抓洗並瀝乾，切成長 5cm 細絲。

2 熱鍋中倒入油，加入蒜末以中小火炒 30 秒，再放入海帶芽炒 5 分鐘。

3 加入 6 大匙水與鹽，蓋上鍋蓋煮 3 分鐘。

→ 煮的過程要晃動鍋子，以防海帶芽沾黏鍋底。

準備材料

醋拌小黃瓜海帶芽

⏱ **35 ～ 40 分鐘**
- ☐ 乾海帶芽¼杯（10g，或新鮮海帶芽100g）
- ☐ 小黃瓜 1 條（200g）
- ☐ 鹽½小匙
- ☐ 水 1 大匙
- ☐ 韓國辣椒粉½小匙（可省略）

調味料
- ☐ 砂糖 1 ½大匙（可增減）
- ☐ 醋 2 ½大匙（可增減）
- ☐ 鹽 1 ½小匙（可增減）
- ☐ 蒜末½小匙

醋拌杏鮑菇海帶芽

⏱ **20 ～ 25 分鐘**
- ☐ 乾海帶芽½杯（20g，或新鮮海帶芽200g）
- ☐ 杏鮑菇 1 朵（80g）
- ☐ 洋蔥¼顆（50g）
- ☐ 紅辣椒 1 條

調味料
- ☐ 醋 3 ½大匙
- ☐ 果寡糖½大匙
- ☐ 韓式辣椒醬 3 ½大匙
- ☐ 砂糖 2 小匙（可增減）
- ☐ 蒜末½小匙

香炒海帶芽

⏱ **15 ～ 20 分鐘（不包含泡除鹽分的 30 分鐘）**
- ☐ 鹽漬的海帶芽 1 杯（110g）
- ☐ 食用油 2 大匙
- ☐ 蒜末 1 小匙
- ☐ 水 6 大匙
- ☐ 鹽½小匙

涼粉料理

水芹拌綠豆涼粉
海苔拌綠豆涼粉
涼拌橡子涼粉

水芹拌綠豆涼粉

海苔拌綠豆涼粉

涼拌橡子涼粉

+Tip

涼粉保存方式
可用密封容器中倒水浸
泡，或是用沾濕的乾淨薄
棉布裹住涼粉，裝入密封
容器冷藏保存。下次使用
前再汆燙過，但燙過頭會
破壞Q彈口感，所以先切
成四等分，燙到涼粉中心
溫熱就好。

處理共同食材 氽燙綠豆涼粉

1 綠豆涼粉切成 7cm 長的細絲，放入滾水中氽燙 30 秒，涼粉需燙至有點透明。

2 將水瀝乾後，馬上加入 1 大匙芝麻油拌勻並放涼。

★氽燙涼粉的水不要倒掉，可繼續氽燙「水芹拌綠豆涼粉」中的水芹。

1 水芹拌綠豆涼粉

1 摘除枯黃的水芹葉並用水洗淨，切成 5cm 的長段。

2 將水芹放入滾水中，燙 30 秒後，以冷水沖洗再將水瀝乾。

➜注意需按水芹的粗細來調整氽燙時間。

3 大盆內放入燙好的涼粉、水芹、芝麻、鹽輕輕拌勻。

2 海苔拌綠豆涼粉

1 將海苔放入保鮮袋中用手捏碎。

2 大盆內放入燙好的涼粉與鹽混勻，再放入芝麻與海苔拌勻。

3 涼拌橡子涼粉

1 橡子涼粉切成易就口大小。

2 小黃瓜從長邊對切後斜切成片，洋蔥切絲，茼蒿切成 4cm 長，紫蘇葉從長邊對切再切成 2cm 寬。

3 大盆內混勻調味料，要食用前再將所有食材放入拌勻。

準備材料

水芹拌綠豆涼粉
⏱ **10 ～ 15 分鐘**
- ☐ 綠豆涼粉 350g
- ☐ 水芹 1 把（50g）
- ☐ 芝麻油 1 大匙
- ☐ 芝麻 1 小匙
- ☐ 鹽 ½ 小匙（可增減）

海苔拌綠豆涼粉
⏱ **10 ～ 15 分鐘**
- ☐ 綠豆涼粉 350g
- ☐ 海苔（A4 大小）1 片
- ☐ 芝麻油 1 大匙
- ☐ 鹽 ⅓ 小匙（可增減）
- ☐ 芝麻 1 小匙

涼拌橡子涼粉
⏱ **10 ～ 15 分鐘**
- ☐ 橡子涼粉 1 塊（400g）
- ☐ 小黃瓜 1 條（200g）
- ☐ 洋蔥 ¼ 顆（50g）
- ☐ 茼蒿 8 株
- ☐ 紫蘇葉 3 片（6g，可增減）

調味料
- ☐ 砂糖 1 大匙
- ☐ 紫蘇籽粉 1 大匙（可增減）
- ☐ 韓國辣椒粉 1 ½ 大匙
- ☐ 蔥末 1 大匙
- ☐ 蒜末 ⅓ 大匙
- ☐ 釀造醬油 3 大匙
- ☐ 紫蘇油或芝麻油 2 大匙

涼拌春季野菜的 4 大代表
從食材挑選至烹煮手法一次搞定

野菜通常富含營養,在容易疲倦的春天食用,讓人神清氣爽、恢復元氣。
但是越老纖維質越多,口感會變硬,請趁鮮嫩時享用口感最佳。
快來享受春季野菜獨特的香氣與美妙的滋味吧!

野蒜(單花韭)

1 食材挑選

挑選球根粗大、鬚根細少、底部白色部位長度短,葉子與莖的顏色鮮明,整體摸起來軟嫩、有水分的野蒜。

2 美味之道

可加入韓式味噌湯或是生拌著吃。也可以在製作沾醬時切入一大把野蒜,搭配煎烤料理食用相當爽口。熬肉湯時,也能切細放入,代替蔥或蒜頭等辛香料。

3 挑揀手法

1 去除枯黃葉子及球根外皮。

2 用指尖摘除根部黑色部分後,沖水洗淨。

➔野蒜的組織如韭菜般脆弱,挑揀時小心不要捏爛,用流水輕輕洗淨。

3 用刀側剔除球根纖維較粗部分後,分成兩等分再切段。

生拌野蒜

⏱ **10 ~ 15 分鐘**

野蒜 1 把(50g)

調味料 醋 1 大匙、糖 1 ½ 小匙、韓國辣椒粉 1 小匙、釀造醬油 1 小匙、香油½小匙、鹽 少許

1 將野蒜挑揀乾淨後切成 5cm 長。
2 在大盆中將調味料拌勻,放入野蒜拌開。

涼拌味噌薺菜

⏱ 15 分鐘

薺菜 5 把（100g）、韓式味噌醬 2 小匙、芝麻 少許（可省略）
調味料 美乃滋 1 大匙、蒜末 1 ½ 小匙、醋 1 ½ 小匙、果糖 ½ 小匙

1　薺菜挑揀乾淨，放入滾鹽水（4 杯水＋1 小匙鹽）中汆燙 15 秒，再用冷水沖洗並把水分擠乾。
2　大盆內放入薺菜與味噌醬捏拌均勻。
3　混合調味料後加入大盆中拌勻，撒上芝麻。

薺菜

1 食材挑選

挑選根部不過粗，葉子呈現深綠色且香氣濃郁者為佳。

2 美味之道

薺菜與韓式辣椒醬或味噌醬相當合拍。用味噌醬涼拌的話，不僅能夠去除苦澀味，還能順便補充蛋白質。胃口不好時，熬碗薺菜粥來吃，可以改善食慾不佳。

3 挑揀手法

1 摘除枯黃葉子，浸泡水中並將根部泥土輕輕洗淨。

2 用小刀去除殘留在根與莖部間的泥土。

3 用小刀刮除根部的鬚根與泥土後在冷水中洗淨。將過大的薺菜分成三等分。

 春白菜

 食材挑選

挑葉片不枯黃，無蟲咬又新鮮的為佳。
葉片小、菜心偏黃的春白菜，味道淡雅
又鮮甜。

② 美味之道

最道地的吃法，就是直接加入有韓國魚
露的調味料拌勻來吃，或製作包飯醬後
用春白菜葉包著吃。春白菜葉質地偏
硬，可用鹽稍微醃軟後使用。

③ 挑揀手法

1 切除根部，把葉子一
片片剝下。

2 洗淨瀝乾後。較大的
葉片可從長邊對切，再
切成一口大小。

生拌野蒜春白菜

⊙ **10 分鐘**
春白菜½顆（150g）、野蒜½把（25g）
調味料 芝麻½大匙、韓國辣椒粉 1 大匙、蒜末
1 大匙、韓國魚露或釀造醬油 1 大匙、砂糖
1 小匙、芝麻油 1 小匙

1 把春白菜一片片撕下，從長邊對切，將挑揀
　好的野蒜切成 7cm 長。
2 調味料混合均勻。
3 大盆內放入春白菜、野蒜、調味料抓拌均勻。

短果茼芹

1 食材挑選

挑選顏色較深的，沒有蟲
咬或枯葉。

2 美味之道

拌製時不要調味過頭，才能嚐
得到短果茼芹特殊的濃郁香
氣，包著肉類料理一起吃也很
合適。

3 挑揀手法

1 摘除枯黃葉子，切除
根部與堅硬的莖梗。

2 汆燙方法為，在滾水
中燙 20 ～ 30 秒後，用
冷水沖洗再將水擠乾。

- -

生拌短果茼芹

⏱ **15 ～ 20 分鐘**

短果茼芹 1 把（50g）

調味料 醋½大匙、芝麻½小匙、砂糖 1 小匙、韓國辣椒粉
1 小匙、蒜末½小匙、釀造醬油 1 小匙、韓式辣椒醬 1 小匙

1 將挑揀好的短果茼芹洗淨，切成 5cm 長段，再用漏勺
將水瀝乾。

2 大盆內將調味料混勻，再放入短果茼芹抓拌均勻。

- -

涼拌短果茼芹

⏱ **15 ～ 20 分鐘**

短果茼芹 2 把（100g）

調味料 芝麻½小匙、鹽¼小匙（可增減）、蔥末 1 小匙、
蒜末½小匙、芝麻油 2 小匙

1 將挑揀好的短果茼芹，放入煮滾的鹽水（5 杯水＋ 1
小匙鹽）中汆燙 20 秒。

2 以冷水沖洗並擠乾水分，切成一口大小。
　➔水沒擠乾的話會讓調味變淡。

3 調味料混勻，再與短果茼芹抓拌均勻。
　➔完成後可靜置 5 分鐘，待入味食用更美味。

涼拌乾燥野菜的 4 大代表
從正確泡發方式至烹煮手法完全征服

乾燥野菜同樣富含營養成分，比生吃野菜更別有一番風味。
但處理手法稍微繁複，若不了解就無法享受到它的特殊美味。
以下要告訴你這些乾燥野菜的處理技巧與代表料理。

櫛瓜乾

1 食材挑選

將櫛瓜洗淨切片後曬乾。櫛瓜乾含有大量的維生素 D，更有多種營養成分濃縮其中。櫛瓜乾表皮的綠色越深，代表陽光吸收得越多，營養更為豐富。

2 泡發方式（櫛瓜乾 20g）

1 用冷水沖洗櫛瓜乾，浸泡在溫熱糖水（5 杯熱水＋1 大匙砂糖）中 30～40 分鐘泡發。

2 雙手握住櫛瓜乾把水擠乾。

3 確認泡發狀態

1 適當泡發
用指尖按壓櫛瓜乾邊緣時，若留有明顯痕跡，代表已泡發完全。

2 泡發錯誤
中間部分破裂時，代表泡發過頭。但每片櫛瓜乾的厚薄度不同，請多試幾片確認真正的泡發狀態。

→紫茄乾與香菇乾也可用同樣的方式處理。

涼拌櫛瓜乾

⏱ **30 分鐘**

櫛瓜乾 100g（已泡發櫛瓜乾 250g）、芝麻油 ½ 大匙、食用油 ½ 大匙、芝麻 1 大匙、紫蘇油 1 大匙

昆布高湯 昆布 5×5cm 2 片，水 ⅔ 杯

調味料 蔥末 1 大匙、蒜末 ⅔ 大匙、韓式醬油 2 大匙、芝麻油 ½ 大匙、砂糖 ½ 小池、韓國魚露 ½ 小匙

1 泡發櫛瓜乾並擠乾水分後，與調味料混拌均勻。
2 將昆布高湯材料放入湯鍋以中火燒煮，煮滾後繼續煮 3 分鐘再把昆布撈出。
3 煎鍋以中火熱鍋 20 秒後，倒入芝麻油與食用油，再放入櫛瓜炒 1 分 30 秒。
4 將 ½ 杯的昆布高湯倒入煎鍋中，蓋上鍋蓋轉中小火燜煮 7 分鐘，過程中要不時攪拌，最後加入芝麻與紫蘇油炒 30 秒。

蘿蔔葉乾

1 食材挑選

乾燥的白蘿蔔葉富含維生素、礦物質與膳食纖維。若還帶有淺淺的綠色，代表是在通風良好的地方自然風乾，營養價值更高。

2 泡發方式（蘿蔔葉乾 50g）

1 蘿蔔葉乾洗淨後，在溫水中泡發 6 小時。在大湯鍋中放入泡發過一次的蘿蔔葉乾與 12 杯水，以大火煮滾後蓋上鍋蓋續燜煮 40 分鐘，過程中要不時翻攪。關火靜置 12 ～ 24 小時，進行二次泡發。

→ 夏天室內溫度較高，蘿蔔葉乾容易腐壞，關火待完全冷卻後，可連同鍋子放入冷藏進行二次泡發。

2 蘿蔔葉乾以冷水沖洗至不出髒水為止。剝除蘿蔔葉乾表面纖維後，用雙手稍微將水擠掉，但不必全乾。

→ 蘿蔔葉乾要多洗幾遍才能洗除特殊氣味，老硬纖維剝除後則會更柔軟。泡發後不需把水完全擠乾也能煮得入味，口感也較滑潤。

3 確認泡發狀態

1 適當泡發
在煮蘿蔔葉乾的過程中，可撈出一條用指尖捏壓葉梗，若留有痕跡，或試吃口感變軟的話，即代表已煮得差不多了。

2 泡發錯誤
用指尖捏壓葉梗，若一下就扁塌，代表已經煮過頭，口感變得不佳。

韓式味噌燉蘿蔔葉乾

🕑 **50 ～ 55 分鐘（不包含泡發時間）**

蘿蔔葉乾 50g（已泡發蘿蔔葉 260g）、大蔥（蔥白）10cm、紅辣椒 1 條（可省略）、紫蘇籽粉 2 大匙

昆布高湯 昆布 5×5cm 3 片、高湯用小魚乾 15 條（15g）、溫水 4 杯（熱水 3 杯＋冷水 1 杯）

調味料 蒜末 1 ½大匙、韓式醬油 1 大匙、韓式味噌 3 大匙、芝麻油 ½大匙、砂糖 1 小匙、韓國辣椒粉 1 小匙

1 擠除已泡發蘿蔔葉乾的水分並切成 5cm 長段，紅辣椒與大蔥切斜片，去除高湯用小魚乾的頭與內臟。
2 取大盆放入昆布高湯材料，浸泡 10 分鐘後將昆布撈出。
3 調味料混勻，放入蘿蔔葉乾拌勻靜置 10 分鐘待入味。
4 湯鍋中放入蘿蔔葉乾、高湯用小魚乾、昆布高湯以大火燒滾，待煮滾後蓋上鍋蓋並轉小火燜煮 30 分鐘，過程中要不時翻攪，讓味道完全入味。
5 加入紫蘇籽粉拌勻，再放入大蔥與紅辣椒片，蓋上鍋蓋燜煮 2 分鐘。

蕨菜乾

1 食材挑選

乾燥後的蕨菜乾,其香氣更為濃郁,挑選時要找帶深褐色,莖梗粗大又不會皺巴巴的。

2 泡發方式(蕨菜乾 30g)

1 用冷水沖洗蕨菜乾,放入加有 8 杯水的湯鍋中以大火燒煮,煮滾後轉小火煮 30 分鐘,接著將水瀝乾。煮好的蕨菜乾用冷水沖洗,洗至不會出髒水為止。

➔用等量的洗米水代替一般清水煮蕨菜乾,去除異味效果更好。

2 在大盆內倒入可蓋過蕨菜乾的冷水,浸泡 6 ～ 12 小時泡除異味。再撕除蕨菜乾較硬的部分,並用雙手將水擠乾。

➔夏天室內溫度較高,蕨菜乾容易腐壞,可連同大盆放入冷藏泡發。

涼拌蕨菜乾

⏱ **20 ～ 25 分鐘(不包含泡發時間)**

蕨菜乾 30g(已泡發蕨菜乾 210g)、食用油或紫蘇油 1 大匙、水 3 大匙、芝麻 1 小匙、芝麻油 1 小匙
調味料 砂糖½小匙、蔥末 1 大匙、蒜末⅓大匙、韓式醬油 2 小匙

1 徹底擠乾泡發蕨菜乾的水分,切成 4cm 長段後與調味料拌勻。

2 熱鍋中倒入油,放入蕨菜乾以中火炒 2 分鐘,再放入 3 大匙水蓋上鍋蓋煮 2 分鐘。

3 開鍋蓋轉中大火炒 1 分 30 秒後關火放涼,放入芝麻與芝麻油拌勻。

3 確認泡發狀態

1 適當泡發
在煮蕨菜乾的過程中,撈一條出來用指尖捏壓菜梗,若留有痕跡,或是試吃口感不硬實的話,就代表已煮得差不多了。

2 泡發錯誤
用指尖捏壓菜梗,菜梗一下就扁掉的話,代表已經煮過頭,口感變得不佳。

馬蹄菜乾

1 食材挑選

清甜香氣的馬蹄菜乾，韓國人每年正月十五日必吃。購買前請確認是否有發霉，不要買莖梗太長或顏色太黑的，要挑每根粗細程度都相似的。

2 泡發方式（馬蹄菜乾 50g）

1 用冷水沖洗馬蹄菜乾，放入加有 8 杯水的湯鍋中以大火燒煮，待煮滾後蓋上鍋蓋轉小火燜煮 40 分鐘。煮好的馬蹄菜乾用冷水沖洗，洗至不會出髒水為止。

2 在大盆內倒入可蓋過馬蹄菜乾的冷水，浸泡 6～12 小時泡除異味。用剪刀剪除菜梗較硬部分，並撕除損傷的葉子，再用雙手擠掉水分。

→夏天溫度高，馬蹄菜乾易腐壞，可連同大盆放入冷藏泡發。泡發後不需把水完全擠乾也能入味，口感也會較滑潤。

涼拌馬蹄菜乾

45 分鐘（不包含泡發時間）

馬蹄菜乾 50g（已泡發馬蹄菜乾 250g）、紫蘇油 2 大匙、紫蘇籽粉 3 大匙

昆布高湯 昆布 5×5cm 1 片、水 1 杯
調味料 蔥末 1 大匙、蒜末½大匙、韓式醬油 1 大匙、紫蘇油 1 大匙、韓國魚露½小匙

1 湯鍋中放入昆布高湯材料以中火燒滾，待煮滾後再煮 3 分鐘，將昆布撈出。

2 稍微擠掉已泡發馬蹄菜乾上的水分，切成 6cm 長段後與調味料拌勻。

3 煎鍋以中火熱鍋 20 秒後，倒入½大匙的紫蘇油，再放入馬蹄菜乾炒 2 分 30 秒。

4 將¾杯的昆布高湯倒入煎鍋中，轉中小火炒 3 分 30 秒後，放入紫蘇籽粉與 1½大匙的紫蘇油炒 30 秒。

→若覺得菜乾稍硬，可再加 1 大匙的昆布高湯或清水炒軟。

3 確認泡發狀態

1 適當泡發
在煮馬蹄菜乾的過程中，撈一條出來用指尖拉扯菜梗，若很容易就扯斷，或是試吃口感不硬實的話，就代表已煮得差不多了。

2 泡發錯誤
用指尖捏壓葉片，若葉片一下就扁塌，代表煮過頭，口感不佳。

→山薊菜乾與辣椒葉乾可用相同的方式處理。但在步驟 **1** 燙煮菜乾時，山薊菜要煮 30～40 分鐘，辣椒葉乾煮 15～20 分鐘。

醬燒與小菜類　開始料理前請先詳讀！

❶ 醬燒料理的美味祕訣

1 挑選塗層均勻、底厚又平整的鍋子來烹煮醬燒料理，食材在慢火燉煮時才不會沾黏鍋底並能入味透徹。鍋底大小亦不能過窄或過寬，鍋底過寬，水分在食材入味前就會蒸發，而影響料理烹煮時間與風味，若過於窄小，食材會因為堆疊而無法均勻入味。

2 完美掌握火候對於料理醬燒菜色相當重要，菜餚才能燒煮得既不焦黑又帶有光澤。若調理全程都用小火慢煮，食材不但無法適當入味還可能煮不透，因此要先以大火煮滾後再轉調小火慢燉。

3 醬燒料理的重點就是要讓食材入味，透過燒煮將食材的風味與營養完整釋放，並與調味料完美融合，慢慢地將味道燒煮進食材，所以一開始調味不能過重，即使一開始的調味較淡，但經過小火慢煮且醬汁濃縮後，整體口味就會變得鹹香。

4 燒煮較硬的食材，水若放得太少，食材還沒熟就會黏鍋，所以要加入充足的水量把食材煮熟煮軟。但水若放得過多，食材反而容易煮得過爛，須多加留意。

5 食材上的油脂要先去除再進行燒煮，煮出來的湯汁才會香醇清澈。

6 先在肉或魚劃出幾道切痕，更易燒煮入味。

7 若食材煮熟的時間不相同時，要先烹煮最難煮熟的食材，再按順序調理，就能降低失敗率。

8 一般在做醬燒料理時，通常都是蓋著鍋蓋將食材煮熟，若不想料理的醬色太深，或是想去除食材的腥味，就要開蓋燒煮。若全程蓋著鍋蓋燒煮，爐火必須調小，否則在燒出醬色前湯汁就會被燒乾。

9 烹煮醬燒料理若單以醬油當做調味主軸，其顏色通常都會過深，因此要搭配鹽一起調味，才能燒煮出可口又漂亮的醬色。

10 果糖、水麥芽、芝麻油等，能帶出料理光澤感的調味料，要在烹調的最後才加入，太快加入只會讓湯汁過早產生濃稠感，而無法將食材煮入味。

❷ 醬燒料理的各種調味搭配

1 味噌調味
（魚肉 500g）

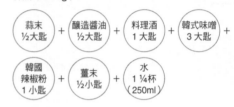

2 香辣調味
（魚肉 200g）

3 醬油調味
（魚肉 350g）

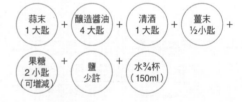

3 征服易失敗的醬燒魚

1 魚肉較厚實的部位，可先劃上切痕加速煮熟。過程中，邊用湯匙將醬汁澆淋在魚塊上，才能讓食材入味均勻且更有光澤。

2 做醬燒魚時很容易把魚肉煮碎，所以過程中不要太常翻動，但可以不時搖晃鍋子，以防食材沾黏。

3 在鍋底鋪上足夠的白蘿蔔、馬鈴薯或洋蔥等食材，再放入魚塊與調味醬燒煮，可預防魚塊燒焦。

4 若想用大塊的白蘿蔔、馬鈴薯或洋蔥等食材和魚肉一起燒煮的話，可先把這些食材汆燙後再放入燒煮，或先與部分調味料燒煮過再放入，這樣做不但容易入味也能縮短燒煮時間。

5 做醬燒魚時一定要確認鍋蓋尺寸是否與鍋子大小相吻合，鍋蓋要密合，食材才能裡外都煮熟透。

6 醬燒調味料中可加入清酒或料理酒，不但可以去除腥味，還能添增料理風味。

7 魚肉若加熱過頭，會讓蛋白質凝固造成魚肉嚴重收縮。加上醬油中的鹽分也會產生脫水作用，導致魚肉容易碎裂，因此把燒煮時間控制在 15 ～ 20 分鐘最好。

▲ 加入白蘿蔔或馬鈴薯時請注意
和魚肉一起燒煮時，白蘿蔔或馬鈴薯的厚度要切得薄一點。若想切大塊加入，可先汆燙後再放入燒煮，或先與部分調味料燒煮過再放入，這樣可以縮短燒煮時間。

4 事先準備好冷凍包，享用醬燒魚更方便

1 把醬燒用的魚塊（1 尾分量）洗淨，用廚房紙巾擦乾水分，抹上 1 大匙鹽、1 大匙蒜末、1 大匙薑末、2 大匙清酒及少許的胡椒粉，醃 10 分鐘。

2 白蘿蔔（300g）切成 1cm 厚的扇形，大蔥（15cm）切花，青辣椒斜切成片。把白蘿蔔放入煮滾的鹽水（3 杯水＋1 大匙鹽）中，汆燙 5 分鐘後將水瀝乾。

3 將 2 大匙韓國辣椒粉、1 大匙蒜末、3 大匙釀造醬油、2 大匙清酒、1 大匙韓式辣椒醬、1 小匙砂糖及少許胡椒粉混合均勻，放入燙好的白蘿蔔、大蔥、辣椒片拌勻，再放入魚塊輕輕攪拌並裝入保鮮袋內，先放冷藏 30 分鐘再冷凍保存。

4 醬燒魚冷凍包食用前先置於室溫下解凍 30 分鐘，再拆封放入加有 1 杯水的鍋子，以大火燒煮滾後蓋上鍋蓋，轉中小火繼續燜煮 25 分鐘，過程中要不時晃動鍋子，以防沾黏。開蓋後再煮 5 分鐘，邊用湯匙將湯汁澆淋在魚塊上。

▲ 製作醬燒魚冷凍包
事先將燙好的白蘿蔔、魚塊和調味料拌勻，冰在冷藏醃 30 分鐘再冷凍。讓你忙碌時也能快速烹煮，即時享用美味的醬燒魚。

醬燒豆腐

| 醬燒豆腐
| 醬燒香辣豆腐
| 醬燒洋蔥豆腐

醬燒洋蔥豆腐

醬燒豆腐

醬燒香辣豆腐

+Tip

醬燒豆腐的美味祕訣

1 豆腐切太薄不但容易出水，翻面時還容易破碎，請切成 1~1.5cm 厚。

2 豆腐撒鹽醃漬 10 分鐘，不但先有基本調味，多餘的水分被逼出後，質地也會變得比較結實。

3 如果醬汁在燒煮過程中蒸發太多而決定要再加水時，一定要再放點料理酒補足風味。

處理共同食材 鹽漬豆腐

1 豆腐長邊對切兩等分，每等分再切成 1cm 厚的片狀。

2 平放在大盤上，並兩面都撒上鹽，醃漬 10 分鐘後再用廚房紙巾擦乾。

1 醬燒豆腐・醬燒香辣豆腐

醬油調味　香辣調味

1 選擇喜愛的調料口味，並將調味料混勻。

2 熱好的鍋中倒入油放入鹽漬豆腐，以中火將兩面各煎 3 分鐘至金黃。

→記得不時搖晃鍋子，以防豆腐沾黏。視鍋底的厚薄度來調節煎製時間。

3 將調味料倒入鍋中，轉小火燒煮 2 分鐘，關火後加入芝麻與芝麻油拌勻。

→加入調味醬汁燒煮時，要將豆腐翻面一次，才能均勻入味。

2 醬燒洋蔥豆腐

1 洋蔥切成 1cm 寬的粗絲，並將調味料混勻。

2 熱好的鍋中放入小魚乾以小火炒 1 分鐘，若有細屑可用濾網濾掉。

3 用廚房紙巾將步驟 2 煎鍋擦乾，倒入紫蘇油、鹽漬豆腐，以大火將兩面各煎 1 分鐘取出。

→可視煎鍋大小分次煎完。

4 先將 ½ 分量的洋蔥絲放入鍋底，再放入小魚乾及豆腐，豆腐要平鋪避免交疊，再放入剩下的洋蔥絲及調味混料以大火燒煮。

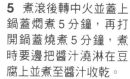

5 煮滾後轉中火並蓋上鍋蓋燜煮 5 分鐘，再打開鍋蓋燒煮 5 分鐘，煮時要邊把醬汁澆淋在豆腐上並煮至醬汁收乾。

→燒煮過程中要不時搖晃鍋子，以防豆腐沾黏鍋底。

準備材料

醬燒豆腐
🕐 **25 ～ 30 分鐘**
可存放冷藏室 3 ～ 4 天
☐ 豆腐 1 塊（300g）
☐ 鹽 ½ 小匙
　（鹽漬豆腐用）
☐ 食用油 1 大匙
☐ 芝麻 1 小匙
☐ 芝麻油 1 小匙

選擇 1　醬油調味
☐ 砂糖 ½ 大匙
☐ 釀造醬油 2 大匙
☐ 料理酒 1 大匙
☐ 水 1 大匙
☐ 蒜末 1 小匙

選擇 2　香辣調味
☐ 釀造醬油 1 大匙
☐ 料理酒 1 大匙
☐ 水 2 大匙
☐ 韓式辣椒醬 1 大匙
☐ 砂糖 1 小匙
☐ 韓國辣椒粉 1 小匙
☐ 蒜末 1 小匙

醬燒洋蔥豆腐
🕐 **25 ～ 30 分鐘**
可存放冷藏室 3 ～ 4 天
☐ 豆腐 1 塊（300g）
☐ 鹽 ½ 小匙
　（鹽漬豆腐用）
☐ 洋蔥 1 顆（200g）
☐ 小魚乾 ½ 杯（20g）
☐ 紫蘇油 1 大匙

調味料
☐ 韓國辣椒粉 1 大匙
☐ 蒜末 1 大匙
☐ 釀造醬油 1 ½ 大匙
☐ 料理酒 1 大匙
☐ 紫蘇油 1 大匙
☐ 砂糖 1 小匙
☐ 韓式辣椒醬 2 小匙
☐ 水 1 杯（200ml）

醬燒馬鈴薯

醬燒馬鈴薯
醬燒香辣馬鈴薯
醬燒馬鈴薯球

醬燒馬鈴薯

醬燒香辣馬鈴薯

+Recipe

醬燒馬鈴薯＋青辣椒或青椒
青辣椒（2條）切片，或青椒（½個，50g）切成四邊1cm大小，在完成步驟**6**的前1分鐘，和馬鈴薯一起放入輕輕拌炒。

+Tip

醬燒馬鈴薯球的美味祕訣
1 用柔軟的菜瓜布或刷子輕輕刷洗，才不會把馬鈴薯球的表皮刷破。

2 可先汆燙馬鈴薯球，去除其特有的辛辣味後再進行燒煮。

3 燒煮時，要以小火將馬鈴薯球表皮煮到稍微起皺，才會入味，口感才會彈牙有嚼勁。

醬燒馬鈴薯球

1 醬燒馬鈴薯・醬燒香辣馬鈴薯

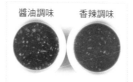
醬油調味　　　香辣調味

1 馬鈴薯去皮並以十字刀法切成四等分,再切成 1cm 厚的片狀。

→若馬鈴薯較小顆,可從長邊對切後,再切成片。

2 馬鈴薯沖洗冷水後,浸泡鹽水(2 杯水 + 1大匙鹽)10 分鐘,再將水瀝乾。

3 選擇喜愛的口味,將調味料混勻。

4 湯鍋以中火熱好鍋後,倒入油與馬鈴薯炒2 分鐘。

5 調味料倒入鍋內轉大火,煮滾後轉中小火並蓋上鍋蓋燜煮 6 分鐘。

6 打開鍋蓋轉中火拌煮至醬汁收乾,最後加入芝麻與芝麻油拌勻。

2 醬燒馬鈴薯球

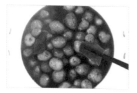

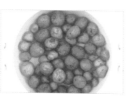

1 馬鈴薯球用柔軟的菜瓜布洗淨,用刀挖除芽眼,太大顆的馬鈴薯球對切。

2 湯鍋中加水至淹蓋過馬鈴薯球及 1 大匙鹽,以大火煮滾後轉中火煮5 分鐘,沖冷水瀝乾。

3 把步驟 2 湯鍋中的水擦乾後倒入油,放入煮過的馬鈴薯球用大火炒2 分鐘。

4 加入 3 ½ 杯的水、昆布與調味料燒煮,煮滾後再轉中火煮 10 分鐘,撈出昆布。

→也可將昆布切成細絲於步驟 6 中一起放入。

5 轉小火煮 40 分鐘,將湯汁煮至約剩 ⅓ 杯的量後,加入果寡糖並轉中火拌炒 2 分鐘。

→若湯汁在燒煮 30 分鐘後即收乾,可再加入 ½ 杯的水與 1 小匙的釀造醬油繼續燒煮。

6 關火後加入芝麻與芝麻油拌勻。

醬燒馬鈴薯
🕐 25 ～ 30 分鐘
可存放冷藏室 3 ～ 4 天
☐ 馬鈴薯 2 個(400g)
☐ 食用油 1 大匙
☐ 芝麻 ½ 小匙
☐ 芝麻油 1 小匙

選擇 1 醬油調味
☐ 砂糖 1 大匙
☐ 釀造醬油 2 ⅓ 大匙
☐ 蔥末 2 小匙
☐ 蒜末 1 小匙
☐ 水 ½ 杯(100ml)

選擇 2 香辣調味
☐ 砂糖 1 大匙
☐ 釀造醬油 1 ⅓ 大匙
☐ 韓式辣椒醬 1 大匙
☐ 韓國辣椒粉 ½ 小匙
　(可省略)
☐ 蔥末 2 小匙
☐ 蒜末 1 小匙
☐ 水 ½ 杯(100ml)

醬燒馬鈴薯球
🕐 1 ～ 1 小時 5 分鐘
可存放冷藏室 7 天
☐ 馬鈴薯球(直徑
　2 ～ 3cm)約 25 個
　(700g)
☐ 食用油 1 小匙
☐ 水 3 ½ 杯(700ml)
☐ 昆布 5×5cm 2 片
☐ 果寡糖 3 大匙
☐ 芝麻 1 小匙(可省略)
☐ 芝麻油 1 小匙

調味料
☐ 砂糖 3 大匙
☐ 釀造醬油 4 大匙
☐ 清酒 1 大匙

醬燒黑豆・堅果

| 醬燒黑豆
| 醬燒綜合堅果
| 醬燒核桃黑豆

醬燒核桃黑豆

醬燒黑豆

醬燒綜合堅果

+Tip

久放後也不會變硬的祕訣
重點就在黑豆需要充分泡
發。若時間充裕,最好在
烹調的前一晚就將黑豆泡
水。此外,若黑豆尚未煮
熟前就放入醬油,黑豆會
變得跟石頭一樣硬,因此
要在黑豆快被煮熟時再放
入調味料。

1 醬燒黑豆

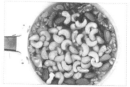

1 黑豆洗淨後泡水 2～3 小時，在厚底湯鍋中加入泡發的黑豆與 3 杯水以大火燒煮。

2 煮滾後蓋上鍋蓋並轉中火燜煮 20 分鐘，把水煮至約剩 1 杯量後，放入調味料再蓋鍋蓋繼續燜煮 10 分鐘。

➔過程中若水不夠可再加入 ½ 杯的水繼續燒煮，要不時攪動黑豆以防黏鍋。

3 加入果寡糖攪拌繼續煮 1 分鐘，關火後加入芝麻與芝麻油拌勻。

2 醬燒綜合堅果

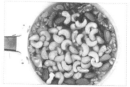

1 將調味料混合均勻。

2 綜合堅果在滾水中汆燙 30 秒去除雜質，然後沖洗冷水將水瀝乾。

3 熱好的鍋中放入綜合堅果以中小火拌炒 3 分鐘，再加入調味料炒 3 分鐘，關火後放入芝麻油拌勻。

3 醬燒核桃黑豆

1 黑豆洗淨後泡水 2～3 小時充分泡發。

2 把核桃放入滾水中汆燙 30 秒去除雜質，然後沖洗冷水將水瀝乾。

3 在厚底湯鍋中加入泡發的黑豆與 2 杯水以大火燒煮，煮滾後蓋上鍋蓋並轉中火燜煮 10 分鐘，把水煮至約 ½ 量。

➔若水不夠時可再加入 ½ 杯的水繼續燒煮。

4 放入核桃、釀造醬油、砂糖並轉小火繼續燒煮 7 分鐘，把湯汁煮至約剩 5 大匙左右，過程中還要不時攪拌以防黏鍋。

5 關火後將果寡糖分兩次加入，每次加入 2 大匙，仔細拌勻後再加入芝麻攪拌。

準備材料

醬燒黑豆

⏱ 35～40 分鐘（不含泡發黑豆時間）
可存放冷藏室 15 天
☐ 黃仁黑豆或青仁黑豆 1 ⅓ 杯（200g）
☐ 水 3 杯（600ml）
☐ 果寡糖 2 大匙
☐ 芝麻 1 小匙
☐ 芝麻油 1 大匙

調味料
☐ 砂糖 1 大匙
☐ 釀造醬油 4 ½ 大匙
☐ 料理酒 2 大匙

醬燒綜合堅果

⏱ 15～20 分鐘
可存放冷藏室 7 天
☐ 堅果類（核桃、杏仁、腰果等）2 杯（240g）
☐ 芝麻油 1 小匙

調味料
☐ 釀造醬油 2 大匙
☐ 水 1 大匙
☐ 果寡糖 1 大匙
☐ 砂糖 1 小匙

醬燒核桃黑豆

⏱ 35～40 分鐘（不含泡發黑豆時間）
可存放冷藏室 15 天
☐ 黃仁黑豆或青仁黑豆 1 ⅓ 杯（200g）
☐ 核桃（或杏仁、胡桃、腰果等）約 1 杯（100g）
☐ 水 2 杯（400ml）
☐ 釀造醬油 ½ 杯（100ml）
☐ 砂糖 2 大匙
☐ 果寡糖 4 大匙
☐ 芝麻 1 大匙

醬燒肉料理

醬燒牛肉
醬燒豬肉
醬燒雞肉
醬燒鵪鶉蛋

醬燒鵪鶉蛋

醬燒雞肉

醬燒牛肉

醬燒豬肉

+Recipe

1 醬燒肉＋
　鵪鶉蛋或雞蛋
鵪鶉蛋（15顆，150g）
或雞蛋（3顆，150g）水
煮後剝除蛋殼，在步驟 **3**
的17分鐘時放入，與肉
一起煮8分鐘。

2 醬燒肉＋獅子唐辛子
獅子唐辛子（15～20條，
100g）蒂頭摘除，用水洗
淨後將水瀝乾，在步驟 **3**
燒煮過程的20分鐘時放
入，與肉一起煮5分鐘。

+Tip

醬燒肉的保存方式
裝入密封容器冷藏保存
前，可先順著肉的紋理
將肉撕成條狀浸入調味醬
汁中一同存放，醬燒肉就
會更加入味。吃之前再加
熱，口感就會更為軟嫩。

1 醬燒肉

1 準備好一整塊牛肉、豬肉或雞肉並切成 5cm 寬的塊狀。

→ 使用里肌或雞胸肉則無需切塊，請直接整塊使用。

2 將肉塊放入滾水中汆燙 3 分鐘，然後沖洗冷水將水瀝乾。

3 湯鍋中放入汆燙好的肉塊、青陽辣椒、蒜頭、薑塊、調味料以大火燒煮，煮滾後轉中火慢燉 25 分鐘將肉煮至熟透。

2 醬燒鵪鶉蛋

1 白蘿蔔去皮後切成四邊 2cm 大小的塊狀。

2 選一個厚底的寬湯鍋，放入鵪鶉蛋、青陽辣椒、昆布、調味料以大火燒煮。

→ 為了使鵪鶉蛋與蘿蔔塊能完全浸泡在醬汁中，請使用鍋底厚且寬的湯鍋。

3 煮滾後再煮 5 分鐘，然後蓋上鍋蓋轉小火燜煮 15 分鐘，最後放入白蘿蔔並蓋上鍋蓋繼續燜煮 10 分鐘。

準備材料

醬燒肉

⏱ 30 ～ 35 分鐘
可存放冷藏室 7 天
☐ 牛肉、豬里肌、雞里肌或雞胸肉 300g
☐ 青陽辣椒 1 條
☐ 蒜頭 7 粒（35g）
☐ 薑 1 塊（5g）

調味料
☐ 釀造醬油¾杯（150ml）
☐ 水 3 杯（600ml）
☐ 砂糖 4 大匙
☐ 清酒 2 大匙
☐ 胡椒粉 少許

醬燒鵪鶉蛋

⏱ 35 ～ 40 分鐘
可存放冷藏室 7 天
☐ 市售煮熟鵪鶉蛋 30 顆（300g）
☐ 白蘿蔔 1 條（300g）
☐ 青陽辣椒 1 條（可省略）
☐ 昆布 5×5cm 2 片

調味料
☐ 釀造醬油½杯（100ml）
☐ 水 2 杯（400ml）
☐ 砂糖 2 大匙
☐ 果寡糖 2 大匙

醬燒鯖魚

醬燒味噌鯖魚
醬燒泡菜鯖魚

醬燒味噌鯖魚

鯖魚的處理方式
若購買的是尚未處理過的鯖魚，可先切除魚頭及魚鰭後用水洗淨，再切成大塊。若覺得鯖魚的腥味過重，可用加鹽的洗米水清洗，或是用洗米水取代清水加入調味醬汁中，都能有效去除魚腥味。

醬燒泡菜鯖魚

1 醬燒味噌鯖魚

1 馬鈴薯去皮後切成 0.7cm 厚的片狀。

→若馬鈴薯太大顆時，可先對半切。

2 切除魚頭及魚鰭的鯖魚洗淨後，切成 3cm 寬的塊，用漏勺裝著魚塊澆淋熱水去除雜質。

3 將煮熟的冬白菜放入滾水汆燙 30 秒，沖洗冷水，擠乾後切成 4cm 的長段。

→若是新鮮的冬白菜，要放入煮滾的鹽水（4 杯水＋½大匙鹽）中燙 5 分鐘。

4 將調味料混合均勻。

5 湯鍋中先鋪上馬鈴薯再放鯖魚塊，塞入冬白菜，再淋上調味料。

6 蓋上鍋蓋中火燜煮 8 分鐘，再打開鍋蓋燒煮 5 分鐘，邊煮邊把醬汁澆淋在魚塊上。

→燒煮過程中要不時搖晃湯鍋，以防食材沾黏。

→水不夠時可加入¼杯水。

2 醬燒泡菜鯖魚

1 大蔥斜切成 1cm 寬的蔥片。泡菜切塊後，放入大大盆與泡菜調味料拌勻。

2 切除魚頭及魚鰭的鯖魚洗淨後，切成 3cm 寬的塊，用漏勺裝著魚塊澆淋熱水去除雜質。

3 熱好鍋後倒入油，放入泡菜以中火炒 3 分鐘。

4 將鯖魚塊放在步驟 3 泡菜上，並加入 1 杯水與薑末燒煮 2 分鐘。

5 加入泡菜汁，煮滾後蓋上鍋蓋轉小火繼續燜煮 15 ～ 20 分鐘。

→不時搖晃鍋子，以防食材沾黏，水不夠時可加入¼杯水。

6 等泡菜煮熟且湯汁收乾得差不多後，放入蒜末與蔥片燒煮 1 分鐘。

醬燒味噌鯖魚

⏱ **25 ～ 30 分鐘**
- ☐ 鯖魚 2 尾（去除魚頭後 500g）
- ☐ 煮熟的冬白菜 100g
- ☐ 馬鈴薯 1 個（200g）

調味料
- ☐ 蒜末½大匙
- ☐ 釀造醬油½大匙
- ☐ 料理酒 1 大匙
- ☐ 韓式味噌醬 3 大匙
- ☐ 韓國辣椒粉 1 小匙
- ☐ 薑末½小匙
- ☐ 水 1 ¼ 杯（250ml）

醬燒泡菜鯖魚

⏱ **30 ～ 35 分鐘**
- ☐ 鯖魚 1 尾（去除魚頭後 250g）
- ☐ 熟成的白菜泡菜 2 杯（300g）
- ☐ 大蔥（蔥白）15cm
- ☐ 食用油 1 大匙
- ☐ 水 1 杯（200ml）
- ☐ 薑末 1 小匙
- ☐ 醃泡菜汁¼杯（50ml）
- ☐ 蒜末 1 大匙

泡菜調味料
- ☐ 砂糖¼大匙
- ☐ 韓國辣椒粉½大匙
- ☐ 清酒½大匙
- ☐ 紫蘇油½大匙
- ☐ 胡椒粉少許

醬燒土魠魚

醬燒蘿蔔土魠魚
照燒土魠魚

醬燒蘿蔔土魠魚

+Recipe

醬燒蘿蔔土魠魚＋馬鈴薯
馬鈴薯（1 ½ 個，300g）
去皮後，切成 1cm 厚的片
狀取代白蘿蔔加入即可。

照燒土魠魚

1 醬燒蘿蔔土魠魚

1 土魠魚洗淨後，淋上清酒醃 10 分鐘，再用廚房紙巾擦乾。

2 白蘿蔔去皮以十字刀法切成四等分，再切成 1cm 厚的片狀。洋蔥切成 1cm 寬的粗絲。

3 大蔥斜切成 3cm 寬的蔥片，青陽辣椒與紅辣椒也斜切成片，調味料混合均勻。

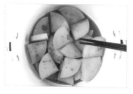

4 將白蘿蔔與 ⅓ 分量的調味料放入湯鍋以大火燒煮，煮滾後轉小火繼續燒煮 6 分鐘，煮至白蘿蔔可用筷子插入。

5 放入土魠魚、洋蔥及剩下的調味料醬汁燒煮 10 ～ 12 分鐘，最後放入青陽辣椒、紅辣椒再煮 1 分鐘。

→ 燒煮過程中要不時把醬汁澆淋在魚塊上。

2 照燒土魠魚

1 土魠魚洗淨後，撒上醃料醃 10 分鐘，再用廚房紙巾擦乾。

2 摘除獅子唐辛子蒂頭，每條都用牙籤戳出 2 ～ 3 個小洞。燒煮醬汁用的薑則切成薑片。

3 熱好的鍋中倒入油，將魚肉面朝下放入，以中火煎烤 7 分鐘後翻面，魚皮部分煎 5 分鐘並煎至金黃。

4 取另一個鍋子放入照燒醬汁材料，以中火燒煮 1 ～ 2 分鐘，煮至砂糖完全溶化。

5 將煎好的土魠魚及獅子唐辛子放入鍋中燒煮 6 分鐘，煮至醬汁收乾，過程中要用湯匙把醬汁反覆淋在魚塊上。

準備材料

醬燒蘿蔔土魠魚
🕐 50 ～ 55 分鐘
- ☐ 土魠魚 1 尾（300g）
- ☐ 清酒 2 大匙（醃漬土魠魚用）
- ☐ 白蘿蔔 1 條（300g）
- ☐ 洋蔥 ⅓ 顆（約 65g）
- ☐ 大蔥（蔥綠）10cm 2 根
- ☐ 青陽辣椒或青辣椒 1 條
- ☐ 紅辣椒 1 條

調味料
- ☐ 青陽辣椒切片 1 條分量
- ☐ 砂糖 1 大匙
- ☐ 韓國辣椒粉 1 大匙
- ☐ 蒜末 1 大匙
- ☐ 釀造醬油 4 大匙
- ☐ 料理酒 3 大匙
- ☐ 薑末 1 小匙
- ☐ 韓式辣椒醬 1 小匙
- ☐ 水 1 杯（200ml）

照燒土魠魚
🕐 30 ～ 35 分鐘
- ☐ 土魠魚 1 尾（300g）
- ☐ 獅子唐辛子 5 條（約 30g，可省略）
- ☐ 食用油 1 大匙

土魠魚醃料
- ☐ 鹽 ½ 小匙
- ☐ 清酒 1 小匙
- ☐ 胡椒粉 少許

照燒醬汁
- ☐ 薑 ½ 塊
- ☐ 砂糖 2 大匙
- ☐ 釀造醬油 3 大匙
- ☐ 清酒 3 大匙
- ☐ 果寡糖 1 大匙

醬燒鮮魚

■ 醬燒白帶魚
■ 醬燒比目魚

+Tip

刮除白帶魚魚鱗的理由
白帶魚的表面有一種有機鹼
稱作「鳥嘌呤（Guanine）」
的物質，人體不但無法消化
且毫無營養價值，加上湯汁
會因為燒煮魚鱗而變混濁，
因此要把刀背斜放在白帶魚
上刮除魚鱗後再進行調理。

醬燒白帶魚

醬燒比目魚

1 醬燒白帶魚

1 用刀背刮除白帶魚的魚鱗後洗淨，撒上醃料醃 10 分鐘。

2 昆布放入 2 ½ 杯的熱水，浸泡 10 分鐘後將昆布撈出。

3 馬鈴薯去皮後，從長邊對切，再切成 1cm 厚的片狀，大蔥與青陽辣椒則斜切成 1cm 寬。

4 將調味料放入步驟 **2** 昆布水中並攪拌均勻。

→若省略調味料中的辣椒粉與辣椒醬，就能變化出鹹香版的醬燒白帶魚。

5 馬鈴薯放入湯鍋中，再放上白帶魚並倒入調味混料以大火燒煮，煮滾後蓋上鍋蓋轉中火燜煮 5 分鐘。

→燒煮過程中要不時搖晃湯鍋，以防馬鈴薯沾黏。

6 打開鍋蓋，轉小火燒煮 10 分鐘，過程中要用湯匙把醬汁反覆澆淋在魚塊上。最後再放入大蔥與青陽辣椒煮 5 分鐘。

→燒煮過程中要不時搖晃湯鍋，以防馬鈴薯沾黏。

2 醬燒比目魚

1 洋蔥切成 0.5cm 厚的圓片，大蔥斜切成片，調味料混合均勻。

2 用刀背從魚尾往魚頭的方向輕輕把比目魚的魚鱗刮除，再用水沖洗乾淨。

3 在比目魚的兩面劃上 3～4 道切痕。

4 把洋蔥放入附蓋的深鍋，再放入比目魚並倒入調味混料。

5 蓋上鍋蓋以中火燜煮 5 分鐘，再轉小火繼續燜煮 5 分鐘。

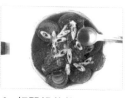

6 打開鍋蓋放入大蔥並轉大火燒煮 1 分 30 秒，再轉小火燒煮 3 分鐘，並用湯匙把醬汁反覆澆淋在比目魚上。

→燒煮過程中要不時搖晃湯鍋，以防洋蔥沾黏。

準備材料

醬燒白帶魚

⏱ **45～50 分鐘**
- [ ] 白帶魚塊 4～5 片（200g）
- [ ] 馬鈴薯 2 個（400g）
- [ ] 大蔥（蔥白）15cm 1 根
- [ ] 青陽辣椒 1 條

白帶魚醃料
- [ ] 清酒 1 大匙
- [ ] 鹽 1 小匙

昆布水
- [ ] 昆布 5×5cm 2 片
- [ ] 熱水 2 ½ 杯（500ml）

調味料
- [ ] 砂糖 ½ 大匙
- [ ] 韓國辣椒粉 2 大匙
- [ ] 蒜末 1 大匙
- [ ] 釀造醬油 1 大匙
- [ ] 韓式醬油 ½ 大匙
- [ ] 料理酒 2 大匙
- [ ] 韓式辣椒醬 1 大匙
- [ ] 胡椒粉 少許

醬燒比目魚

⏱ **25～30 分鐘**
- [ ] 比目魚 1 尾（350g）
- [ ] 洋蔥 1 ½ 顆（300g）
- [ ] 大蔥（蔥白）15cm 1 根

調味料
- [ ] 韓國辣椒粉 1 大匙（可省略）
- [ ] 蒜末 1 大匙
- [ ] 釀造醬油 4 大匙
- [ ] 清酒 1 大匙
- [ ] 薑末 ½ 小匙
- [ ] 果寡糖 2 小匙（可增減）
- [ ] 鹽 少許
- [ ] 水 ½ 杯（100ml）

魚乾小菜

香炒吻仔魚
辣炒丁香
獅子唐辛子炒小魚乾

辣炒丁香

香炒吻仔魚

+Recipe

香炒吻仔魚＋綜合堅果
在步驟 **2** 放入吻仔魚時，
將核桃、杏仁、腰果等綜
合堅果（½杯，60g）放
入拌炒。

+Tip

烹調魚乾小菜的注意事項
1 小魚先乾拌炒，才能
去除水分及腥味，但若用
大火快炒，會將小魚乾炒
碎，還請多加注意。

2 果寡糖要關火後放入，
調味料才不會凝結成塊，
小魚乾也比較不會變硬。

獅子唐辛子炒小魚乾

1 香炒吻仔魚

1 熱好的鍋中放入吻仔魚以小火炒 1 分 30 秒，再用濾網去除雜質。

2 用廚房紙巾將步驟 1 鍋子擦乾淨，以小火熱鍋倒入油，放入蒜末炒 30 秒，關火放入吻仔魚、釀造醬油、料理酒攪拌均勻，再開中火炒 1 分鐘。

3 放入芝麻油拌勻後，關火加入果寡糖與芝麻仔細拌勻。

2 辣炒丁香

1 熱好的鍋中放入小魚乾以中小火炒 2 分鐘，再用濾網去除雜質。

2 將調味料混勻後倒入鍋內以中小火燒煮，待邊緣部分開始煮滾，繼續燒煮 1 分 30 秒。

3 再放入小魚乾炒 1 分鐘，關火加入芝麻與芝麻油拌勻。

3 獅子唐辛子炒小魚乾

1 摘除獅子唐辛子蒂頭，每條都用牙籤戳出 2～3 個小洞，較大條的切成兩等分。

2 熱好的鍋中放入小魚乾以中小火炒 2 分鐘，再用濾網將碎塊雜質去除。

3 用廚房紙巾將步驟 2 鍋子擦乾淨，以小火熱鍋後倒入油，放入蒜末炒 30 秒。

4 加入小魚乾、獅子唐辛子、料理酒轉中火炒 1 分鐘，再放入芝麻油拌勻後關火。

5 加入果寡糖與芝麻仔細拌勻。

香炒吻仔魚

🕐 **10 ～ 15 分鐘**
可存放冷藏室 7 天
☐ 吻仔魚 1 杯（50g）
☐ 食用油 1 大匙
☐ 蒜末½ 小匙
☐ 釀造醬油½ 小匙（可增減）
☐ 料理酒 2 大匙
☐ 芝麻油 1 小匙
☐ 果寡糖 1⅔ 大匙
☐ 芝麻 1 小匙

辣炒丁香

🕐 **10 ～ 15 分鐘**
可存放冷藏室 7 天
☐ 小魚乾 2 杯（80g）
☐ 芝麻 1 小匙
☐ 芝麻油 1 小匙

調味料
☐ 韓國辣椒粉 1 大匙
☐ 清酒 1 大匙
☐ 水 4 大匙
☐ 韓式辣椒醬 1 大匙（可增減）
☐ 芝麻油½ 大匙
☐ 蒜末½ 小匙
☐ 果寡糖½ 小匙

獅子唐辛子炒小魚乾

🕐 **10 ～ 15 分鐘**
可存放冷藏室 7 天
☐ 小魚乾 2 杯（80g）
☐ 獅子唐辛子 15 ～ 20 條（100g）
☐ 食用油 1 大匙
☐ 蒜末 1 小匙
☐ 料理酒 2 ½ 大匙
☐ 芝麻油 1 小匙
☐ 果寡糖 2 大匙（可增減）
☐ 芝麻 1 小匙

魷魚絲小菜

▍醬炒魷魚絲
▍辣拌魷魚絲

醬炒魷魚絲

辣拌魷魚絲

+Recipe

涼拌明太魚絲
明太魚絲（3 ⅓ 杯，100g）
浸泡熱水，泡發後擠乾水，
加入醬香調味或香辣調味仔
細拌勻。

+Tip

香辣調味中拌入美乃滋
若在香辣調味中加入 1 大匙
美乃滋，拌勻後醬汁不但有
光澤，口感也更香滑圓潤，
但可能會有過鹹的疑慮，所
以請不要加入釀造醬油。

1 醬炒魷魚絲

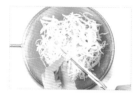

1 魷魚絲用濾網去除雜質，再用剪刀剪成 4cm 長段。

2 大盆內倒入 1 杯水與清酒，放入魷魚絲抓醃，再將水瀝乾。

3 將調味料混合均勻。

4 熱好的鍋中倒入油，放入魷魚絲以中火炒 1 分鐘。

5 放入調味料仔細拌炒 2 分 30 秒後關火。

6 加入果寡糖，利用鍋子的餘熱炒 1 分鐘，最後加入芝麻、芝麻油仔細拌勻。

2 辣拌魷魚絲

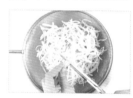

1 魷魚絲用濾網去除雜質，再用剪刀剪成 4cm 長段。

2 將 5 杯熱水澆淋在魷魚絲上，再將水擰乾。

↪澆淋熱水不但可以去除鹹味及雜質，且拌過調味料後口感會更柔軟。

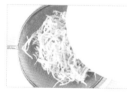

3 大盆內將調味料混勻，再放入魷魚絲捏拌均勻。

↪若想讓香氣及風味更好，可在熱好的鍋中倒入 1 小匙食用油，放入拌好調味料的魷魚絲以中小火炒 2 分鐘。

醬炒魷魚絲
🕐 10 ～ 15 分鐘
可存放冷藏室 7 天
☐ 魷魚絲 3 杯（100g）
☐ 水 1 杯（200ml）
☐ 清酒 1 大匙
☐ 食用油 ½ 大匙
☐ 果寡糖 ½ 大匙
☐ 芝麻 1 小匙
☐ 芝麻油 1 小匙

醬香調味
☐ 釀造醬油 1 ½ 大匙
☐ 料理酒 ½ 大匙
☐ 水 1 ½ 大匙
☐ 蒜末 ½ 小匙

辣拌魷魚絲
🕐 10 ～ 15 分鐘
可存放冷藏室 7 天
☐ 魷魚絲 6 杯（200g）

香辣調味
☐ 果寡糖 1 ½ 大匙
☐ 韓式辣椒醬 2 大匙
☐ 芝麻油 1 大匙
☐ 冷開水 1 大匙
☐ 芝麻 1 小匙
☐ 砂糖 1 小匙
☐ 細的韓國辣椒粉 2 小匙
☐ 釀造醬油 1 小匙
☐ 清酒 2 小匙

蝦乾小菜

▎醬炒蝦乾
▎辣炒堅果蝦乾

醬炒蝦乾

辣炒堅果蝦乾

＋Recipe

1 醬炒蝦乾＋綜合堅果
在步驟 **3** 放入蝦乾與調味
料時，加入核桃、杏仁、
腰果等綜合堅果（½杯，
60g）與 1 小匙釀造醬油
拌炒。

2 辣炒堅果蝦乾＋蒜苔
蒜苔（6 ～ 8 根，100g）
洗淨後，切成 4 ～ 5cm
的長段，在煮滾的鹽水
（2 杯水＋1 小匙鹽）中
汆燙 1 分鐘，沖洗冷水後
瀝乾。在步驟 **4** 放入蝦乾
時，加入蒜苔與 2 小匙釀
造醬油拌炒。

1 醬炒蝦乾

1 將調味料混合均勻。

2 熱好的鍋中放入蝦乾以中火炒 30 秒，用濾網去除雜質。

3 用廚房紙巾將步驟 **2** 鍋子擦乾淨，以中火熱鍋後倒入油，放入蝦乾與調味料，注意不要炒到焦黑，拌炒約 1 分鐘後關火撒上芝麻。

2 辣炒堅果蝦乾

1 將調味料混合均勻。

2 熱好的鍋中放入蝦乾以中火炒 30 秒，用濾網去除雜質。

3 用廚房紙巾將步驟 **2** 鍋子擦乾淨，放入調味料以中小火燒煮，待邊緣開始煮滾後，再邊攪拌邊煮 30 秒。

4 放入蝦乾與綜合堅果，注意不要炒到焦黑，拌炒約 1 分鐘後關火並撒上芝麻。

準備材料

醬炒蝦乾

⏱ **15 ~ 20 分鐘**
可存放冷藏室 7 天
☐ 去頭蝦乾 2 杯（50g）
☐ 食用油 1 大匙
☐ 芝麻 1 小匙

調味料
☐ 釀造醬油 1 大匙
☐ 果寡糖 1½ 大匙
☐ 蒜末 1 小匙

辣炒堅果蝦乾

⏱ **15 ~ 20 分鐘**
可存放冷藏室 7 天
☐ 去頭蝦乾 2 杯（50g）
☐ 綜合堅果（核桃、杏仁、腰果等）½ 杯（60g）
☐ 芝麻 ½ 大匙（可省略）

調味料
☐ 砂糖 ½ 大匙
☐ 釀造醬油 1 大匙
☐ 水 2 大匙
☐ 果寡糖 2 大匙
☐ 韓式辣椒醬 1 大匙
☐ 芝麻油 ½ 大匙

魚板小菜

辣炒魚板
醬炒魚板

辣炒魚板

醬炒魚板

+Tip

魚板好吃的祕訣
魚板用濾網裝著，澆淋熱
水去除油分後，吃起來才
不會膩口，也能呈現其鮮
美原味。也可將用剩的青
椒、辣椒、香菇等蔬菜加
入燒炒，或是用蠔油取代
醬油，風味都會更棒。

1 辣炒魚板

1 魚板切成 1×4cm 的條狀,放在濾網上澆淋熱水去除油分。

2 大蔥切成 5cm 的段。

3 調味料混合均勻。

4 熱好的鍋中倒入油,放入蒜末以中小火炒 30 秒。

5 放入魚板炒 30 秒,接著放入調味料炒 2 分鐘,再放入大蔥炒 30 秒後關火加入芝麻拌勻。

2 醬炒魚板

1 魚板切成 1×4cm 的條狀,放在濾網上並澆淋熱水去除油分。

2 洋蔥切成細絲。

3 調味料混合均勻。

4 熱好的鍋中倒入油,放入蒜末以中小火炒 30 秒。

5 放入洋蔥炒 30 秒,再放入調味料炒 2 分 30 秒。

準備材料

辣炒魚板
🕐 10 ～ 15 分鐘
可存放冷藏室 3 ～ 4 天
☐ 四角魚板 2 片（140g）
☐ 大蔥（蔥白）15cm 3 根
☐ 食用油 1 大匙
☐ 蒜末½ 小匙
☐ 芝麻 1 小匙

調味料
☐ 釀造醬油 1 大匙
☐ 韓式辣椒醬 1 大匙
☐ 果寡糖 1 小匙
☐ 芝麻油½ 小匙
☐ 胡椒粉 少許

醬炒魚板
🕐 10 ～ 15 分鐘
可存放冷藏室 3 ～ 4 天
☐ 四角魚板 2 片（140g）
☐ 洋蔥 1 顆（200g）
☐ 食用油 1 大匙
☐ 蒜末½ 小匙

調味料
☐ 釀造醬油 1 大匙
☐ 果寡糖 1 小匙
☐ 芝麻油½ 小匙
☐ 胡椒粉 少許

根莖類蔬菜的 2 大代表
從食材挑選至烹煮手法完全征服

根莖類蔬菜屬弱鹼性食物，不僅有助於清血，還含有豐富纖維質，可改善便秘。
尤其在秋冬時最為美味，但有許多料理新手因挑揀手法困難而不敢嘗試。
以下介紹牛蒡與蓮藕的挑選法，一起來挑戰吧！

牛蒡

1 食材挑選

牛蒡若柔軟又易折彎，代表含有豐富的膳食纖維。若沾有泥土且皮薄、鬚根多的則代表新鮮。但若削除外皮後存放，很容易變色，建議用保鮮膜直接將沾有泥土的牛蒡包好後，放在一般冰箱的冷藏室。

2 美味之道

切成細絲後，用酸酸甜甜或香氣十足的調味料涼拌來吃就很美味，或是加入醬燒或湯品料理中食用亦可。

3 挑揀手法

1 用刀背或削皮刀去除外皮並用水洗淨。

→牛蒡外皮的香氣濃郁，可用菜瓜布刷洗，留下些許外皮再調理會更美味。

2 按用途切成適當的模樣及大小。

3 調理前浸泡在醋水裡，不僅可預防褐變也能去除牛蒡的土腥味。

紅蘿蔔炒牛蒡

⏱ 20 ～ 25 分鐘

牛蒡 150g，紅蘿蔔½條（150g），食用油 1 大匙，芝麻油 1 大匙，芝麻 1 小匙
調味料 砂糖 1 大匙，釀造醬油 2 大匙，清酒 2 大匙，料理酒 2 大匙

1 牛蒡處理好後平切成 5cm 長段，紅蘿蔔亦切成相同大小。

2 將調味料混合均勻。

3 熱好的鍋中倒入油，放入牛蒡與紅蘿蔔炒 2 分鐘，再放入調味料燒煮 4 分鐘。

4 待湯汁收乾後，拌入芝麻油，再關火撒上芝麻。

蓮藕

1 食材挑選

蓮藕要挑選直挺粗大又不易彎折的，若是看見已削去外皮販售的蓮藕，可能已用漂白劑等藥物處理過，請盡量不要購買。

2 美味之道

若是想長久存放，可先削除外皮裝入保鮮袋冷凍保存。在滾水中汆燙 2 分鐘解凍後，就可使用在醬燒或燒炒料理中。

3 挑揀手法

1 將沾附在外表的泥土用水洗淨，並用削皮刀削除外皮。

2 切除兩邊末端，按用途切成適當大小。

3 調理前浸泡在醋水裡，可預防褐變。

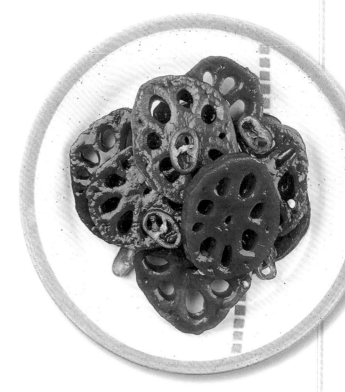

醬燒蓮藕

⏱ **35 ～ 40 分鐘**

蓮藕 1 根（300g），青陽辣椒½條（可省略），食用油 1 大匙，昆布 5×5cm 1 片，果寡糖 1 大匙
調味料 釀造醬油 4 大匙，料理酒 1 大匙，果寡糖 1 ½大匙，水 1 杯

1 蓮藕處理好後切成 0.5cm 厚的片狀，青陽辣椒切片。
2 大盆內倒入醋水（3 杯水＋ 1 大匙醋），放入蓮藕泡 5 分鐘，連同醋水倒入湯鍋中燒煮，煮滾後繼續燒煮 5 分鐘，再沖洗冷水、瀝乾。
3 熱好的鍋中倒入油，放入蓮藕以中火炒 1 分鐘，再放入昆布與調味料轉大火燒煮 5 分鐘。
4 待湯汁煮滾後轉中火繼續燒煮 8 分鐘，再轉小火煮 2 分鐘後將昆布撈出。
   ➔也可以將昆布切絲於步驟 5 中放入一起燒煮。
5 放入青陽辣椒繼續燒煮 2 ～ 3 分鐘，煮至湯汁幾乎收乾後，關火加入果寡糖拌勻。

煎烤與煎餅類 開始料理前請先詳讀！

1 煎烤鮮魚及肉排的美味祕訣

煎烤鮮魚

1 魚身上的水分要用廚房紙巾擦乾，內臟也要清除乾淨，煎烤後才不會有腥臭味。

2 魚身要劃上切痕再煎，水分與油脂被快速逼出後，口感才能酥脆。

3 若事先沒有抹鹽，可先在魚身撒上½小匙粗海鹽再煎，有助於快速入味。

4 用平底鍋煎魚時，可先在魚身上沾點麵粉，煎油才不會到處飛濺，也能把魚煎得更為酥香。

5 為了呈現魚肉的鮮美原味，最好使用沒有香氣的油來煎。

6 製作調味煎烤魚時，最好把魚煎至七分熟後再塗抹上醬汁繼續煎熟。而煎烤鮭魚或鱸魚等油脂較多的魚類之前，要先抹上醬汁醃漬，再放置烤箱或烤架上烤製會更美味。

煎烤肉排

1 醃漬調味肉排時，肋排等具嚼勁的部位需醃上 8～24 小時，里肌部位需醃 2～3 小時，燒炒肉片醃 30 分鐘～1 小時會最美味。等級越好的肉若醃過頭，肉汁會嚴重流失導致口感變得硬韌難咬，此點請多加留意。

2 煎烤調味肉排時，煎鍋必須要充分預熱後再倒入些許煎油，才不會流失太多肉汁。

3 肉排在煎烤時翻面不要太過頻繁，要等到肉排表面冒出香噴噴的肉汁後，再翻面煎烤另外一面。

2 煎餅的美味訣竅

1 當作煎料的海鮮或肉類要先抓醃過，蔬菜則要先鹽漬將水分逼出，煎料才不會與麵糊分離。若放太多鹽或醃漬太久而逼出過多水分時，煎餅會失去蓬鬆感，請按照食譜中標示的鹽量與醃漬時間製作。

2 製作煎餅的火候掌控相當重要，預熱不完全或是在冷油狀態就放入麵糊，煎餅會沾黏鍋底或是過於濕軟且有油耗味。

3 煎油若倒太多，煎餅外層的蛋液就會往側邊膨脹，麵糊無法完全附著鍋底就煎不出漂亮的煎餅，所以請按照食譜標示使用煎油用量，煎油也要盡量塗抹均勻。

4 把煎餅翻面前要先搖晃一下鍋子，若煎餅可在鍋內滑動，代表底部那面已煎熟透，即能翻面繼續煎另一面。

5 煎餅完成後要立刻攤平放在籐盤上，注意不要互相交疊，煎料與麵糊才不會分離。若手邊沒有籐盤，可在大平盤內鋪張廚房紙巾再放上煎餅，待熱氣消散完全冷卻後再裝入密封容器。

6 依照口味調製出喜愛的煎餅麵糊。
基本煎餅麵糊：韓國煎餅粉 1 杯＋水 1 杯（200ml）
酥脆煎餅麵糊：韓國煎餅粉⅔杯＋酥炸粉⅓杯＋水 1 杯（200ml）
酥炸粉內含有低筋麵粉，因此能帶來酥脆口感。
Q彈煎餅麵糊：韓國煎餅粉⅔杯＋糯米粉⅓杯＋水 1 杯（200ml）
添加了糯米粉，煎餅口感會變得 Q 彈柔軟。

7 加入麵糊的水若用冰水取代，煎餅口感會更有嚼勁，若加入的是昆布高湯或柴魚高湯，則更能增添煎餅風味。小魚乾高湯的風味相對濃厚且帶有腥味，在此並不推薦。

★一般麵粉是由小麥磨製而成，充滿麥香味，韓國煎餅粉則是以中筋麵粉為主，並增添洋蔥、蒜頭、鹽與胡椒粉等辛香料調味而成，因此香氣更為豐富。手邊若沒有韓國煎餅粉，可將低筋麵粉、中筋麵粉、太白粉以 1：1：1 的比例拌勻，並加入鹽與胡椒粉調味。

③ 煎餅的保存 & 加熱

吃剩的煎餅若是冷藏保存，水分流失後會變硬，同時會產生異味，最好裝入密封容器或保鮮袋中冷凍保存，且不要超過 10 天。油膩的食物重新加熱時，隨著水分的蒸發，味道多少都會改變，因此最好在室溫下解凍，加熱時鍋內不要倒油，稍微煎烤後再用廚房紙巾吸掉過多的油脂。

④ 搭配煎餅的美味沾醬

1 醋香醬

醋
1 大匙
+
釀造醬油
1 大匙
+
砂糖
1 小匙

2 酸辣醬

韓式
辣椒醬
1 大匙
+
醋
2 小匙
+
蜂蜜
1 ½
小匙
+
芝麻油
1 小匙

3 洋蔥醬

洋蔥
½ 顆
（100g）
+
青陽
辣椒
½ 條
+
釀造
醬油 ¼ 杯 +
（50ml）

水 ½ 杯
（100ml）
+
砂糖
1 小匙
全部放入鍋中燒煮 5 分鐘

4 野蒜醬

野蒜 ½
把切細
（25g）
+
釀造
醬油
2 大匙
+
芝麻
1 小匙
+
砂糖
1 小匙
+
韓國
辣椒粉
½ 小匙
+
芝麻油
1 小匙

5 梅香醬

釀造醬油
1 大匙
+
芝麻
½ 小匙
+
韓國
醃梅汁
1 小匙
+
冷開水
1 小匙

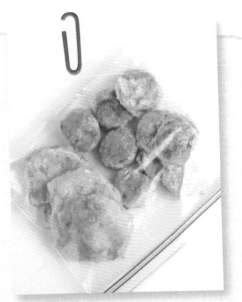

▲ 煎餅要冷凍保存！
煎餅冷藏保存，容易變硬，最好裝入保鮮袋密封後冷凍。

▲ 煎餅麵糊切忌調味過重
麵糊調味要淡一點，才能額外選擇醋香醬或是酸醋辣椒醬一起享用。

原味煎烤魚

香煎白帶魚
嫩煎比目魚
煎烤土魠魚
香煎秋刀魚
嫩煎花魚
煎烤黃花魚
香煎鯖魚
嫩煎鮭魚

香煎秋刀魚

香煎白帶魚

煎烤土魠魚

嫩煎比目魚

嫩煎花魚

煎烤黃花魚

香煎鯖魚

嫩煎鮭魚

醃漬魚肉

1 處理好的魚塊洗淨，用廚房紙巾輕按將水吸乾。

2 在魚皮上劃出Ｘ字切痕或是斜刀劃出 3 ～ 4 道切痕。但比目魚容易碎，不建議劃痕。若是比較大尾的魚，可以分切數塊。

3 將醃料均勻塗抹在魚塊上，10 分鐘後用廚房紙巾將水分擦乾。

→若在魚肉表面撒鹽，肉中的水分被逼出，口感會變結實。但若醃過久，水分流失太多風味就會變調，因此請遵守醃漬時間。

製作 1 **各種魚肉的煎烤方法**

+Tip

冷凍魚的解凍法
冷凍魚最好是放在冷藏室中慢慢解凍，因為溫度變化太大，魚肉中水分流失，其鮮味與營養成分也會一併流失。解凍後要用廚房紙巾將水分徹底擦乾，醃漬後再做調理。

魚肉不黏鍋的煎烤技巧
1 魚肉處理好洗淨後，要用廚房紙巾將魚身表面的水分擦乾。

2 選擇塗層均勻的煎鍋，充分預熱後再倒油，鍋子若預熱不全就直接煎魚，魚皮會與鍋子嚴重沾黏。

3 煎烤時要確認一面已完全熟透再翻面繼續煎，魚肉才不會破碎並保持完整。

白帶魚 3 塊（150g）
熱好的鍋中倒入油，放上魚塊以中火煎烤 3 分鐘，轉中小火後翻面煎 5 分鐘，再翻面煎 1 分鐘並煎至金黃香酥。

→肉較厚的魚塊可多煎烤 1 分鐘。

比目魚 1 尾（170g）
熱好的鍋中倒入油，魚皮面朝下放入鍋內以中火煎烤 2 分鐘，再翻面煎 3 分鐘。轉小火後再翻面煎 2 分鐘並煎至金黃香酥。

→魚肉較厚時可多煎烤 1 分鐘。

土魠魚 1 尾（300g）
熱好的鍋中倒入油，將魚皮面朝下放入鍋內以中火煎烤 3 分鐘，轉小火後翻面煎 4 分鐘。再翻面煎 2 分鐘並煎至金黃香酥。

→魚肉較厚時可多煎烤 1 分鐘。

秋刀魚 1 尾（200g）
熱好的鍋中倒入油，放上秋刀魚以中火煎烤 2 分鐘，轉小火後翻面煎 3 分鐘。再翻面煎 2 分鐘並煎至金黃香酥。

花魚 1 尾（400g）
熱好的鍋中倒入油，將魚皮面朝下放入鍋內以中火煎烤 2 分鐘，再翻面煎 3 分鐘。轉小火後再翻面煎 3 分鐘並煎至金黃香酥。

→魚肉較厚時可多煎烤 1 分鐘。

黃花魚 1 尾（150g）
熱好的鍋中倒入油，放上黃花魚以中火煎烤 2 分鐘，轉小火後翻面煎 3 分鐘。再翻面煎 2 分鐘並煎至金黃香酥。

→魚肉較厚時可多煎烤 1 分鐘。

鯖魚 1 尾（300g）
熱好的鍋中倒入油，將魚皮面朝下放入鍋內以中火煎烤 3 分鐘，轉中小火後再翻面煎 5 分鐘。再翻面煎 2 分鐘並煎至金黃香酥。

→ 魚肉較厚時可多煎烤 1 分鐘。

鮭魚 1 尾（180g）
熱好的鍋中倒入油，放上鮭魚以中火煎烤 3 分鐘，轉小火後再翻面煎 4 分鐘。再翻面煎 2 分鐘並煎至金黃香酥。

製作 2 ## 其他煎烤方式（魚肉 170g）

沾裹 1 大匙麵粉後煎烤
把醃好並擦乾水分的魚排兩面均勻裹上麵粉，抖落多餘的粉末後靜置 5 分鐘，再按照魚的種類煎烤。

→ 麵粉會吸收水分，煎烤魚肉時不會出水也不容易燒焦，形狀也能保持完整。

沾裹 2 小匙咖哩粉＋1 小匙麵粉後煎烤
先在平盤內將咖哩粉與麵粉拌勻，再把醃好並擦乾水分的魚排兩面均勻裹粉。抖落多餘的粉末後靜置 5 分鐘，再按照魚的種類煎烤。

→ 沾裹咖哩粉不但能去除魚腥味，又能享受到咖哩的特殊香氣。

塗抹照燒醬汁（1 小匙釀造醬油＋料理酒 1 小匙＋果寡糖 1 小匙＋胡椒粉少許）後煎烤
煎烤完成前約 2 分鐘，用料理刷把醬汁塗抹在魚肉上，並轉調小火煎烤 2 分鐘。

→ 請留意火候，不要把醬汁燒焦。

準備材料

原味煎烤魚
⏱ 15 ～ 20 分鐘
□ 魚塊（白帶魚，比目魚，土魠魚，秋刀魚，花魚，黃花魚，鯖魚，鮭魚）1 尾
□ 食用油 1 大匙

醃料
□ 清酒 ⅔ 大匙
□ 鹽 ⅔ 小匙
□ 胡椒粉 少許

調味煎烤魚

煎烤醬香魚排
煎烤香辣魚排

煎烤醬香魚排

煎烤香辣魚排

+Tip

醬汁不燒焦的祕訣
魚先煎烤一遍再抹上醬汁
以小火慢煎，魚肉內部才
會均勻熟透，醬汁也能更
入味。

增添調味煎烤魚的風味
可切點蔥花或薑絲，或是
擠點檸檬汁，享用時風味
會更加。

1 煎烤醬香魚排

1 把處理好的魚排洗淨，用廚房紙巾輕按吸水並在魚皮上劃出切痕。

2 將醃料均勻塗抹在魚排上，10 分鐘後用廚房紙巾將水分擦乾。

3 把調味料混合均勻。

4 熱好的鍋中倒入油，將魚皮面朝下放入鍋內以中火煎烤 1 分鐘。

5 轉中小火繼續煎 2 分鐘並煎至金黃香酥。再翻面煎 3 分鐘。

6 用料理刷把醬汁塗抹在魚排上，轉小火並翻面煎 2 分鐘，另一面請按相同方式煎烤。

⤷請留意火候，不要把醬汁燒焦。

2 煎烤香辣魚排

1 把處理好的魚排洗淨，用廚房紙巾輕按吸水並在魚皮上劃出切痕。

2 將醃料均勻塗抹在魚排上，10 分鐘後用廚房紙巾將水分擦乾。調味料則混合均勻。

3 平盤內倒入麵粉，放入魚排兩面均勻沾裹後，抖落多餘的粉末。

4 熱好的鍋中倒入 2 大匙油，將魚皮面朝下放入鍋內以中大火煎烤 1 分 30 秒。

5 轉中火再倒入 1 大匙油，將魚排翻面煎 2 分鐘並煎至金黃香酥。再翻面煎 1 分鐘後盛盤備用。

6 用廚房紙巾擦乾淨步驟 **5** 煎鍋，倒入調味醬汁以小火燒煮 15 秒，待醬汁邊緣開始滾後，魚肉面朝下放入煎 1 分鐘，再翻面用料理刷將鍋內剩餘醬汁塗抹在魚排上煎 1 分鐘。

調味煎烤豬排

香煎味噌豬排
嫩煎香辣豬排
煎烤醬香豬排

香煎味噌豬排

嫩煎香辣豬排

調味豬排的美味祕訣
雖然也能使用豬前腿肉或
五花肉來製作，但還是以
油脂少、肉質柔軟的豬頸
肉最為美味。均勻抹上調
味料醃漬一晚，就能在家
享用媲美專門燒烤店家的
調味烤豬排。也能將豬排
切成薄片，醃漬做成韓式
燒炒肉片。

煎烤醬香豬排

140 　煎烤與煎餅類

香辣調味　　　味噌調味

醬油調味

1 選擇喜愛的調料口味，並在大盆內將調味料混勻。

2 豬排表面以 1cm 為間距劃出切痕。

3 把豬排放入步驟 **1** 大盆內，均勻抓醃後靜置 30 分鐘以上。

→包上保鮮膜放入冷藏室醃一晚更好。

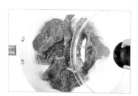
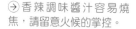

4 以小火熱鍋後，倒入油並用廚房紙巾擦抹均勻。放入豬排以中火煎烤 1 分 30 秒。

→香辣調味醬汁容易燒焦，請留意火候的掌控。

5 轉調小火後翻面煎 3 分鐘，再蓋上鍋蓋繼續煎 2 分鐘。

調味煎烤豬排

⏱ 55 ～ 60 分鐘
- ☐ 豬頸肉（0.5cm 厚）400g
- ☐ 食用油 1 大匙

選擇 1　味噌調味
- ☐ 蒜末 1 大匙
- ☐ 釀造醬油 ½ 大匙
- ☐ 料理酒 2 大匙
- ☐ 果寡糖 2 大匙
- ☐ 韓式味噌醬 1 ½ 大匙
- ☐ 薑末 1 小匙
- ☐ 芝麻油 1 小匙

選擇 2　香辣調味
- ☐ 芝麻 1 大匙
- ☐ 砂糖 1 ½ 大匙
- ☐ 韓國辣椒粉 1 大匙
- ☐ 蒜末 1 大匙
- ☐ 釀造醬油 1 大匙
- ☐ 料理酒 1 大匙
- ☐ 水 2 大匙
- ☐ 韓式辣椒醬 3 大匙
- ☐ 芝麻油 1 大匙
- ☐ 胡椒粉 少許

選擇 3　醬油調味
- ☐ 砂糖 1 大匙
- ☐ 釀造醬油 2 大匙
- ☐ 清酒 2 大匙
- ☐ 蒜末 1 大匙
- ☐ 薑末 1 小匙
- ☐ 芝麻油 1 小匙

肉類煎餅

- 雞肉煎餅
- 豬肉煎餅
- 牛肉煎餅

雞肉煎餅

豬肉煎餅

牛肉煎餅

+Tip

沾裹麵衣時的注意事項
若麵粉或韓國煎餅粉沾裹
太厚，蛋液就會沾附不均
而使得麵衣分離。肉排裹
粉後要抖落多餘的粉末，
薄薄地裹上一層就好。

1 雞肉煎餅

1 左手壓住肉，右手拿刀把肉斜切成 0.5cm 厚的片狀。

2 雞肉片以醃料均勻抓醃後，靜置 10 分鐘。

3 平盤內倒入韓國煎餅粉，取一空碗把蛋打散，再取另一空碗把調味沾醬混合均勻。

4 雞肉片兩面薄薄地裹上煎餅粉後，再沾裹蛋液。

5 熱好的鍋中倒入 1 大匙油，放入雞肉片以中小火將兩面各煎 1 分鐘並煎至金黃後，搭配調味沾醬上桌。

→若覺得煎油不夠可在煎製過程中加入，並視煎鍋大小，將雞肉片分次煎完。

2 豬肉煎餅・牛肉煎餅

1 用廚房紙巾按壓，擦乾豬肉或牛肉的血水。

2-1 豬肉，薄切成肉片。
→若購買的是已切成薄片的豬肉，可省略此步驟。

2-2 牛肉，左手壓肉，右手傾斜拿刀，逆紋切把肉斜切成片。
→若購買的是已切成薄片的牛肉，可省略此步驟。

3 肉片以醃料均勻抓醃。

4 平盤內倒入麵粉，取一空碗把蛋打散，把肉片薄薄地裹上麵粉後，再沾裹蛋液。

5 熱好的鍋中倒入 1 大匙油，放入肉片以中火煎（牛肉煎 1 分 30 秒、豬肉煎 1 分鐘），翻面再煎 1 分鐘。搭配調味沾醬上桌。

→若覺得煎油不夠可在煎製過程中再加入，並視煎鍋大小，將肉片分次煎完。

準備材料

雞肉煎餅
⏱ 25 ～ 30 分鐘
- ☐ 雞胸肉 2 片（200g）
- ☐ 韓國煎餅粉或麵粉 6 大匙
- ☐ 雞蛋 2 顆
- ☐ 食用油 2 大匙

醃料
- ☐ 清酒 1 大匙
- ☐ 食用油或橄欖油 1 大匙
- ☐ 蒜末 2 小匙
- ☐ 鹽 少許
- ☐ 胡椒粉 少許

調味沾醬
- ☐ 青蔥切花（10g，可省略）
- ☐ 釀造醬油 1 ½ 大匙
- ☐ 醋 1 大匙
- ☐ 冷開水 1 大匙
- ☐ 砂糖 ½ 小匙
- ☐ 韓國辣椒粉 ½ 小匙（可省略）

豬肉煎餅・牛肉煎餅
⏱ 25 ～ 30 分鐘
- ☐ 牛腰內肉或豬小里肌肉 250g
- ☐ 麵粉 5 大匙
- ☐ 雞蛋 2 顆
- ☐ 食用油 2 大匙

醃料
- ☐ 鹽 少許
- ☐ 胡椒粉 少許

調味沾醬
- ☐ 青蔥切花（10g，可省略）
- ☐ 釀造醬油 1 ½ 大匙
- ☐ 醋 1 大匙
- ☐ 冷開水 1 大匙
- ☐ 砂糖 ½ 小匙
- ☐ 韓國辣椒粉 ½ 小匙（可省略）

牡蠣煎餅

| 原味牡蠣煎餅
| 統營式牡蠣煎餅

原味牡蠣煎餅

統營式牡蠣煎餅

避免牡蠣腥味
清洗牡蠣時，越是用力洗
就越容易有腥味，所以只
要把牡蠣放入薄鹽水中輕
輕抓洗就好。泡水袋裝的
牡蠣洗一次即可，秤重賣
的則要替換兩三次鹽水洗
淨才行。

剩餘牡蠣的保存方式
把牡蠣浸泡入裝有薄鹽水
（3杯水＋2小匙鹽）的
密封容器中冷藏保存，之
後還能直接生吃，大約可
存放3～4天。另外，把
牡蠣用保鮮袋分裝成一次
食用的分量後冷凍保存，
不但能久放，烹調湯品或
牡蠣飯時還能直接加入。

*統營市是韓國慶尚南道南部的複合型港口都
市，水產資源豐富並以盛產牡蠣聞名。在清淨海
域捕撈的統營牡蠣甚至被美國食品藥物管理局
（FDA）評比為世界第一，因此統營市發展出各
種以牡蠣為主的特色料理，統營式牡蠣煎餅即為
其中之一。

1 原味牡蠣煎餅

1 牡蠣泡在鹽水（3杯水＋2小匙鹽）中輕輕抓洗去除雜質，沖洗清水後將水瀝乾。

2 平盤內倒入麵粉，取一空碗把蛋打散。

3 將牡蠣均勻沾裹麵粉並抖落多餘粉末後，再沾裹蛋液。

4 熱好的鍋中倒入油，放入牡蠣以中小火將兩面各煎1分30秒。把醋香醬拌勻後一起上桌。

➔按牡蠣大小調整煎製的時間，並視煎鍋大小，將牡蠣分次煎完。

2 統營式牡蠣煎餅

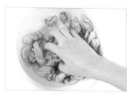

1 牡蠣泡在鹽水（3杯水＋2小匙鹽）中輕輕抓洗去除雜質，沖洗清水後將水瀝乾。

2 摘除枯黃的韭菜葉並用水洗淨，將水瀝乾，切成1.5cm長段。

3 空碗中把蛋打散加鹽調味後，放入韭菜拌勻。

4 熱好的鍋中倒入油，以圓餅狀的方式放入麵糊，中小火煎30秒。

5 在步驟4麵糊上各放一顆牡蠣，再對折成半月形。

6 用鍋鏟按壓接縫邊緣煎1分鐘，再翻面煎1分30秒。把醋香醬拌勻後一起上桌。

➔按牡蠣大小調整煎製的時間，並視煎鍋大小，將牡蠣分次煎完。

準備材料

原味牡蠣煎餅

🕐 **20～25 分鐘**
- ☐ 袋裝牡蠣1袋（200g）
- ☐ 麵粉4大匙
- ☐ 雞蛋2顆
- ☐ 食用油1大匙

醋香醬
- ☐ 醋1大匙
- ☐ 釀造醬油1大匙
- ☐ 冷開水1大匙
- ☐ 砂糖1小匙

統營式牡蠣煎餅

🕐 **20～25 分鐘**
- ☐ 袋裝牡蠣1袋（200g）
- ☐ 韭菜1把（50g）
- ☐ 雞蛋5顆
- ☐ 鹽⅔小匙
- ☐ 食用油1大匙

醋香醬
- ☐ 醋1大匙
- ☐ 釀造醬油1大匙
- ☐ 冷開水1大匙
- ☐ 砂糖1小匙

鮮魚煎餅
韭菜煎餅

鮮魚煎餅

韭菜煎餅

+Tip

冷凍白肉魚的解凍方法
放在冷藏室中慢慢解凍是
最好的方法。解凍後要用
廚房紙巾擦乾水分,醃漬
過後再做調理。

1 鮮魚煎餅

1 用廚房紙巾按壓魚肉擦乾水分，用醃料均勻抓醃後靜置 10 分鐘。

2 平盤內倒入麵粉，取一空碗把蛋打散。

3 魚肉兩面均勻沾裹麵粉並抖落多餘粉末後，再沾裹蛋液。

4 熱好的鍋中倒入 1 大匙油，放入魚肉以中小火煎 3 分鐘，再翻面煎 2 分鐘。

➔若覺得煎油不夠可在煎製過程中再加入，並視煎鍋大小，將魚肉分次煎完。

2 韭菜煎餅

1 將冷凍蝦仁泡在鹽水（3 杯水＋1 小匙鹽）中解凍 10 分鐘，放在廚房紙巾上靜置 5 分鐘，待水分完全吸乾。

2 摘除枯黃的韭菜葉並用水洗淨，將水瀝乾，切成 7cm 長段。青陽辣椒切片。

3 先在大盆中把韓國煎餅粉與 1 杯水拌勻，再放入韭菜、蝦仁、青陽辣椒仔細拌勻。

4 熱好的鍋中倒入油，放入½分量的麵糊並攤平，以中火煎 2 分鐘後再翻面煎 1 分 30 秒。剩餘麵糊請按相同方式煎製。

➔亦可隨喜好把醋香醬（作法請參考第 145 頁）拌勻一起上桌。

準備材料

鮮魚煎餅

⏱ **25 ～ 30 分鐘**
- ☐ 白肉魚（冷凍明太魚或鱈魚）400g
- ☐ 麵粉 4 大匙
- ☐ 雞蛋 2 顆
- ☐ 食用油 4 大匙

醃料
- ☐ 鹽 1 小匙
- ☐ 胡椒粉 ¼ 小匙

韭菜煎餅

⏱ **25 ～ 30 分鐘**
- ☐ 韭菜 2 把（100g）
- ☐ 冷凍蝦仁 6 尾（120g，可省略）
- ☐ 青陽辣椒 1 條（可省略）
- ☐ 韓國煎餅粉 1 杯
- ☐ 水 1 杯（200ml）
- ☐ 食用油 4 大匙

醬味韭菜煎餅

> 辣味蛤蜊韭菜煎餅
> 味噌韭菜煎餅

辣味蛤蜊韭菜煎餅

+Tip

韭菜挑選法
小葉韭菜 葉片細小味道濃郁，常用作生菜沙拉。

大葉韭菜 與小葉韭菜同屬「青韭菜」，莖葉粗細適當，常使用在生拌菜或煎餅中。

韭黃 又稱「白韭菜」，葉片呈金黃或淡黃色，中式料理多用來燒炒。

醬味煎餅的美味之道
用青蔥、短果茴芹或茼蒿等蔬菜來取代韭菜做成醬味煎餅也很美味。記得麵糊要調得濃稠點，把煎餅煎得厚實柔軟才好吃，很適合大量煎製後放涼享用。

味噌韭菜煎餅

1 辣味蛤蠣韭菜煎餅

1 摘除枯黃的韭菜葉並用水洗淨，將水瀝乾，切成 1cm 長段。

2 蛤蠣肉泡在鹽水（3 杯水＋1 大匙鹽）中輕輕抓洗去除雜質，沖洗清水後將水瀝乾。

3 蛤蠣肉以醃料均勻抓醃並靜置 5 分鐘。

→使用冷凍蝦仁時，蝦仁要泡在薄鹽水中解凍 10 分鐘，再把蝦仁切成三等分。

4 先在大盆內混勻辣椒醬與味噌醬，再加入 1 杯水慢慢拌勻，最後放入麵粉攪拌至不結塊。

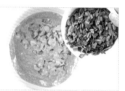

5 把韭菜與蛤蠣肉放入步驟 **4** 盆中輕輕拌勻。

6 熱好的鍋中倒入油，以圓餅狀的方式放入麵糊，煎餅兩面以中火各煎 2 分鐘並煎至金黃。

→若覺得煎油不夠可在煎製過程中再加入，並視煎鍋大小，把煎餅分次煎完。

2 味噌韭菜煎餅

1 摘除枯黃的韭菜葉並用水洗淨，將水瀝乾，切成 5cm 長段。

2 大盆內按順序放入韓國煎餅粉、1 杯水與味噌醬拌勻，再放入韭菜與洋蔥輕輕攪拌。

3 熱好的鍋中倒入油，放入 ½ 分量的麵糊並攤平成直徑 20cm 的圓形，以中小火煎 2 分鐘。

4 接著再倒入 1 大匙食用油並翻面煎 3 分鐘，剩餘麵糊請按相同方式煎製。

準備材料

辣味蛤蠣韭菜煎餅

🕐 **15 ～ 20 分鐘**
- [ ] 韭菜 2 把（100g）
- [ ] 蛤蠣肉 1 杯（100g，或冷凍蝦仁 5 尾）
- [ ] 韓式辣椒醬 2 大匙
- [ ] 韓式味噌醬 1 大匙
- [ ] 水 1 杯（200ml）
- [ ] 麵粉 1 杯
- [ ] 食用油 2 大匙

蛤蠣肉醃料
- [ ] 清酒⅔大匙
- [ ] 鹽 少許
- [ ] 胡椒粉 少許

味噌韭菜煎餅

🕐 **15 ～ 20 分鐘**
- [ ] 韭菜 2 把（100g）
- [ ] 洋蔥¼顆（50g）
- [ ] 韓國煎餅粉或麵粉 1 杯
- [ ] 水 1 杯（200ml）
- [ ] 韓式味噌醬 2 大匙
- [ ] 食用油 3 ～ 4 大匙

海鮮煎餅

+Tip

美味的煎餅麵糊
要做出酥酥脆脆的煎餅，
可將其中⅓的韓國煎餅粉
換成酥炸粉，若是以糯米
粉取代，口感就會變Q
彈柔軟。調製麵糊時若加
入冰水，完成的煎餅就會
更酥更脆，又或是以昆布
或柴魚高湯取代冷水，香
氣就能更為濃郁。

基本家常料理 _chapter 02

1 切除蔥的根部、摘掉乾萎部分，洗淨後切成3cm長段，洋蔥則切成細絲。

2 魷魚從身體長邊對切剖開，拉出內臟並切開其與腳相連的部分後丟棄。翻開魷魚腳，用力按壓嘴巴周圍，摘除突出的軟骨。

3 用廚房紙巾抓著魷魚外皮撕下後洗淨魷魚身體。在水中揉洗魷魚腳，將上面的吸盤去除後洗淨。

4 準備好½尾的魷魚，身體部分切成3cm長條，腳的部分也切成3cm長。

→剩餘魷魚的保存方式，請參考第30頁。

5 將冷凍蝦仁泡在薄鹽水（3杯水＋1小匙鹽）中解凍10分鐘，放在廚房紙巾上靜置5分鐘，待水分完全吸乾。

6 蛤蠣肉泡在鹽水（2杯水＋1小匙鹽）中輕輕抓洗去除雜質，沖洗清水後將水瀝乾。

7 大盆中放入魷魚、蝦仁、蛤蠣肉、蒜末與胡椒粉並攪拌均勻。

8 取另一大盆放入韓國煎餅粉與1杯水，用湯匙攪拌至不結塊。

9 將青蔥、洋蔥與步驟**7**海鮮放入步驟**8**大盆中拌勻。

10 熱好的鍋中倒入1大匙油，放入½分量麵糊並攤平成圓形，以中火煎1分鐘。

11 翻面後再倒入1大匙油煎1分鐘，用鍋鏟輕壓煎餅再煎1分鐘。

→若覺得煎油不夠可在煎製過程中再加入。

12 再次翻面後煎20秒，把醋香醬拌勻一起上桌，剩餘麵糊請按相同方式煎製。

準備材料

⏱ **25 ～ 30 分鐘**
- ☐ 魷魚½尾（120g）
- ☐ 蛤蠣肉½杯（50g）
- ☐ 冷凍蝦仁6尾（120g）
- ☐ 青蔥6根（60g）
- ☐ 洋蔥¼顆（50g）
- ☐ 蒜末1小匙
- ☐ 胡椒粉 少許
- ☐ 韓國煎餅粉1杯
- ☐ 水1杯（200ml）
- ☐ 食用油4大匙

醋香醬
- ☐ 醋1大匙
- ☐ 釀造醬油1大匙
- ☐ 冷開水1大匙
- ☐ 砂糖1小匙

白菜煎餅
泡菜煎餅

白菜煎餅

泡菜煎餅

+Tip

白菜葉梗太厚的話
白菜的葉梗若太厚，可用
刀背拍扁，或是將葉梗部
分用刀劃出切痕後再拍
扁。這樣不但能縮短鹽漬
時間，煎製煎餅的熱氣也
能在葉梗間均勻傳導，更
快地將白菜煎軟。

1 白菜煎餅

1 白菜葉洗淨後把水甩乾，撒上鹽醃漬 10 分鐘後，用廚房紙巾擦乾。

2 大盆內放入韓國煎餅粉與⅔杯水攪拌均勻。

3 把調味沾醬混合均勻。

4 將白菜葉放入步驟 2 大盆中沾裹麵衣。

5 熱好的鍋中倒入 1 大匙油並放入白菜葉，抓住葉子部分，用筷子按壓葉梗，用小火將葉梗兩面各烤 4 分鐘。

6 按壓葉子部分，將葉子兩面各烤 2 分鐘後與調味沾醬一起上桌。

→若覺得煎油不夠可在煎製過程中再加入。

2 泡菜煎餅

1 蛤蠣肉泡在鹽水（3 杯水＋1 大匙鹽）中輕輕抓洗去除雜質，沖洗清水後將水瀝乾。

2 蛤蠣肉以醃料均勻抓醃並靜置 5 分鐘。

→使用冷凍蝦仁時，解凍後將每個蝦仁切成三等分。

3 泡菜切成小塊。

→泡菜太酸時，可加點砂糖與芝麻油拌勻。

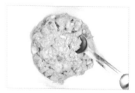

4 除了食用油，將所有材料放入大盆內拌勻。

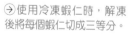

5 熱好的鍋中倒入 1 大匙油，以一口大小的分量放入麵糊並攤開整平。

6 以中小火將兩面各煎 3 分鐘並煎至金黃。

→若覺得煎油不夠可在煎製過程中再加入，並視煎鍋大小，將麵糊分次煎完。

準備材料

白菜煎餅

⏱ **20～25 分鐘**

☐ 大白菜葉 7 片（250g）
☐ 鹽 1 小匙（醃漬白菜用）
☐ 韓國煎餅粉⅔杯
☐ 水⅔杯
☐ 食用油 3 大匙

調味沾醬

☐ 青陽辣椒末 1 條分量
☐ 醋 1 大匙
☐ 釀造醬油 1 大匙
☐ 冷開水 1 大匙

泡菜煎餅

⏱ **15～20 分鐘**

☐ 熟成的白菜泡菜 1 杯（150g）
☐ 蛤蠣肉 1½杯（或冷凍蝦仁 7～8 尾，150g）
☐ 雞蛋 1 顆
☐ 麵粉⅔杯
☐ 水 2 大匙
☐ 蒜末 1 小匙
☐ 鹽 少許（可增減）
☐ 食用油 3 大匙

蛤蠣肉醃料

☐ 清酒 1 大匙
☐ 鹽 少許
☐ 胡椒粉 少許

馬鈴薯煎餅

薯絲煎餅
芝麻香薯煎餅

薯絲煎餅

芝麻香薯煎餅

+Tip

防止馬鈴薯的褐變
馬鈴薯切好後放著不管
會產生褐變,味道上雖
不會有什麼差異,但會影
響美觀。此時可切入¼顆
的洋蔥(50g),不僅能
增添煎餅的鮮甜感又能防
止馬鈴薯變黑。還能依照
喜好,將韭菜、青蔥或青
陽辣椒切細後一同加入麵
糊,做出更美味的煎餅。

1 薯絲煎餅

1 用削皮器削除馬鈴薯外皮，先切成 0.3cm 厚的片狀再切成細絲。

2 薯絲上撒鹽醃漬 10 分鐘後，沖洗清水後將水瀝乾。

3 大盆內放入薯絲、韓國煎餅粉與¼杯水，用筷子攪拌均勻。

4 熱好的鍋中倒入油，將麵糊放入後攤開整平，以中小火煎 3 分鐘，再翻面煎 2 分鐘，把醋香醬拌勻後一起上桌。

2 芝麻香薯煎餅

1 用削皮器削除馬鈴薯外皮，將馬鈴薯兩等分後磨泥器磨碎。

2 除食用油外，將所有的材料放入大盆內拌勻。

3 熱好的鍋中倒入 1 大匙油，以一口大小的分量放入麵糊並攤開整平。

4 以中火將兩面各煎 1 分 30 秒，把醋香醬拌勻後一起上桌。

→若覺得煎油不夠可在煎製過程中再加入，並視煎鍋大小，將麵糊分次煎完。

準備材料

薯絲煎餅

🕙 **20～25 分鐘**
- ☐ 馬鈴薯 1 個（200g）
- ☐ 鹽 1 小匙（醃漬馬鈴薯用）
- ☐ 韓國煎餅粉 6 大匙
- ☐ 水¼杯（50ml）
- ☐ 食用油 2 大匙

醋香醬
- ☐ 醋 1 大匙
- ☐ 釀造醬油 1 大匙
- ☐ 冷開水 1 大匙
- ☐ 砂糖 1 小匙

芝麻香薯煎餅

🕙 **20～25 分鐘**
- ☐ 馬鈴薯 1 個（200g）
- ☐ 麵粉 3 大匙
- ☐ 黑芝麻 1 小匙（可省略）
- ☐ 鹽½小匙
- ☐ 食用油 3～4 大匙

醋香醬
- ☐ 醋 1 大匙
- ☐ 釀造醬油 1 大匙
- ☐ 冷開水 1 大匙
- ☐ 砂糖 1 小匙

菇類煎餅 · 櫛瓜煎餅

| 舞菇煎餅
| 杏鮑菇煎餅
| 櫛瓜煎餅

舞菇煎餅

杏鮑菇煎餅

櫛瓜煎餅

+Tip

煎出漂亮的櫛瓜煎餅
櫛瓜煎餅雖然好做，卻很
難煎漂亮。櫛瓜片切得太
薄，容易出水軟塌，切得
太厚，內部則不易煎熟，
所以重點就在櫛瓜片的
厚度要維持在 0.5cm。此
外，若櫛瓜的水分太多，
容易與雞蛋麵衣分離，所
以鹽漬後必須將水分徹底
擦乾。裹粉時也需注意，
沾裹一次後要靜置一下讓
麵粉回潮，再沾裹第二次
並抖落多餘麵粉。

1 舞菇煎餅

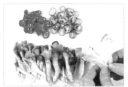
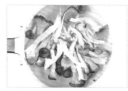

1 切除舞菇根部並撕開，太長的則切成 4cm 長，青、紅辣椒切片。

2 舞菇在煮滾的鹽水（3 杯水＋1 小匙鹽）中汆燙 1 分鐘，沖洗冷水後將水擠乾。

3 調味沾醬混合均勻。

4 先在大盆中放入韓國煎餅粉與¾杯水拌勻，再放入舞菇與青、紅辣椒仔細拌勻。

5 熱好的鍋中倒入 1 大匙油，放入麵糊並攤平成直徑 4cm 的圓形。

6 先以中火煎 1 分 30 秒，轉中小火後翻面再煎 2 分鐘，最後與調味沾醬一起上桌。

→若覺得煎油不夠可在煎製過程中再加入，並視煎鍋大小，將麵糊分次煎完。

2 杏鮑菇煎餅・櫛瓜煎餅

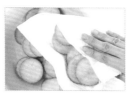

1 按照杏鮑菇或櫛瓜的形狀，切成 0.5cm 厚的片狀。

2 若要製作櫛瓜煎餅，櫛瓜片上撒鹽醃漬 15 分鐘，再用廚房紙巾擦乾。

3 平盤內倒入麵粉，取一空碗把蛋打散。

★若製作杏鮑菇煎餅，請省略步驟 2。

4 將杏鮑菇或櫛瓜片兩面均勻沾裹麵粉並抖落多餘粉末後，再沾裹蛋液。

5 熱好的鍋中倒入 1 大匙油，放入杏鮑菇或櫛瓜片以中小火煎製，杏鮑菇煎 1 分 30 秒，櫛瓜則煎 2 分鐘。

→若覺得煎油不夠可在煎製過程中再加入，並視煎鍋大小，將麵糊分次煎完。

6 轉小火後翻面，杏鮑菇煎 1 分鐘，櫛瓜則煎 2 分鐘，完成後放在平盤上放涼，把調味沾醬混勻後一起上桌。

→不可相互交疊著放涼，否則餘熱會讓煎餅變軟。

準備材料

舞菇煎餅

⏱ **20～25 分鐘**
- ☐ 舞菇或蠔菇、秀珍菇 4 把（200g）
- ☐ 青辣椒 1 條
- ☐ 紅辣椒 1 條
- ☐ 韓國煎餅粉 10 大匙
- ☐ 水¾杯（150ml）
- ☐ 食用油 3 大匙

調味沾醬
- ☐ 釀造醬油 1 大匙
- ☐ 冷開水½大匙
- ☐ 砂糖 1 小匙

杏鮑菇煎餅 櫛瓜煎餅

⏱ **20～25 分鐘**
- ☐ 杏鮑菇 3 朵（240g）或櫛瓜 1 條（270g）
- ☐ 鹽 1 小匙（醃漬櫛瓜用）
- ☐ 麵粉 4 大匙
- ☐ 雞蛋 2 顆
- ☐ 鹽¼小匙
- ☐ 食用油 5 大匙

調味沾醬
- ☐ 釀造醬油 1 大匙
- ☐ 冷開水½大匙
- ☐ 砂糖 1 小匙

豆腐煎餅

豆腐白菜煎餅
豆腐野蒜煎餅

豆腐白菜煎餅

豆腐野蒜煎餅

1 豆腐白菜煎餅

1 豆腐用刀鋒壓碎,再用棉布包住後將水擠乾。

→水要完全擠乾,煎製時才不會碎裂。

2 白菜泡菜切成 1cm 寬並將泡菜湯汁擠乾。

3 大盆中放入碎豆腐、泡菜、麵粉、蛋液與鹽攪拌均勻。

4 把步驟 **3** 麵糊分成四等分,每等分皆捏製成 0.5cm 厚的圓餅。

5 混合紫蘇油與食用油,在熱好的鍋中倒入 1 大匙的混合油,放入 2 個豆腐餅以中火煎 1 分鐘。

6 轉中小火繼續煎 2 分鐘並煎至表面酥脆,再倒入 1 大匙混合油並翻面煎 2 分鐘。剩餘的豆腐餅請按相同方式煎製。

2 豆腐野蒜煎餅

1 剝除野蒜球根外皮,根部黑色的部分也剝除後,洗淨切細。

2 豆腐用刀鋒側面均勻壓碎。

3 把調味沾醬混勻。

4 大盆中放入碎豆腐、野蒜、韓國煎餅粉、2 大匙水、鹽與釀造醬油攪拌均勻。

5 熱好的鍋中倒入 1 大匙油,放入兩團各約 ¼ 步驟 **4** 麵糊,並攤開整平成直徑 10cm 的圓餅,以中火煎 1 分鐘。

6 轉小火並翻面煎 1 分 30 秒,再翻面煎 30 秒。剩餘麵糊請按相同方式煎製。

→若覺得煎油不夠可在煎製過程中再加入。

準備材料

豆腐白菜煎餅
⏱ 20 ～ 25 分鐘
- ☐ 豆腐(煎製用)1 塊(180g)
- ☐ 熟成的白菜泡菜 ⅓ 杯(50g)
- ☐ 麵粉 3 大匙
- ☐ 蛋液 4 大匙
- ☐ 鹽 ⅓ 小匙
- ☐ 紫蘇油 2 大匙
- ☐ 食用油 2 大匙

豆腐野蒜煎餅
⏱ 20 ～ 25 分鐘
- ☐ 豆腐(煎製用)⅓ 塊(100g)
- ☐ 野蒜 1 把(50g)
- ☐ 韓國煎餅粉 ½ 杯
- ☐ 水 2 大匙
- ☐ 鹽 ¼ 小匙
- ☐ 釀造醬油 1 小匙
- ☐ 食用油 2 大匙

調味沾醬
- ☐ 砂糖 ½ 大匙
- ☐ 醋 1 大匙
- ☐ 釀造醬油 ½ 大匙

紫蘇葉煎餅
辣椒煎餅
肉丸煎餅

煎餅肉餡漢堡排
用豬絞肉（180g）取代豆
腐做成肉餡，不要沾裹麵
粉與蛋液，直接捏成 1cm
厚的圓形漢堡肉排。熱好
的鍋中倒入油，放入漢堡
排並蓋上鍋蓋以中小火煎
4 分鐘，再翻面蓋上鍋蓋
煎 3 分鐘，最後關火靜置
1 分鐘。

辣椒煎餅

紫蘇葉煎餅

肉丸煎餅

基本家常料理 _chapter 02

處理共同食材 製作煎餅肉餡

1 豆腐用刀鋒壓碎,再用棉布包住後將水擠乾。

2 洋蔥切碎,青辣椒長邊對切去籽後也切碎。

3 大盆中放入碎豆腐、牛絞肉、洋蔥、青辣椒、蔥末、蒜末與釀造醬油仔細捏拌。

1 紫蘇葉煎餅・辣椒煎餅

1 平盤內倒入麵粉,將紫蘇葉的一面薄薄沾上麵粉,填上肉餡後對折。青辣椒從長邊對切去籽後,內層同樣沾上一層麵粉,再填上肉餡。

2 取一淺盤把蛋打散加鹽調味。將紫蘇葉或青辣椒的兩面均勻沾裹麵粉並抖落多餘粉末後,再沾裹蛋液。

3 熱好的鍋中倒入 1½ 大匙油,放入紫蘇葉(青辣椒的話內餡要朝下)以中小火煎製,紫蘇葉煎 4 分 30 秒,青辣椒煎 3 分鐘,翻面繼續煎,紫蘇葉煎 4 分鐘,青辣椒煎 1 分 30 秒。

➔若覺得煎油不夠可在煎製過程中再加入,並視煎鍋大小,將煎餅分次煎完。

2 肉丸煎餅

1 將煎餅肉餡捏製成直徑 4cm,厚度 1cm 大小的肉丸餅。

2 取一淺盤把蛋打散加鹽調味。將肉丸餅均勻沾裹麵粉並抖落多餘粉末後,再沾裹蛋液。

3 熱好的鍋中倒入 1½ 大匙油,放入肉丸餅以中小火煎 4 分 30 秒,再翻面煎 4 分鐘。

➔若覺得煎油不夠可在煎製過程中再加入,並視煎鍋大小,分次煎完。

準備材料

紫蘇葉煎餅・辣椒煎餅

🕐 35 ～ 40 分鐘
□ 紫蘇葉 25 片或青辣椒 15 條
□ 麵粉 3 ～ 4 大匙
□ 雞蛋 2 顆
□ 鹽 ⅓ 小匙
□ 食用油 3 大匙

煎餅肉餡
□ 豆腐 1 塊(180g)
□ 牛絞肉 200g
□ 洋蔥¼ 顆(50g)
□ 青辣椒或青陽辣椒 2 條
□ 蔥末 1 大匙
□ 蒜末 1 大匙
□ 釀造醬油 1 大匙

肉丸煎餅

🕐 35 ～ 40 分鐘
□ 麵粉 3 大匙
□ 雞蛋 2 顆
□ 鹽 ⅓ 小匙
□ 食用油 3 大匙

煎餅肉餡
□ 豆腐 1 塊(180g)
□ 牛絞肉 200g
□ 洋蔥¼ 顆(50g)
□ 青辣椒或青陽辣椒 2 條
□ 蔥末 1 大匙
□ 蒜末 1 大匙
□ 釀造醬油 1 大匙

蛋卷

原味煎蛋卷
鮮蔬煎蛋卷
海苔煎蛋卷

原味煎蛋卷

鮮蔬煎蛋卷

海苔煎蛋卷

Tip

捲出完美蛋卷的祕訣

1 煎油放太多，蛋液無法均勻分布於鍋內，可用廚房紙巾擦去多餘的油，邊擦邊捲。

2 雞蛋在 70~80℃ 就會被煮熟，用大火反而將無法把蛋液煎膨。請用小火邊煎邊捲。

3 在圓形平底鍋內放上煎蛋專用的長方形模具，蛋液就不會散亂，可以捲得更完美。

1 原味煎蛋卷‧鮮蔬煎蛋卷

1 若要製作鮮蔬煎蛋卷，先把蔬菜切小丁。

2 在大盆內將雞蛋打散，加鹽調味後，用濾網過篩。

★原味煎蛋卷請省略步驟 1、3。

3 若要製作鮮蔬煎蛋卷，將蔬菜丁加入步驟2蛋液中拌勻。

4 不沾鍋用小火熱鍋後，加入½小匙油，用廚房紙巾將油均勻塗抹於鍋內。

5 將⅓的蛋液倒入熱鍋中，煎至八分熟。

6 用鍋鏟將蛋液輕輕鏟離鍋邊，約摺出 3cm 後將蛋捲起。

→要趁表面蛋液半熟時捲。若是蛋液凝固不夠或是完全凝固時才捲，蛋皮間無法附著，就捲不出完美的蛋卷。

7 像是要連接起步驟6蛋卷尾端，將剩餘蛋液中的½倒入鍋中（倒之前蛋液要搖勻），等蛋液煎至八分熟再開始捲蛋。剩餘的蛋液按相同作法再做一次。

8 將煎蛋卷從鍋內取出，放涼後切成 1.5 ～ 2cm 厚的片狀。

→若沒有完全放涼就切片，蛋卷會切碎。

2 海苔煎蛋卷

1 在大盆內將雞蛋打勻，加鹽調味後，用濾網過篩。

→筷子打直，用「之」字形的方式攪打，能更快將蛋液打勻。

2 不沾鍋用小火熱鍋後，加入½小匙油，用廚房紙巾將油均勻塗抹於鍋內。倒入蛋液，輕輕翻動蛋液表面，將蛋液煎至八分熟。

3 關火並把海苔置於步驟2蛋液上，利用筷子與鍋鏟，將蛋液摺出 3cm 後將蛋捲起。再開小火煎 1 分鐘後放涼，切成 2cm 厚的片狀。

→要趁表面蛋液半熟時將蛋捲起。

準備材料

原味‧鮮蔬煎蛋卷
⏱ 10 ～ 15 分鐘
☐ 雞蛋 4 顆
☐ 蔬菜丁（紅蘿蔔、青椒、彩椒、洋蔥等）適量
☐ 鹽⅓小匙
☐ 食用油½小匙
★ 若製作原味煎蛋卷，請省略蔬菜丁。

海苔煎蛋卷
⏱ 10 ～ 15 分鐘
☐ 雞蛋 4 顆
☐ 海苔（Ａ4 大小）1 片
☐ 鹽⅓小匙
☐ 食用油½小匙

163

燒炒與燉煮類　開始料理前請先詳讀！

1 燒炒料理的美味祕訣

1 通常都會先爆香蒜末或蔥末，此時油鍋要充分預熱香料的香氣才能完整釋放。

2 調味料在燒炒過程中依序加入，會比將食材完全炒熟後再加來得更入味。

3 燒炒料理特別注重火侯。一開始要用大火將食材表面炒熟，食材內部的風味與營養成分才不會流失，接著轉中火繼續將食材炒透，若最後想加入芝麻油或紫蘇油增添香氣，要轉成小火後再加，輕輕攪拌後立即關火。

4 製作燒炒料理時，若一下放入太多的食材，鍋內溫度會下降太快而不容易炒熟，建議食材多時可分次加入。此外，在放入各種不同的食材時，要先放硬實又需久炒的食材。

5 料理完成前，要勾芡湯汁時，記得一定要先關火，倒入太白粉水仔細拌勻後再開火，這樣太白粉才會溶解完全而不會結塊。

2 不同食材的燒炒技巧

1 **牛肉** 牛肉絲須用中火炒，若以大火燒炒，肉絲會黏結成塊。燒炒牛肉厚塊時，可沾裹太白粉後再炒，如此可幫助肉塊呈現光澤，肉汁也不會流失。

2 **豬肉** 韓式辣椒醬調味過的豬肉須用中火炒製，若以大火燒炒，肉塊表面的辣椒醬很容易燒焦。

3 **雞肉** 雞肉若炒太久，有可能會炒出對人體有害的雞油油脂。最好先將雞肉連皮放入滾水中汆燙，去除油脂後再燒炒。

4 **魷魚、小章魚、章魚** 海鮮類若炒太久，水分流失後口感會變得硬韌難咬。只要在熱鍋中稍微拌炒，或是先在滾水中燙熟，再加入蔬菜、調味料稍微拌炒就好。

3 燒炒料理的調味搭配

1 韓式燒炒肉片調味
（牛肉或豬肉 300g）

2 香辣調味
（豬肉 200g）

4 燉煮料理的美味祕訣

1 製作燉煮料理時，最好使用厚底的湯鍋。鍋底太薄，食材容易沾黏或燒焦，加上水分蒸發得太快，食材可能還半生不熟。

2 料理燉肉時，肉塊要先汆燙去除腥味，表面煮熟後肉汁才不會流失，燉肉才會美味又不難咬。若使用壓力鍋烹調，食材會被逼出許多水分，所以調味要重一點，料理完成時的味道才會剛剛好。

3 若要大量製作燉煮料理，調味醬料分兩三次加入，會比一次全加入要來得入味。

4 做好的燉煮料理不要馬上吃，放置一天再加熱享用，食材會更入味更好吃。肉類的燉煮料理，待放涼後可將凝結在表面的浮油去除，料理風味就會變得純淨不油膩，而海鮮類的燉煮料理，完成後立即享用最美味。

5 燉肉的調味搭配

1 醬香排骨調味
（排骨 700g）

水梨（或鳳梨）50g + 洋蔥 ½ 顆（100g）+ 大蔥 15cm + 蒜頭 5 粒 +

薑（蒜頭大小）1 塊 + 砂糖 2 ½ 大匙 + 釀造醬油 6 大匙 + 芝麻油 1 大匙

2 香辣排骨調味
（排骨 700g）

水梨（或鳳梨）50g + 洋蔥 ½ 顆（100g）+ 青陽辣椒 1 條 + 蒜頭 3 粒 + 薑（蒜頭大小）1 塊 +

（可省略，隨喜好增減）

砂糖 2 大匙 + 辣椒粉 2 大匙 + 韓國辣椒粉 3 大匙 + 釀造醬油 5 大匙 + 芝麻油 1 大匙

★市售的燉煮調味醬大多偏甜，若想做出口味較淡雅的燉燒排骨，可用 60～65g 的市售調味醬，加入¼顆洋蔥泥、1 大匙蒜末、4 大匙釀造醬油及 1 大匙芝麻油，調製出口味清甜的燉煮醬料。

6 吃剩的菜餚變出風味飯食

1 把切碎的泡菜、海苔粉、洋蔥末與芝麻油，加入吃剩的燉煮料理醬汁中，再與米飯一起拌炒，醬汁不足時，可加點韓式辣椒醬。

2 利用魷魚、小章魚、章魚等燒炒料理製作美味蓋飯，將½大匙太白粉加入⅓杯水調製出太白粉水，在快完成燒炒料理時再加入，試吃後若覺得太淡，可再加鹽調味。

▲ 變身美味炒飯
醬汁中加入切碎的泡菜、海苔粉、洋蔥末與芝麻油，與米飯一起拌炒，醬汁不足時，可加點韓式辣椒醬。

▲ 辣炒魷魚蓋飯
在做好的辣炒魷魚中（請參考第 182 頁）加入太白粉水（½大匙太白粉＋⅓杯水），以中火燒煮出蓋飯醬汁的濃稠度，若覺得太淡，可再加鹽調味。

燒炒牛肉

▌蔥香燒牛肉
▌燒炒牛肉

蔥香燒牛肉

燒炒牛肉

1 蔥香燒牛肉

1 牛肉切成 2cm 寬,用廚房紙巾按壓吸除血水。

2 把牛肉醃料放入食物調理機內攪碎,大盆內放入牛肉與醃料捏拌均勻,包上保鮮膜放入冷藏室醃 30 分鐘。

3 大蔥絲在水裡抓洗,接著泡在冷水裡 10 分鐘去除辛辣味,之後將水瀝乾。

4 切除秀珍菇根部,較粗的秀珍菇就撕半。

5 深鍋中放入牛肉與醬汁材料,大火煮滾後再轉中火拌炒 3 分鐘。

6 放入秀珍菇拌炒 2 分鐘,最後放入大蔥絲。

→ 可將蔥絲加入熱燙的燒炒肉片中拌著吃,或是以小火燒炒 1 分鐘炒熟來吃。

2 燒炒牛肉

1 大盆中將醃料混合均勻,大蔥斜切成片。

2 牛肉切成 2cm 寬,用廚房紙巾按壓吸除血水。

3 把牛肉放入步驟 **1** 醃料中捏拌均勻,並包上保鮮膜放入冷藏室醃漬 30 分鐘。

4 熱好的鍋中倒入油,放入牛肉以中火燒炒 4 分鐘,最後加入大蔥。

→ 可視肉塊厚度來調節燒炒時間。

蔥香燒牛肉

⏱ **40 ～ 45 分鐘**
- ☐ 燒炒用牛肉 300g
- ☐ 市售蔥絲 100g
- ☐ 秀珍菇 3 把(150g)

牛肉醃料
- ☐ 洋蔥½顆(100g)
- ☐ 大蔥(蔥白)15cm 1 根
- ☐ 砂糖 2 大匙
- ☐ 蒜末⅓大匙
- ☐ 釀造醬油 3 大匙
- ☐ 芝麻油 1 大匙
- ☐ 胡椒粉 少許

醬汁
- ☐ 釀造醬油 1 大匙
- ☐ 料理酒 1 大匙
- ☐ 水 1 杯(200ml)

燒炒牛肉

⏱ **35 ～ 40 分鐘**
- ☐ 燒炒用牛肉 300g
- ☐ 大蔥(蔥白)15cm 2 根
- ☐ 食用油½大匙

醃料
- ☐ 砂糖 1 ½大匙
- ☐ 蔥末 1 大匙
- ☐ 蒜末 1 大匙
- ☐ 釀造醬油 3 大匙
- ☐ 清酒 1 大匙
- ☐ 芝麻油 1 小匙
- ☐ 胡椒粉 少許

風味燒炒肉

- 乾燒牛肉
- 黃豆芽燒豬肉

乾燒牛肉

黃豆芽燒豬肉

+Tip

黃豆芽燒豬肉的美味祕訣
黃豆芽要以大火快炒，保
留其爽脆的口感。吃剩的
黃豆芽燒豬肉，還能加入
切碎的泡菜與海苔粉，做
成炒飯。

1 乾燒牛肉

1 牛肉用廚房紙巾按壓吸除血水。

2 牛肉以 0.3cm 為間隔，縱橫向來回劃出切痕。

3 大盆中把醃料拌勻，放入牛肉醃 15 分鐘。

4 熱好的鍋中倒入油，以直徑 6cm 的肉團為大小將牛肉放入。

5 以小火將兩面各煎 1 分鐘，過程中須用鍋鏟邊煎邊壓。

2 黃豆芽燒豬肉

1 把黃豆芽泡在水中抓洗，再沖冷水洗淨，將水瀝乾。

2 紫蘇葉逐片洗淨並甩乾水分，摘除葉子蒂頭後對折切成 1cm 寬，大蔥斜切成片。

3 薄切五花肉切成 5cm 寬，並把調味料混合均勻。

4 紫蘇油與辣椒油混合均勻，倒入熱好的鍋中，放入黃豆芽以大火快炒 10 秒。

5 放入五花肉、紫蘇葉、大蔥靜置 1 分鐘，接著放入調味料，拌炒 2 分 30 秒。

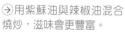

➔ 用紫蘇油與辣椒油混合燒炒，滋味會更豐富。

準備材料

乾燒牛肉

⏱ 25 ～ 30 分鐘
☐ 燒炒用牛肉 400g
☐ 食用油½大匙

醃料
☐ 砂糖 1 大匙
☐ 蔥末 1 大匙
☐ 釀造醬油 3 大匙
☐ 料理酒 1 大匙
☐ 蒜末 1 小匙
☐ 芝麻油 1 小匙

黃豆芽燒豬肉

⏱ 20 ～ 25 分鐘
☐ 薄切五花肉或燒炒用豬前腿肉 200g
☐ 黃豆芽 7 把（35g）
☐ 紫蘇葉 5 片（10g）
☐ 大蔥（蔥白）10cm 1 根
☐ 紫蘇油 1 大匙
☐ 辣椒油 1 大匙

調味料
☐ 釀造醬油 1 大匙
☐ 果寡糖 1 ½大匙
☐ 韓式辣椒醬½大匙
☐ 鹽 1 小匙
☐ 韓國辣椒粉 1 小匙
☐ 蒜末 1 小匙
☐ 胡椒粉 少許

燒炒豬肉

▊ 辣炒豬肉
▊ 紫蘇葉燒豬肉

辣炒豬肉

紫蘇葉燒豬肉

+Recipe

辣炒豬肉＋紫茄
把茄子（1條，150g）蒂頭切除，切成 5cm 長段，每段再長切成四等分。在步驟 **3** 中將豬肉炒 4 分鐘後，再放入茄子拌炒 2 分鐘。

1 辣炒豬肉

1 大蔥斜切成片，豬肉切成 5cm 寬。

→豬肉若結成一大塊，可用十字切法切開。

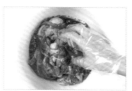

2 大盆中把醃料拌勻，放入豬肉醃 30 分鐘。

3 熱好的鍋中倒入油，放入豬肉以中火燒炒 6 分鐘，再放入大蔥炒 30 秒。

→可視肉塊厚度來調節燒炒時間。

2 紫蘇葉燒豬肉

1 豬肉切成 5cm 寬。

→豬肉若結成一大塊，可用十字切法切開。

2 大盆中把醃料拌勻，放入豬肉醃 30 分鐘。

3 洋蔥切絲，紫蘇葉逐片洗淨並甩乾水分，摘除葉子蒂頭後捲起切成 1cm 寬。

4 把洋蔥放入步驟 **2** 大盆中拌勻。

5 熱好的鍋中倒入油，放入豬肉與洋蔥以大火炒 1 分鐘，接著轉中火燒炒 5 分鐘，炒至醬汁收乾為止。

6 放入 ½ 分量的紫蘇葉拌勻後關火，將料理盛盤後，再放上剩餘的紫蘇葉。

準備材料

辣炒豬肉

⏱ **40 ～ 45 分鐘**
- [ ] 燒炒用豬前腿肉 300g
- [ ] 大蔥（蔥白）15cm 1 根
- [ ] 食用油 ½ 大匙

醃料
- [ ] 砂糖 1 大匙
- [ ] 蒜末 1 大匙
- [ ] 釀造醬油 1 大匙
- [ ] 清酒 1 大匙
- [ ] 韓式辣椒醬 4 大匙
- [ ] 食用油 1 大匙

紫蘇葉燒豬肉

⏱ **35 ～ 40 分鐘**
- [ ] 燒炒用豬前腿肉 300g
- [ ] 紫蘇葉 25 片（50g）
- [ ] 洋蔥 ½ 顆（100g）
- [ ] 食用油 1 大匙

醃料
- [ ] 砂糖 1 ½ 大匙
- [ ] 蔥末 1 ½ 大匙
- [ ] 蒜末 1 大匙
- [ ] 釀造醬油 3 大匙
- [ ] 清酒 2 大匙
- [ ] 芝麻油 1 大匙
- [ ] 芝麻 1 小匙
- [ ] 薑末 1 小匙
- [ ] 胡椒粉 ⅓ 小匙

燉燒排骨

香辣豬小排
燉燒牛小排

香辣豬小排

燉燒牛小排

+Recipe

使用壓力鍋製作
用壓力鍋燉煮不僅能縮短時間，排骨也會更軟嫩。將食材處理至右方 2 道食譜的步驟 **2** 後，將醃好的排骨、白蘿蔔、馬鈴薯、洋蔥與辣椒放入壓力鍋中拌勻。壓力鍋是用蒸煮的方式熟透食材，可以不另外加水進去。接著蓋上鍋蓋，用大火燒煮至洩壓閥出聲後，轉中小火繼續煮 15 分鐘，最後關火等蒸氣散去後再打開鍋蓋。

+Tip

完美燉燒排骨的祕訣
燉燒排骨時，為了預防白蘿蔔、馬鈴薯等副食材被煮碎，需將其四邊尖角修圓，避免被燒煮碎裂後湯汁混濁。

處理共同食材 去除排骨血水後汆燙

1 去除黏附在豬小排或牛小排上的油脂，在上頭劃切痕，方便調味料入味。

2 大盆內倒水至蓋過排骨，浸泡 30 分鐘～1 小時去除血水。

→過程中要不時替換清水。

3 湯鍋中加入 5 杯水與辛香料以大火煮滾，接著放入排骨汆燙 3 分鐘，取出後將水瀝乾。

1 香辣豬小排

1 把醃料放入食物調理機內攪碎，大盆內放入燙好的豬小排與醃料捏拌，靜置 1 小時以上。

→若手邊沒有水梨，可用鳳梨（½塊，50g）替代，不吃辣的人，也能改用燉燒牛小排的醃料。

2 馬鈴薯、紅蘿蔔去皮，切成 4cm 大小的方塊。洋蔥切成六等分，大蔥與青陽辣椒、紅辣椒皆斜切成片。

3 將豬小排、馬鈴薯、紅蘿蔔、洋蔥與 3 杯水加入厚底的湯鍋中以大火燒煮，待煮滾後，蓋上鍋蓋並轉小火燜煮 30 分鐘，接著打開鍋蓋放入大蔥、青陽辣椒與紅辣椒煮 10 分鐘。

→過程中要不時攪拌，以防食材沾黏鍋底。

2 燉燒牛小排

1 把醃料放入食物調理機內攪碎，大盆內放入燙好的牛小排與醃料捏拌，靜置 1 小時以上。

→若手邊沒有水梨，可用鳳梨（½塊，50g）替代，喜歡吃辣的人，也能改用香辣豬小排的醃料。

2 白蘿蔔去皮後切成六等分並修去尖角。紅辣椒斜切成片。

3 將牛小排、白蘿蔔與 2 杯水加入厚底湯鍋中以大火燒煮，待煮滾後，蓋上鍋蓋並轉中小火燜煮 40 分鐘，打開鍋蓋放入紅辣椒，轉調大火燒煮 1 分鐘。

→過程中要不時攪拌，以防食材沾黏鍋底。

準備材料

香辣豬小排
⏱ **2 小時 50 分鐘**
☐ 帶骨豬小排 700g
☐ 馬鈴薯 1 個（200g）
☐ 紅蘿蔔½條（100g）
☐ 洋蔥½顆（100g）
☐ 大蔥（蔥白）15cm 1 根
☐ 青陽辣椒 1 條（可省略）
☐ 紅辣椒 1 條
☐ 水 3 杯（600ml）

辛香料（汆燙豬小排用）
☐ 洋蔥¼顆（50g）
☐ 大蔥（蔥綠）15cm 1 根

豬小排醃料
☐ 水梨⅛顆（50g）
☐ 洋蔥½顆（100g）
☐ 青陽辣椒 1 條
☐ 蒜頭 3 粒（15g）
☐ 薑 1 塊（5g）
☐ 砂糖 2 大匙
☐ 韓國辣椒粉 3 大匙
☐ 釀造醬油 5 大匙
☐ 韓式辣椒醬 3 大匙
☐ 芝麻油 1 大匙

燉燒牛小排
⏱ **2 小時 50 分鐘**
☐ 帶骨牛小排 700g
☐ 白蘿蔔 1 條（200g）
☐ 紅辣椒 1 條（可省略）
☐ 水 2 杯（400ml）

辛香料（汆燙牛小排用）
☐ 洋蔥¼顆（50g）
☐ 大蔥（蔥綠）15cm 1 根

牛小排醃料
☐ 水梨⅛顆（50g）
☐ 洋蔥½顆（100g）
☐ 大蔥 15cm 1 根
☐ 蒜頭 5 粒（25g）
☐ 薑 1 塊（5g）
☐ 砂糖 2 ½大匙
☐ 釀造醬油 6 大匙
☐ 芝麻油 1 大匙

菜包白灼五花肉

▌白灼五花肉
▌牡蠣蘿蔔絲泡菜
▌辣拌白菜

白灼五花肉

牡蠣蘿蔔絲泡菜

辣拌白菜

+Tip

白灼五花肉的美味煮法
五花肉若煮過頭，肉質會
變硬，因此要注意燜煮的
時間。燜煮時間要隨著肉
的厚度與大小調整，用筷
子插入若無血水滲出，即
代表已煮得恰到好處。

1 白灼五花肉

1 將辛香料中的薑切片，五花肉分成兩等分。

2 湯鍋中放入五花肉與辛香料，蓋上鍋蓋用大火燜煮。

3 煮滾後，轉中小火繼續燜煮 50 分鐘，取出放涼後切成 0.5cm 厚的肉片。

2 牡蠣蘿蔔絲泡菜

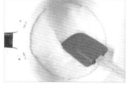

1 白蘿蔔去皮切絲，蔥切成 4cm 長段。

2 白蘿蔔絲中加入糖與鹽拌勻，醃漬 10 分鐘，將水分擠乾。

3 牡蠣泡鹽水（3 杯水＋ 2 小匙鹽）抓洗，沖洗清水後瀝乾。

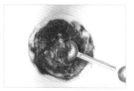

4 把蔥泥汁的材料放入食物調理機內攪碎，接著倒入平底鍋中以中小火拌炒 3 分鐘。

→用橡皮刮刀劃過鍋底，蔥泥汁若留下清楚痕跡。其濃稠度最為恰當。

5 大盆中放入調味料與蔥泥汁，拌勻後放涼。

→需趁熱將蔥泥汁與調味料攪拌，才能去除辣椒粉的味道。

6 將醃漬過的白蘿蔔絲放入步驟 **5** 盆中捏拌均勻，再加入牡蠣與蔥段攪拌即可享用，或是放入冷藏室中醃漬半天後再吃。

3 辣拌白菜

1 白菜葉逐片洗淨後，將水分瀝乾，再切成 2cm 寬。

→若葉子太大片，可以分成兩等分後再切成 2cm 寬。

2 大盆中將調味料拌勻，要吃之前再將白菜放入拌勻。

燒炒雞肉

▌鮮蔬炒雞肉
▌辣炒雞排

鮮蔬炒雞肉

辣炒雞排

+Recipe

1　鮮蔬炒雞肉＋
　　綜合堅果或獅子唐辛子
在步驟 **6** 將綜合堅果（½杯，
60g）或獅子唐辛子（10 條，
60g）與青陽辣椒一起拌炒。獅
子唐辛子要先用牙籤插出 3 ～ 4
個小洞，拌炒才會更入味。

2　辣炒雞排＋披薩乳酪絲
將完成的辣炒雞排裝入耐熱容
器中，撒上披薩乳酪絲（1 杯，
100g）後，放入預熱好200℃
的烤箱中烤 8 分鐘。

1 鮮蔬炒雞肉

1 雞腿肉切成 5cm 的塊狀，用醃料醃漬 10 分鐘
→也能去除雞皮，在肉較厚的部位劃幾道切痕。

2 洋蔥切成六～八等分，櫛瓜從長邊對切，再切成 0.5cm 厚的片狀，青陽辣椒斜切成片。

3 調味料混合均勻。

4 熱好深鍋後倒入油，放入蒜末以中小火炒 30 秒。

5 放入雞腿肉，轉大火炒 2 分鐘，再放入洋蔥炒 2 分鐘，繼續放入櫛瓜炒 1 分鐘。

6 放入調味料並轉中小火拌炒 3 分鐘，最後放入青陽辣椒炒 1 分鐘。

2 辣炒雞排

1 大盆內將調味料混合均勻。

2 雞腿肉切成 3cm 大小的塊狀後，放入步驟 1 盆內醃 20 分鐘。

3 韓國年糕用水洗兩次，去除表面澱粉質後瀝乾。若年糕太硬，可用滾水汆燙 1 分鐘再沖冷水。

4 高麗菜切成年糕般大小，地瓜從長邊對切，切成 0.5cm 厚的片狀。

5 熱好的鍋中倒入油，雞皮朝下放入，再放入韓國年糕、高麗菜與地瓜，以中火燒炒 1 分鐘。

6 接著轉中小火拌炒 10 分鐘。

鮮蔬炒雞肉
🕐 **25 ～ 30 分鐘**
☐ 雞腿肉或雞里肌肉 350g
☐ 洋蔥½顆（100g）
☐ 櫛瓜½條（135g）
☐ 青陽辣椒或青辣椒 1 條
☐ 食用油 1 大匙
☐ 蒜末 1 大匙

雞肉醃料
☐ 清酒 2 大匙
☐ 鹽½小匙
☐ 胡椒粉 少許

調味料
☐ 韓國辣椒粉 2 大匙（可增減）
☐ 釀造醬油 2 大匙
☐ 砂糖 2 小匙

辣炒雞排
🕐 **40 ～ 45 分鐘**
☐ 雞腿肉 350g
☐ 韓國年糕 1 杯（100g）
☐ 高麗菜 10×10cm 5 片（150g）
☐ 地瓜 1 個（200g）
☐ 食用油 1 大匙

調味料
☐ 韓國辣椒粉 1 ½大匙
☐ 蒜末 1 ½大匙
☐ 釀造醬油 1 ⅓大匙
☐ 料理酒 1 ½大匙
☐ 果寡糖 3 大匙
☐ 韓式辣椒醬 3 ½大匙
☐ 芝麻油 1 大匙
☐ 芝麻 1 小匙
☐ 薑末½小匙
☐ 胡椒粉¼小匙

香辣炒雞湯

+Recipe

使用壓力鍋製作
用壓力鍋燉煮，雞肉會更
軟嫩，馬鈴薯也能完全熟
透。將食材處理至步驟**4**
後，將拌好調味料的雞肉
與馬鈴薯、蔬菜與½杯水
放入壓力鍋中，蓋上鍋
蓋，用大火燒煮至洩壓閥
開始出聲後，轉中小火繼
續煮 15 分鐘，最後關火等
蒸氣散去後再打開鍋蓋。

1 把雞肉在滾水中汆燙 1 分 30 秒，接著用漏勺裝著沖洗冷水，並將水瀝乾。

→肉較厚實的部位，可用刀劃出 3 ～ 4 道切痕，會更容易煮入味。

2 馬鈴薯去皮後切成 3.5cm 大小的方塊再修去尖角，在大盆內倒水至蓋過馬鈴薯。

3 洋蔥切成 3.5cm 大小的塊狀，大蔥與青、紅辣椒斜切成片。

4 大盆內把調味料混合均勻，放入雞肉與馬鈴薯拌勻。

5 熱好的湯鍋中倒入油，放入雞肉與馬鈴薯，以中火炒 2 分鐘。

6 倒入 3 杯水並轉大火燒煮，待煮滾後繼續煮 15 分鐘，再放入洋蔥煮 5 分鐘。

→過程中要不時攪拌，以防食材沾黏鍋底。

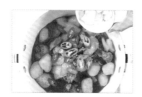

7 最後放入大蔥與青、紅辣椒，轉調中火煮 3 分鐘。

準備材料

⏱ **35 ～ 40 分鐘**
- ☐ 雞肉 500g
- ☐ 馬鈴薯 1 個（200g）
- ☐ 洋蔥½顆（100g）
- ☐ 大蔥（蔥白）10cm 1 根
- ☐ 青辣椒 1 條
- ☐ 紅辣椒 1 條
- ☐ 食用油 1 大匙
- ☐ 水 3 杯（600ml）

⏱ **調味料**
- ☐ 砂糖 1 ⅓大匙
- ☐ 韓國辣椒粉 2 大匙
- ☐ 蒜末½大匙
- ☐ 釀造醬油 2 大匙
- ☐ 韓式辣椒醬 2 ½大匙
- ☐ 芝麻油½大匙
- ☐ 薑末 1 小匙

安東燉雞

+Recipe

使用壓力鍋製作
將食材處理至步驟 5 後，把雞肉、韓式冬粉、蔬菜、調味料與½杯水放入壓力鍋中，蓋上鍋蓋，用大火燒煮至洩壓閥開始出聲後，轉中小火繼續煮 15 分鐘，最後關火等蒸氣散去後再打開鍋蓋。

+Tip

安東燉雞的美味祕訣
可用去骨雞腿肉取代雞肉塊，食用更方便。若想再增添料理的鮮味，可在醃雞腿肉時，放入 1 大匙蠔油來取代醬油與砂糖。

1 韓式冬粉泡在冷水中泡發 1 小時。

→用熱水泡的話，冬粉會過爛，請使用冷水泡發。

2 紅蘿蔔與馬鈴薯去皮後從長邊對切，再各自切成 0.7cm 與 1.5cm 厚的片狀，洋蔥切成 2cm 寬的粗絲。

3 大蔥切成 5cm 長段，青陽辣椒與紅辣椒斜切成 1cm 厚的片狀。

→大蔥較粗時，要先從長邊對切再使用。若使用乾辣椒取代青陽辣椒，要用棉布把乾辣椒擦乾淨後切成三到四等分。

4 去骨雞腿肉切成 5cm 大小的塊狀後與醃料拌勻。

→肉較厚實的部位，可用刀劃出 3 ～ 4 道切痕，會更容易煮入味。

5 將調味料混合均勻。

6 熱好的鍋中倒入芝麻油，雞皮部分朝下放入，以中火將兩面翻炒 2 分鐘。

→鍋子若預熱不完全，雞肉放入後容易黏鍋。

7 放入紅蘿蔔、馬鈴薯、青陽辣椒與蒜頭，轉中小火燒炒 1 分鐘。

8 加入 2 杯水與 5 大匙調味料並轉大火燒煮，待煮滾後再轉中火燉煮 18 分鐘。

→過程中要不時攪拌，以防食材沾黏鍋底。

9 最後加入剩餘的調味料、韓式冬粉、洋蔥、大蔥段與紅辣椒拌煮 5 分鐘。

準備材料

🕐 **30 ～ 35 分鐘**
- [ ] 去骨雞腿肉 500g
- [ ] 韓式冬粉½把（50g）
- [ ] 紅蘿蔔½條（100g）
- [ ] 馬鈴薯 1 個（200g）
- [ ] 洋蔥½顆（100g）
- [ ] 大蔥（蔥白）20cm 1 根
- [ ] 青陽辣椒或乾辣椒 1 ～ 2 條（可省略）
- [ ] 紅辣椒 1 條
- [ ] 蒜頭 5 粒（25g）
- [ ] 芝麻油 1 大匙
- [ ] 水 2 杯（400ml）

雞肉醃料
- [ ] 釀造醬油 1 大匙
- [ ] 砂糖 1 小匙
- [ ] 胡椒粉 少許

調味料
- [ ] 蒜末 1 大匙
- [ ] 釀造醬油 4 ½大匙
- [ ] 料理酒 2 大匙
- [ ] 清酒 1 大匙
- [ ] 果寡糖 4 大匙
- [ ] 鹽¼小匙
- [ ] 胡椒粉¼小匙
- [ ] 薑末½小匙

燒炒魷魚

辣炒魷魚
辣炒魷魚豬五花

辣炒魷魚

辣炒魷魚豬五花

Recipe

辣炒魷魚豬五花
佐黃豆芽或鮮蔬
辣炒魷魚豬五花搭配黃豆
芽或新鮮蔬菜享用，更能
嚐到豐富口感。汆燙黃豆
芽（4把，200g），將洗
淨的黃豆芽、2杯水與1
小匙鹽放入湯鍋中拌勻，
蓋上鍋蓋以大火燒煮，待
蒸氣冒出後轉中小火繼續
煮4分鐘，取出黃豆芽，
放涼後就能與辣炒魷魚豬
五花一同擺盤上桌，若要
搭配新鮮蔬菜，香氣濃郁
的葉菜類最為適合。

Tip

魷魚切花的注意事項
魷魚外皮遇熱收縮的情況
要比內層嚴重，若在外皮
切花，形狀會不明顯，所
以要在內層斜刀切花，形
狀才會自然，魷魚也會捲
得漂亮。

魷魚處理方法

1 用料理剪刀從魷魚身體長邊剪開，再用手拉出內臟並切開其與腳相連的部分後丟棄。

2 翻開魷魚腳，用力按壓嘴巴周圍，把突出的軟骨摘除。

3 切除魷魚身體底部後，用廚房紙巾抓著魷魚，撕下外皮後將魷魚身體洗淨。

→也能雙手沾上粗海鹽，增加摩擦力後撕去外皮。

4 在水中用手掌揉洗魷魚腳幾遍，將上面的吸盤完全去除後洗淨。

5 用漏勺將水瀝乾，把刀拿斜，以對角線的方式在魷魚身體內層劃出滿滿的切花。

6 魷魚頭部朝左放，將魷魚身體切成 1×5cm 大小的長條，魷魚腳切成 5cm 長段。

1 辣炒魷魚

1 大盆內將調味料混勻，放入處理好的魷魚拌勻，醃 10 分鐘。

2 高麗菜切成 2×5cm 大小，大蔥切成 1×5cm 大小。

3 熱好的鍋中倒入油，放入大蔥以中火炒 30 秒，接著放入高麗菜炒 2 分鐘。

4 放入魷魚炒 2 分鐘後，加入芝麻與芝麻油並轉大火快炒 30 秒。

→最後要大火快炒，魷魚肉質才不會變硬。

準備材料

辣炒魷魚

⏱ **20 ～ 25 分鐘**
- ☐ 魷魚 1 尾（240g）
- ☐ 高麗菜 10×10cm 4 片（120g）
- ☐ 大蔥（蔥白）15cm 1 根
- ☐ 食用油 1 大匙
- ☐ 芝麻 1 小匙
- ☐ 芝麻油½大匙

調味料
- ☐ 砂糖 1 大匙
- ☐ 韓國辣椒粉 1 大匙
- ☐ 清酒 1 大匙
- ☐ 韓式辣椒醬 1 大匙
- ☐ 蒜末 1 小匙
- ☐ 釀造醬油 1 ½小匙
- ☐ 食用油 1 小匙
- ☐ 胡椒粉 少許

辣炒魷魚豬五花
⏱ **25～30 分鐘**
- ☐ 魷魚 1 尾（240g）
- ☐ 豬五花肉 300g
- ☐ 洋蔥½ 顆（100g）
- ☐ 大蔥（蔥白）15cm
　　1 根（可省略）
- ☐ 青陽辣椒 1 條
- ☐ 紅辣椒 1 條
- ☐ 蒜末 1 大匙
- ☐ 清酒 1 大匙
- ☐ 食用油 1 大匙

調味料
- ☐ 芝麻½ 大匙
- ☐ 砂糖 1 大匙
- ☐ 韓國辣椒粉 4 大匙
- ☐ 蔥末 2 大匙
- ☐ 蒜末 2 大匙
- ☐ 釀造醬油 2 大匙
- ☐ 料理酒 1 大匙
- ☐ 果寡糖或韓國醃梅汁
　　1 大匙
- ☐ 韓式辣椒醬 5 大匙
- ☐ 鹽½ 小匙
- ☐ 胡椒粉 ⅕ 小匙
- ☐ 芝麻油 2 小匙

2 辣炒魷魚豬五花

豬五花
與洋蔥

魷魚

1 大盆內放入切成一口大小的豬五花，再加入清酒及蒜末拌勻後靜置。

➔若豬五花的腥味太重，可再加入½ 小匙的薑末。

2 洋蔥切成 1cm 寬粗絲，大蔥、青陽辣椒、紅辣椒皆斜切成片。

3 取另一大盆內將調味料混勻後分成兩邊，一邊放入豬五花與洋蔥，另一邊則放入處理好的魷魚，各自拌勻。

4 將寬底深鍋熱好後倒入油，加入豬五花與洋蔥，以大火炒 2 分鐘。

5 將豬五花與洋蔥集中在鍋內一側，另一側放入魷魚炒 3 分 30 秒並炒至水分收乾。

➔若煎鍋不大，可先把豬五花與洋蔥先取出盛盤，再放入魷魚。

6 將魷魚、豬五花、洋蔥拌炒後，加入大蔥、青陽辣椒、紅辣椒炒 1 分鐘。

➔盛盤後可搭配燙好的黃豆芽與新鮮蔬菜一起吃。

基本家常料理_chapter 02

辣炒小章魚
辣炒章魚

辣炒小章魚

辣炒章魚

 Tip

不炒出水分的祕訣
先把小章魚及章魚炒一下，
或是稍微汆燙後，再與調味
料一起拌炒，肉質才不會變
硬。若拌炒太久，調味醬料
不僅容易燒焦，小章魚及章
魚也會因為出水過多而流失
鮮美風味。

辣炒小章魚

⏱ **20 ～ 25 分鐘**

☐ 小章魚 10 尾
　（300g）
☐ 洋蔥½顆（100g）
☐ 大蔥（蔥白）20cm
　1 根
☐ 食用油 1 大匙

調味料

☐ 芝麻 1 大匙
☐ 砂糖 1 大匙
☐ 韓國辣椒粉 2 大匙
☐ 蔥末 1 大匙
☐ 蒜末 1 大匙
☐ 料理酒 2 大匙
☐ 韓式辣椒醬 2 大匙
☐ 太白粉 1 小匙
☐ 釀造醬油 1 小匙
　（可增減）
☐ 芝麻油 1 小匙
☐ 胡椒粉 少許

處理食材 小章魚處理方法

内臟　墨囊　卵

1 劃開小章魚頭部與腳的連結部分。

2 將劃開的頭部翻起，找出內臟、墨囊與卵。

3 用手摘除內臟與墨囊後，再把卵擠出來。

4 翻開小章魚腳，用力按壓嘴巴周圍，把突出的軟骨摘除。

5 大盆內放入小章魚、3 大匙麵粉，均勻抓洗後用水洗淨，再將水瀝乾。

1 辣炒小章魚

1 湯鍋中倒入醋水（3杯水＋2 小匙醋）以大火燒煮，待煮滾後放入處理好的小章魚汆燙 30秒，取出放涼後切成一口大小。

➔ 請視小章魚大小調整汆燙時間。

2 洋蔥切成 1cm 寬的粗絲，大蔥斜切成片。

3 大盆內把調味料混合均勻，放入燙好的小章魚拌勻。

➔ 可加入⅔小匙的韓國魚露取代釀造醬油，料理的鮮味會更好。

4 熱好的鍋中倒入油，放入洋蔥中火炒 30 秒。

5 放入小章魚並轉大火快炒 1 分 30 秒，最後放入大蔥炒 30 秒。

➔ 也可再加入切成細絲的紫蘇葉。

章魚處理方法

1 一手抓著章魚頭，一手用剪刀將頭剪開。

2 把剪開的頭部翻起，找出內臟並由上方拉起摘除。

3 頭與腳連結的部分有兩個眼睛，一手抓住突起部分，一手剪除眼睛。

4 翻開章魚腳，用力按壓嘴巴周圍，把突出的軟骨摘除。

5 大盆內放入章魚、3大匙麵粉，均勻抓洗後用水洗淨。

6 將水瀝乾後，章魚腳切成 5cm 長，章魚頭則切成 2cm 寬。

2 辣炒章魚

1 洋蔥切成 1cm 寬的粗絲，大蔥與青辣椒斜切成片。

2 熱好的鍋中放入處理好的章魚，以大火炒 1 分 30 秒，炒至章魚呈紫紅色。再用漏勺濾出章魚湯汁備用。

3 取 2 大匙步驟 **2** 章魚湯汁，與調味料混勻。

⊖若覺得不夠辣，可用青陽辣椒製成的辣椒粉，取代一般的韓國辣椒粉，並用青陽辣椒取代一般青辣椒加入。

4 用廚房紙巾把步驟 **2** 煎鍋擦乾淨，用中火預熱後倒入油，放入洋蔥與青辣椒炒 2 分鐘，再加入調味料拌炒。

5 放入章魚與大蔥炒 1 分鐘後關火，最後加入芝麻與芝麻油拌勻。

辣炒章魚

⏱ **20 ～ 25 分鐘**
- ☐ 章魚 2 尾（300g）
- ☐ 洋蔥 ½ 顆（100g）
- ☐ 大蔥（蔥白）15cm 1 根
- ☐ 青辣椒或青陽辣椒 2 條
- ☐ 食用油 1 大匙
- ☐ 芝麻 ½ 大匙
- ☐ 芝麻油 1 大匙

調味料
- ☐ 韓國辣椒粉 1 大匙
- ☐ 砂糖 ½ 小匙
- ☐ 鹽 ½ 小匙
- ☐ 蒜末 1 小匙
- ☐ 釀造醬油 1 ½ 小匙
- ☐ 果寡糖 1 小匙
- ☐ 韓式辣椒醬 2 小匙

香辣燉海鮮

+Tip

燉海鮮的美味祕訣
海鮮要美味，重點就在於
維持黃豆芽的爽脆口感。
燉煮時不要翻動過頭，才
能保留黃豆芽與海鮮的嚼
勁。把剩餘湯汁，與米飯
一起拌炒也相當美味。

1 黃豆芽與蝦子分別用水洗淨後，將水瀝乾。

2 用手摘除貽貝上的鬚狀物並用鋼刷刷洗外殼，將水瀝乾。

3 用料理剪刀從魷魚身體長邊剪開，再用手拉出內臟並切開其與腳相連的部分後把內臟丟棄。

4 翻開魷魚腳，用力按壓嘴巴周圍，把突出的軟骨摘除。

5 將魷魚身體底部切除後，用廚房紙巾抓著魷魚，撕下外皮後將身體洗淨。

→也能雙手沾上粗海鹽，增加摩擦力後撕去外皮。

6 在水中用手掌揉洗魷魚腳幾遍，將上面的吸盤完全去除後洗淨。

7 將水瀝乾，刀拿斜。以對角線的方式在魷魚身體內層劃出滿滿的切花。

8 把魷魚頭部朝左擺放，將身體切成 1×5cm 大小的長條，魷魚腳切成 5cm 長段。

9 把調味料混合均勻。

10 厚底湯鍋中依序放入貽貝、蝦子、黃豆芽，再加入 3 大匙水。

11 加入調味料後，蓋上鍋蓋以中火燜煮 2 分鐘，再轉中小火燜煮 8 分鐘。

12 打開鍋蓋放入魷魚，並轉大火炒 2 分鐘，加入芝麻油後關火。

→雙手使用筷子與木匙，拌炒起來會比較容易。

準備材料

⏱ 25 ～ 30 分鐘
☐ 中型蝦子 10 尾（200g）
☐ 貽貝 500g
☐ 魷魚 1 尾（240g）
☐ 黃豆芽 5 把（250g）
☐ 水 3 大匙
☐ 芝麻油 1 小匙

調味料
☐ 青陽辣椒末 1 條分量
☐ 砂糖 1 ½ 大匙
☐ 太白粉 1 大匙
☐ 韓國辣椒粉 6 大匙
☐ 蒜末 1 大匙
☐ 釀造醬油 1 大匙
☐ 清酒 3 大匙
☐ 鹽 少許

韓式燉蛋

砂鍋燉蛋
蔬菜燉蛋

砂鍋燉蛋

蔬菜燉蛋

Recipe

1 隔水加熱作燉蛋
將雞蛋、鹽與水一同攪打
均勻,過篩後,裝入耐熱
容器中蓋上一張鋁箔紙。
湯鍋中倒入可淹蓋耐熱容
器一半高度的水量,待水
煮滾後,放入耐熱容器
並蓋上鍋蓋,以小火蒸煮
15 分鐘後關火。

2 使用微波爐製作
將雞蛋、鹽與水一同攪打
均勻,過篩後,裝入耐熱
容器中蓋上一層保鮮膜。
用叉子或筷子在保鮮膜表
面戳出 1〜2 個小洞後,
放入微波爐(700w)加
熱 6 分 30 秒〜7 分鐘。

1 砂鍋燉蛋

1 將蛋液打散並過篩網。

→ 想做出軟綿細緻的燉蛋，就要去除雞蛋的繫帶。

2 把裝有 1 杯水與鹽的砂鍋以大火燒煮，待煮滾後緩緩倒入蛋液。

3 煮到蛋液如羹湯般濃稠時，用湯匙沿著鍋底刮攪。

4 蓋上鍋蓋轉小火，以文火慢煮 2 ～ 3 分鐘。

2 蔬菜燉蛋

1 冰箱裡的剩餘蔬菜切成細丁。

2 將蛋液打散並加鹽調味後過篩網。

→ 想要燉蛋軟綿細緻，就要去除雞蛋的繫帶。

3 耐熱容器中放入蛋液、蔬菜丁與 1 杯水拌勻。

4 把步驟 **3** 耐熱容器放入已冒蒸氣的蒸籠中，蓋上鍋蓋以小火蒸煮 15 分鐘，關火後再燜煮 5 分鐘。

如何做出細緻柔軟的燉蛋

燉蛋料理的重點在於火候。要做出無氣泡、光滑又軟綿的燉蛋，祕訣就是以最小的爐火來慢慢燉煮。另外，用昆布高湯或小魚乾高湯（作法請參考第 218 頁）取代清水，就能做出風味鮮美的燉蛋。

軟蒸高麗菜
香炒辣肉醬
加料味噌醬

香炒辣肉醬

軟蒸高麗菜

加料味噌醬

+Tip

如何做出更濃醇的加料
味噌醬
用第三次的洗米水或小魚
乾高湯（作法請參考第
218頁）取代清水，就能
增添醇厚風味。也可以把
½個（100g）馬鈴薯磨成
泥，於步驟**4**中和水一同
加入，馬鈴薯的豐富澱粉
質，會吸收味噌醬中的水
分並添加濃稠度，完成濃
厚又香味四溢的加料味噌
醬。

1 軟蒸高麗菜

1 把高麗菜放入已冒蒸氣的蒸籠中，蓋上鍋蓋中火蒸煮 8～9 分鐘，將高麗菜蒸軟。

2 取出高麗菜，盛盤包蓋上保鮮膜，放入冷藏室中冷卻。

2 香炒辣肉醬

1 牛絞肉用醃料抓醃後靜置 5 分鐘。

2 熱好的鍋中倒入芝麻油，放入牛肉以中火炒 3 分鐘。

3 加入韓式辣椒醬並轉小火炒 5 分鐘，最後放入砂糖繼續炒 4 分鐘。

3 加料味噌醬

1 蔬菜切成細丁。

2 將調味料混合均勻。

3 熱好的湯鍋中倒入紫蘇油，放入蔬菜丁以中火炒 3 分 30 秒。

➔ 若蔬菜丁會黏鍋，可放入 2～3 大匙的水拌炒。

4 加入調味料並轉小火炒 1 分鐘，倒入 1 杯水轉大火燒煮，待煮滾後再轉小火煮 7 分鐘。

➔ 過程中要不時攪拌，以防食材沾黏鍋底。

軟蒸高麗菜
⏱ 10～15 分鐘
☐ 高麗菜 6 片（180g）

香炒辣肉醬
⏱ 15～20 分鐘
可存放冷藏室 10 天
☐ 牛絞肉 200g
☐ 芝麻油 1 大匙
☐ 韓式辣椒醬 1 杯
☐ 砂糖 5 大匙

牛肉醃料
☐ 蔥末 ½ 大匙
☐ 清酒 1 大匙
☐ 胡椒粉 ¼ 小匙
☐ 芝麻油 1 小匙

加料味噌醬
⏱ 15～20 分鐘
☐ 蔬菜丁（洋蔥、馬鈴薯、紅蘿蔔、櫛瓜、香菇、茄子等）2 杯分量
☐ 紫蘇油或芝麻油 1 大匙
☐ 水 1 杯（200ml）

調味料
☐ 青陽辣椒末 1 條分量（可增減）
☐ 韓式味噌醬 3 大匙
☐ 韓式辣椒醬 1 大匙
☐ 蒜末 1 小匙

醬菜與泡菜類 開始料理前請先詳讀！

1 美味醬菜的醃漬祕訣

1 利用當季食材來醃漬醬菜是最美味的。春天可使用較不辛辣的蒜頭，夏天可選擇紫蘇葉或皮薄清脆的小黃瓜，夏末還有外皮厚實的辣椒，秋天時就用新鮮的彩椒來製作。

2 去除食材雜質並用水洗淨後，一定要將水瀝乾或擦乾。辣椒或蒜頭等較硬的食材，可用牙籤先戳出幾個小洞，有助於醃漬入味。

3 製作醃瓜或醬菜時，一定要倒入能完全蓋過食材的醬菜湯汁。

4 製作醬菜湯汁時，可使用糙米醋或一般釀造醋，不建議使用蘋果醋等香氣強烈的產品。

5 醬菜湯汁須得徹底煮沸。醃漬小黃瓜、辣椒或白蘿蔔等較硬的食材時，可將滾沸的醬菜湯汁直接倒入，但若醃漬的是紫蘇葉、香菇、峰斗菜等軟性食材時，就要待醬菜湯汁完全冷卻後再倒入，如此才能嚐得到食材本身的風味。

2 醬菜湯汁的基本比例

醃漬醬菜的湯汁一定要煮沸後再倒入，食材才會充分入味。醬菜湯汁中的砂糖、醋、釀造醬油、清水，最好以 1：1：1：0.5 的比例來調製。

3 美味泡菜的醃漬祕訣

1 醃漬泡菜時要注意，蔬菜一旦遇熱就會有草腥味，所以過程中有要用手處理的部分，動作需輕柔不能太用力。

2 泡菜醃漬過鹹時，可在醃料中加入磨碎的白蘿蔔或洋蔥，中和鹹味。

3 泡菜的醃料調味要稍微鹹一點，待泡菜熟成後才不會因為出水而使得調味變淡。做好的泡菜調味若變淡時，加入韓國魚露重新調味，會比再加入鹽巴的風味來得更好。

4 把泡菜裝進容器中醃漬時，一定要將泡菜裝壓密實，空氣才不會跑進去。容器內部若有空氣，泡菜就會很容易軟爛。

5 為了讓泡菜熟成出絕妙滋味，不要一開始就放入冷藏室，而是要放在陰涼通風的室溫環境下，讓泡菜緩慢熟成後再冷藏保存。倘若一做好就放入冷藏，酵母菌繁殖不完全，會讓泡菜處在無法熟成的狀態下而風味盡失。泡菜在室溫下熟成的天數，春、秋季時通常1～2天，夏季時視天氣狀況大致半天，冬季時大約3～4天。

4 醃黃瓜的做法

材料 半白小黃瓜6條，粗鹽¾杯、水5杯

1 小黃瓜用鹽搓洗並去除水分後，裝進耐熱玻璃容器中。

2 湯鍋中加入粗鹽與水煮滾。

3 煮滾的鹽水直接倒入步驟1容器中，並在上方壓上重物，存放在陰涼的地方1星期左右。

5 保存醬菜的注意事項

1 醃漬醬菜時請使用耐熱的玻璃容器，避免塑膠容器，因為在倒入滾沸的醬菜湯汁時，會有溶出塑化劑的疑慮。玻璃容器要以熱水消毒，並徹底擦乾水分。待醬菜醃好且醬菜湯汁也完全冷卻後，才能用塑膠容器分裝保存。

2 把醬菜從容器中夾取出來享用時，千萬不能混入其他油分或水分，如使用沾濕的手或餐具來夾取。即使鹹度再高的醬菜，一旦混入了其他水分或油分，還是容易變質腐壞。

3 調味較清淡的醬菜，最好是冷藏保存。若是醬菜湯汁較多的醬菜，一個月後可把醬菜湯汁重新煮沸，放涼後再重新倒入，醬菜就可以長時間保存。

▲ 使用耐熱的玻璃容器保存醬菜
因為要倒入滾沸的醬菜湯汁，所以要避免塑膠製容器，使用厚實耐熱的玻璃容器。

6 保存泡菜的注意事項

1 醃漬泡菜用的容器，密封性越佳，就越能防止泡菜與空氣的接觸，維持泡菜的最佳狀態。

2 保存泡菜時要防止劇烈頻繁的溫度變化，切勿使用過大的容器保存，因為拿取泡菜而導致過於頻繁開關蓋時，泡菜的風味就會迅速走味，最好使用適當大小的容器來分裝。

3 想要長久保存泡菜的美味，重點在於需維持新鮮的存放溫度。0～5℃是最適合的溫度，或是直接存放在泡菜冰箱內，若沒有泡菜冰箱，也可以放在冷藏室下層最深處的位置。

4 拿取泡菜時要使用無水無油的器具，拿取之後要再把容器內的泡菜裝壓密實，不讓空氣滲入，才能維持泡菜的美味。

5 若製作了大量的白菜泡菜，可待泡菜適當熟成後，以每½棵泡菜帶部分醃料湯汁的方式，用保鮮袋分裝後冷凍保存，食用前 30 分鐘取出解凍，就可維持泡菜的爽脆口感。值得留意的是，泡菜一旦從冷凍室取出後，時間越久，口感會變得軟韌難嚼，所以要趁泡菜還處在冷凍狀態時，切下需要的分量解凍，其餘的泡菜就放回冷凍庫保存。

▲ 勿用大容器存放泡菜
每次拿取泡菜，都會造成溫度變化而難以維持泡菜的美味，所以不要把泡菜裝在大的容器中，最好使用適當大小的容器來分裝醃漬。裝入容器時，泡菜剖面要朝上，才能更均勻醃漬入味。

醬香醃菜

> 糖醋辣椒
> 糖醋蒜苔
> 糖醋蘿蔔
> 糖醋洋蔥
> 糖醋小黃瓜
> 糖醋蒜頭

糖醋蘿蔔

糖醋辣椒

糖醋洋蔥

糖醋蒜苔

糖醋小黃瓜

+Recipe

拌上辣椒醬變出創意小菜
僅取出醬菜（100g），加入1大匙韓式辣椒醬、1小
匙芝麻、1小匙寡糖（可增減）與1小匙芝麻油混拌
均勻。

活用醬菜湯汁
1　把5大匙醬菜湯汁與¼顆洋蔥末拌勻，可取代醋香
　　醬當作煎餅或油炸料理的沾醬。
2　醬菜吃完時，可把醬菜湯汁重新煮沸來醃漬新醬
　　菜。此時的蔬菜，只要準備醬菜湯汁能完全淹蓋過
　　的分量即可。

糖醋蒜頭

處理食材 處理喜愛的蔬菜

辣椒 洗淨後將水瀝乾，斜切成 1cm 寬的片狀或整條使用。使用整條辣椒時，可用牙籤戳出 3～4 個小洞。

蒜苔 切除兩端後用水洗淨，將水瀝乾並切成 5cm 長段。

白蘿蔔 削除外皮後用水洗淨，將水瀝乾並切成一口大小的塊狀。

洋蔥 剝除外皮後用水洗淨，將水瀝乾並切成四或五等分。

小黃瓜 用刀把表皮小刺刮除再用水洗淨，將水瀝乾並切成 1.5cm 厚的片狀。

蒜頭 切除根部後用水洗淨，將水瀝乾並用牙籤戳出 3～4 個小洞。

製作 製作醬菜湯汁醃漬醬菜

1 把要盛裝醬菜的玻璃容器，用煮滾的熱水消毒並擦乾水分後，放入處理好的蔬菜。

2 湯鍋中放入醬菜湯汁的材料，以大火攪煮至砂糖完全溶解。

3 湯汁煮滾後關火，倒入步驟 **1** 容器中並蓋緊蓋子。待醬菜湯汁完全冷卻後，辣椒、蒜苔、白蘿蔔、洋蔥、小黃瓜醬菜可冷藏保存 3～5 天，蒜頭醬菜要先在室溫下熟成 2～3 天，再放入冷藏室醃漬 7～10 天等待入味。

準備材料

🕐 15～20 分鐘
（不包含熟成時間）
可存放冷藏室 30 天
☐ 蔬菜（辣椒、蒜苔、白蘿蔔、洋蔥、小黃瓜、蒜頭等）1kg

醬菜湯汁
☐ 砂糖 2 杯
☐ 醋 2 杯（400ml）
☐ 釀造醬油 2 杯（400ml）
☐ 水 1 杯（200ml）

醋漬紫蘇高麗菜

+Tip

醃漬享用的最佳時機
酸酸甜甜的醬菜湯汁，將爽口
的高麗菜與香氣濃郁的紫蘇葉
完美融合，很適合炎熱的夏
天。此道料理雖看似醬菜，實
際上卻能當作泡菜與肉類、炸
物、煎餅等油膩料理，或是辣
味食物一起搭配享用。

1 紫蘇葉逐片洗淨,抖落水分後將蒂頭摘除,從中對切。

2 高麗菜逐片洗淨將水瀝乾,切成與紫蘇葉大小相同的四方形。

3 高麗菜浸泡鹽水(1杯水 + 2 小匙鹽)醃漬 30 分鐘,再將水瀝乾。

⊙ 過程中要不時翻攪,才能醃漬均勻。

4 在盛裝醬菜的密封容器中,先放 1 片高麗菜,再放入 2 片紫蘇葉,一層一層的整齊疊放。

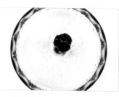

5 把醬菜湯汁的材料,放入食物調理機中攪碎。

6 將醬菜湯汁倒入步驟 4 容器中並蓋上蓋子,放在室溫下熟成 6 小時後再冷藏保存。

準備材料

⏱ **35 ～ 40 分鐘**
(不包含熟成時間)
可存放冷藏室 15 天
☐ 高麗菜 6 ～ 7 片
　(200g)
☐ 紫蘇葉 25 片(50g)

醬菜湯汁
☐ 洋蔥 1/5 顆(40g)
☐ 蒜頭 2 粒(10g)
☐ 砂糖 3 大匙
☐ 醋 3 大匙
☐ 鹽 2 小匙
☐ 冷開水 1 杯
　(200ml)

超簡單醃菜

醃漬青陽辣椒
醃漬彩椒
醃漬蘿蔔
醃漬小黃瓜
醃漬青花菜

醃漬青陽辣椒

醃漬小黃瓜

醃漬彩椒

醃漬青花菜

醃漬蘿蔔

基本家常料理 _chapter 02

處理食材 ## 處理喜愛的蔬菜

青陽辣椒 洗淨後將水瀝乾，切成 1cm 寬片狀。

彩椒 洗淨後將水瀝乾，從長邊對切，摘除蒂頭後切成一口大小。

白蘿蔔 削除外皮後洗淨，將水瀝乾並切成 1×1×5cm 的長條狀。

小黃瓜 用刀刮除表皮小刺後洗淨，將水瀝乾，切成 5cm 的長段，再長切成六等分。

青花菜 切成一口大小，放入煮滾的鹽水（3 杯水 + ½ 小匙鹽）中汆燙 20 秒，沖洗冷水後將水瀝乾。

→根莖部位鮮甜又爽脆，別丟掉可一起使用。

製作 ## 製作醃漬湯汁

1 把要盛裝醃菜的玻璃容器，用煮滾的熱水消毒並擦乾水分後，放入處理好的蔬菜。

2 大盆內加入 1 大匙鹽將檸檬搓洗乾淨，檸檬在滾水中汆燙 30 秒後，取出並沖洗冷水。

3 把檸檬切成四等分，每等分再切成 1cm 厚的片狀。

4 湯鍋中放入醃菜湯汁的材料，以大火煮至砂糖與鹽完全溶解。

→加入檸檬片能增添清爽的味道與香氣。

5 將醃菜湯汁倒入步驟 1 容器中並蓋上蓋子，放在陰涼的地方熟成一天後再冷藏保存。

準備材料

⏱ **15 ～ 20 分鐘**
（不包含熟成時間）
可存放冷藏室 30 天
□ 蔬菜（青陽辣椒、彩椒、白蘿蔔、小黃瓜、青花菜等）1kg

醃菜湯汁
□ 檸檬 1 顆（可省略）
□ 鹽 1 大匙（洗滌檸檬用）
□ 鹽 3 大匙
□ 砂糖 2 杯
□ 醋 3 杯（600ml）
□ 水 2 杯（400ml）

+Recipe

加入香料作醃菜
製作醃菜湯汁時若加入香料，就會像市售醃菜般，達到酸味與甜味的平衡，香料亦能當作天然的防腐劑，延長保存時間。更簡便的方式就是使用 2 小匙醃漬香料（10g），取代肉桂條、胡椒粒、丁香或月桂葉。醃漬香料（pickling spice）在一般大型超市、百貨公司或烘焙材料行，都能以 1 包（40g）50 ～ 150 台幣的價格購入。

白菜泡菜

白泡菜
白菜泡菜
生拌白菜

生拌白菜

白泡菜

白菜泡菜

+Tip

增加白菜分量,製作大
量泡菜時
欲增加四倍的白菜分量,
就要把泡菜醃料增加3.5
倍。剩餘的泡菜醃料還能
活用在生拌蘿蔔絲或蘿蔔
塊泡菜上。

鹽漬白菜

1 切除白菜突出的根部，把因根部切除而掉落的邊葉，擺回原來的位置。

2 白菜根部朝上立起，用刀切至根部約 ⅓ 深處，雙手把白菜掰開。將白菜分成四等分。

3 把白菜放入大盆中，將 ½ 分量的粗鹽，一層層撒在白菜的根莖部位。

4 將剩下的粗鹽溶解在 2 ½ 杯的溫水中，倒入步驟 **3** 大盆內鹽漬 1 小時 30 分鐘。

➔ 過程中要將白菜翻面一次，才能把鹽漬均勻。

5 將鹽漬好的白菜用清水洗淨三次，盛裝在漏勺中靜置 30 分鐘以上，待水分完全瀝乾。

➔ 剖面要向下放，水分才能更快被瀝乾。

1 白泡菜

1 白蘿蔔、洋蔥、黃椒、水梨皆切成絲，蒜頭也切成細絲。

2 大盆中放入白蘿蔔、洋蔥、黃椒、水梨、蒜頭、鹽與韓國魚露拌勻。

3 把調味料放入食物調理機中攪碎。

4 將鹽漬白菜放入步驟 **2** 盆中，從最下方的葉子開始，一層一層地塗抹上泡菜醃料，再把白菜的剖面朝上放入醃漬容器中。

5 將步驟 **4** 盆中剩下的醃料湯汁，拌入調味料後一同倒入泡菜醃漬容器。須在室溫下熟成半天至一天，再放入冷藏室熟成一天後即可享用。

準備材料

鹽漬白菜

★鹽漬方法請參考第 **203** 頁
- 大白菜 2 ～ 3 棵（5kg）
- 粗鹽 400g
- 溫水 15 杯（熱水 3 杯＋冷水 12 杯）

白菜泡菜

⏱ **2 小時 30 分～ 2 小時 40 分鐘**（不包含熟成時間）

可存放冷藏室 **30 天**
- 鹽漬白菜 2 ～ 3 棵分量
- 白蘿蔔 1 條（700g）
- 青蔥 10 根（100g）
- 水芹 15 根（75g）
- 韓國辣椒粉 1 杯
- 鹽 5 大匙＋ 1 小匙
- 韓國鯷魚魚露¼ 杯（50ml）
- 冷開水 1 杯（200ml）

調味料
- 白蘿蔔 1 條（250g）
- 洋蔥¼ 顆（50g）
- 水梨½ 顆（200g）
- 蒜頭 10 粒（50g）
- 薑 1 塊（5g）
- 白飯⅛ 碗（40g）
- 韓國辣椒粉 8 大匙
- 韓國蝦醬 5 大匙（蝦乾 3 大匙＋蝦醬汁 2 大匙）
- 冷開水¾ 杯（150ml）

2 白菜泡菜

1 白蘿蔔先切成 0.5cm 厚的片狀，再整齊切成細絲。

➔蘿蔔絲若切太薄，會很快爛，太粗的話，會與其他食材不相容且抹不進白菜葉內。

2 青蔥與水芹洗淨後，將水瀝乾，再切成 5cm 長段。

3 調味料中的白蘿蔔、洋蔥、水梨都切成 2cm 大小的塊狀，蒜頭切除根部，薑用湯匙刮除外皮。

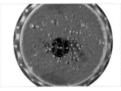

4 把調味料放入食物調理機中攪碎。

➔一般會用麵粉或糯米與蔥泥汁熬煮後做成調味料，為省去此繁瑣步驟，請直接加入白飯。

5 大盆中先將蘿蔔絲與韓國辣椒粉拌出紅色的辣椒水後，加入調味料、5 大匙鹽（可增減）與韓國鯷魚魚露拌勻。

➔若蘿蔔絲先加鹽捏拌，會先出水，等加入辣椒粉時，就拌不出辣椒水了。

6 將青蔥與水芹放入步驟 5 大盆中輕輕抓拌，需留意不要拌出草腥味。

7 將鹽漬白菜放入大盆中，從最下方的葉子開始，塗抹上泡菜醃料。最下方的葉子先抹醃料，接下來以一層塗抹、一層放醃料的方式進行。

➔若有剩餘的泡菜醃料，可與菜包五花肉（作法請參考第 174 頁）一起搭配著吃。

8 完成後將白菜對折，用最外層的葉子包緊，不要讓泡菜醃料掉出來。接著把白菜一棵一棵密實地裝壓進醃漬容器中。

➔白菜只能裝至容器的八分滿，如此發酵時所散發的氣體才能自由流通，泡菜才會更美味。

9 大盆中加入 1 小匙鹽與 1 杯冷開水，將殘留在鍋內的醃料拌勻後，倒入步驟 8 容器中。須在室溫下熟成半天至一天左右，再放入冷藏室熟成一天後即可享用。

3 生拌白菜

1 白菜心從長邊對切，再切成 5cm 長，青蔥切成 5cm 長段。

2 把白菜心根莖部位先放入溫鹽水（½ 杯溫水＋3 大匙鹽）中，再放入菜葉按壓至水中鹽漬 5 分鐘。

→過程中要不時翻動，才能鹽漬均勻。

3 大盆中將調味料混拌均勻。

4 把鹽漬好的白菜心用水洗淨，再將水瀝乾。

5 先把白菜心根莖部位放入調味料中抓拌，再放入菜葉與青蔥輕輕拌勻。

→若先放入菜葉抓拌，菜葉會沾附過多的調味料而變得太鹹。

+Tip

如何挑選製作泡菜的關鍵食材
白菜
外葉被剝除的白菜大多是收割已久的，因此請挑選外層還帶有青綠色菜葉看起來新鮮的。春季白菜要選又大又重的，秋季白菜就選中等大小的（2.5～3kg），根莖結實、菜葉不厚、白菜心呈淺黃色的，就是好吃又爽口的白菜。

粗鹽
請使用未精製過的天日鹽（海鹽）。鹽粒粗大又粒粒分明的為韓國產粗鹽，鹽粒碎裂不完整且含水量少的是中國產的。若使用中國產粗鹽，鹽度不但高，溶解時間又長，在入味前白菜就會被泡爛。

辣椒粉
將乾辣椒直接磨粉使用是最好的，但因為操作不易，還是選購值得信賴的產品。請挑選觸感柔軟、辛辣味不重且色澤暗紅的辣椒粉，摸起來粗糙、辛辣味與色澤都過於強烈明顯的則是中國產的。

蝦醬
熟成良好的蝦醬醬汁是混濁不清澈的，色澤也不是紅色，而是接近灰色。品質越好的蝦醬，散發的是海鮮醬料發酵過的獨特風味，而並非只有蝦味。

生拌白菜
⏱ 10 ～ 15 分鐘
☐ 白菜心或娃娃菜長 15cm，寬 6cm 5 片（250g）
☐ 青蔥 3 根（30g）

調味料
☐ 砂糖 1 大匙
☐ 韓國辣椒粉 1 ½ 大匙
☐ 韓國鯷魚魚露 1 大匙
☐ 蒜末 2 小匙
☐ 韓國蝦醬 1 小匙

白蘿蔔泡菜

醃蘿蔔泡菜
蘿蔔塊泡菜

醃蘿蔔泡菜

蘿蔔塊泡菜

+Tip

蘿蔔塊泡菜與醃蘿蔔泡菜
的差異
蘿蔔塊泡菜是把白蘿蔔切
成一塊塊正方體後，再醃
漬成泡菜，醃蘿蔔泡菜則
是在雪濃湯專門店才比較
吃得到的泡菜，它是把白
蘿蔔切成大塊扁平狀，再
用砂糖與鹽醃漬，味道比
蘿蔔塊泡菜清甜，嚐起來
也較爽口。

1 醃蘿蔔泡菜

1 白蘿蔔去皮後切成1.5cm 厚的片狀，每片再以十字刀法切開。

2 大盆中放入白蘿蔔、砂糖與鹽拌勻，靜置醃漬1小時30分鐘，直到可將蘿蔔彎折，再將水瀝乾。

→過程中要不時翻攪，白蘿蔔才會醃漬均勻。

調味料　汽水

3 將汽水以外的調味料食材放入食物調理機中攪碎，攪碎後再倒入汽水拌勻。

4 大盆中放入醃漬好的白蘿蔔與調味料抓拌均勻，裝入密封容器中。須在室溫下熟成半天至一天，再放入冷藏室熟成一天即可享用。

2 蘿蔔塊泡菜

1 白蘿蔔去皮後切成1.5cm 厚的片狀，每片再切成四邊 1.5cm 大小的方塊狀。

2 大盆內將調味料混勻後放入蘿蔔塊抓拌均勻，再裝入密封容器中。須在室溫下熟成半天至一天，再放入冷藏室熟成一天即可享用。

醃蘿蔔泡菜

🕐 1 小時 40 分～
1 小時 50 分鐘
（不包含熟成時間）

可存放冷藏室 30 天
☐ 白蘿蔔 1 條（1.5kg）
☐ 砂糖 1 大匙
☐ 鹽 1 ½ 大匙

調味料
☐ 洋蔥 ½ 顆（100g）
☐ 蒜頭 5 粒（25g）
☐ 砂糖 2 大匙
☐ 鹽 1 ½ 大匙
☐ 韓國辣椒粉 8 大匙
☐ 韓國鯷魚魚露 3 大匙
（可視鹹度作增減）
☐ 汽水 ½ 杯（100ml）

蘿蔔塊泡菜

🕐 15 ～ 20 分鐘（不包含熟成時間）

可存放冷藏室 30 天
☐ 白蘿蔔 1 條（1.5kg）

調味料
☐ 砂糖 2 大匙
☐ 鹽 2 ½ 大匙
☐ 韓國辣椒粉 8 大匙
☐ 蒜末 2 大匙
☐ 韓國鯷魚魚露 3 大匙
（可視鹹度作增減）

蘿蔔片水泡菜

▍蘿蔔片水泡菜
▍辣味蘿蔔片水泡菜

蘿蔔片水泡菜

辣味蘿蔔片水泡菜

+Tip

如何製作出清澈的
泡菜湯汁
可把步驟 **5** 製作好的湯汁
再過篩一次，湯汁就會變
得更清澈，若是製作辣味
泡菜湯汁，可將辣椒粉用
棉布包好，泡入清澈的湯
汁中搓揉或是直接使用顆
粒更細小的辣椒粉。

1 白蘿蔔去皮後，整齊切成 2.5cm 大小的塊，白菜切成 2.5cm 大小，青蔥切成 2cm 長段。

2 大盆中放入白蘿蔔與白菜，撒上鹽巴醃漬 20 分鐘。鹽漬出的湯水請不要倒掉。

3 把醃料放入食物調理機中攪碎後，倒入厚底湯鍋中以中小火燒煮，待煮滾後繼續拌煮 3 分鐘再關火放涼。

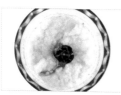

4 將調理機洗淨，放入調味料食材攪碎。

5 醃漬容器中加入 15 杯冷開水、醃料及調味料拌勻。

→ 若要製作辣味泡菜湯汁，可加入 2 大匙韓國辣椒粉。

6 將醃漬好的白蘿蔔與白菜、鹽漬出的湯水與青蔥，放入步驟 **5** 容器並蓋上蓋子。須在室溫下熟成一天，再放入冷藏室熟成半天即可享用。

⏱ **30 ～ 35 分鐘**
（不包含熟成時間）
可存放冷藏室 14 天
☐ 白蘿蔔 1 條（300g）
☐ 大白菜¼棵（300g）
☐ 青蔥 3 根（30g）
☐ 鹽 2 大匙
☐ 冷開水 14 杯

醃料
☐ 白飯¼碗（50g）
☐ 水½杯（100ml）

調味料
☐ 水梨⅙顆（約 65g，
　　或水梨汁 6 ½大匙）
☐ 白蘿蔔 ¼條（25g）
☐ 蒜頭 3 粒（15g）
☐ 薑 2 塊（10g）
☐ 砂糖 1 ½大匙
☐ 鹽 4 大匙
☐ 水 1 杯（200ml）

蘿蔔葉泡菜

▌蘿蔔葉水泡菜
▌蘿蔔葉泡菜

蘿蔔葉水泡菜

蘿蔔葉泡菜

醃漬蘿蔔葉泡菜的
注意事項
挑揀或清洗蘿蔔葉時不能
太用力,以免碰傷蘿蔔葉
產生草腥味。先摘除枯黃
的蘿蔔葉、根莖與蘿蔔間
粗糙的部分,接著拿刀由
莖往根部的方向,刮淨殘
留在蘿蔔上的泥土。清洗
時要倒入足以蓋過蘿蔔
葉的水,浸泡 30 分鐘後
再輕輕抓洗乾淨,如此能
徹底洗淨又不會產生草腥
味。醃漬蘿蔔葉時只要翻
動一次,裝入密封容器中
也不要按壓,這樣才能防
止草腥味的產生。

1 蘿蔔葉水泡菜

1 用刀把蘿蔔外皮刮淨後，泡在冷水中輕輕抓洗，不要洗出草腥味。

2 較大的蘿蔔葉對切，根莖與葉子切成 5cm 長段。撒鹽醃漬 20 ～ 30 分鐘，直到蘿蔔葉的莖可以彎折。

3 用刀刮除小黃瓜表皮的小刺，從長邊對切成四等分，每等分去籽後再切成 5cm 長。大蔥與青、紅辣椒則斜切成片。

4 蘿蔔葉泡入冷水，輕輕抓洗，將水瀝乾。

5 把調味料放入食物調理機中，攪碎後倒入大盆，放入小黃瓜與蘿蔔葉輕拌，再放入大蔥與青、紅辣椒拌勻，最後包上保鮮膜，室溫下熟成 6 小時。

6 把步驟 5 裝入密封容器中，倒入 4 ½ 杯冷開水，放在室溫下熟成 6 小時後，再放入冷藏室中保存著吃。

2 蘿蔔葉泡菜

1 用刀把蘿蔔外皮刮淨後，泡在冷水中輕輕抓洗，不要洗出草腥味。

2 切下蘿蔔，較大的蘿蔔再對切，根莖與葉子切成 5cm 長段。大蔥與青、紅辣椒則斜切成片。

3 把醃料放入食物調理機中攪碎後，倒入厚底湯鍋中以中小火燒煮，待煮滾後繼續拌煮 3 分鐘再關火放涼。

4 調理機洗淨，放入調味料攪碎。取一大盆，放入攪碎的調味料、醃料與 ¼ 杯冷開水拌勻。

5 把蘿蔔葉放入步驟 4 大盆中輕輕拌勻，再放入大蔥與青、紅辣椒輕輕拌勻。

6 把步驟 5 裝入密封容器中，放在室溫下熟成 6 小時後，再放入冷藏室中保存著吃。

小黃瓜泡菜

小黃瓜塊泡菜
夾料小黃瓜泡菜

小黃瓜塊泡菜

夾料小黃瓜泡菜

+Tip

爽脆小黃瓜泡菜的
醃漬祕訣
小黃瓜受熱後會變得更加
爽脆，所以小黃瓜醃好後
澆淋點熱水，就能醃漬出
不軟不爛，久放後依舊能
維持脆口的小黃瓜泡菜。
若是醃好後要立即享用的
人，也可以不淋熱水，直
接用冷水洗過。

1 小黃瓜塊泡菜

1 用刀刮除小黃瓜表皮的小刺後洗淨，將水瀝乾。從長邊對切四等分，每等分去籽後再切成 2cm 塊狀。

2 大盆內放入小黃瓜與醃漬材料，抓醃均勻後靜置 15 分鐘。

→砂糖與鹽一同抓醃，不但不會太鹹，還能快速逼出水分，縮短醃漬的時間。

3 韭菜洗淨後將水瀝乾，切成 1cm 長段。把韓國蝦醬均勻剁碎。

→蝦醬要剁碎，醃好的泡菜才會均勻入味也更好吃。

4 用漏勺裝著小黃瓜，均勻澆淋上 3 杯熱水，沖洗冷水後將水瀝乾。

5 大盆內將調味料混勻，再放入小黃瓜拌勻。

6 把韭菜加入步驟 **5** 盆中，輕輕拌勻後就能立即享用，或是裝在密封容器中冷藏保存。

2 夾料小黃瓜泡菜

1 用刀刮除小黃瓜表皮的小刺後洗淨，再將水瀝乾。切成 6cm 長段後立起來，以十字刀法切至 4cm 深。

2 大盆內放入小黃瓜與醃漬材料，抓醃均勻後靜置 15 分鐘。

→砂糖與鹽一同抓醃，不但不會太鹹，還能快速逼出水分，縮短醃漬的時間。

3 韭菜洗淨後將水瀝乾，再切成 3cm 長段。把韓國蝦醬剁碎。

→蝦醬要剁碎，醃好的泡菜才會均勻入味也更好吃。

4 用漏勺裝著小黃瓜，均勻澆淋上 3 杯熱水，沖洗冷水後將水瀝乾。

5 大盆內將調味料混勻，再放入韭菜拌勻，製作成泡菜夾料。

6 把步驟 **5** 夾料平均夾抹在小黃瓜內後就能立即享用，或是裝在密封容器中冷藏保存。

準備材料

小黃瓜塊泡菜
⏱ **20 ～ 25 分鐘**
可存放冷藏室 7 天
☐ 小黃瓜 4 條（800g）
☐ 韭菜 1 把（50g）

醃漬材料
☐ 砂糖 1 大匙
☐ 鹽 1 ½ 大匙
☐ 水 1 大匙

調味料
☐ 鹽⅓大匙
☐ 韓國辣椒粉 4 大匙
☐ 蒜末 1 大匙
☐ 韓國蝦醬 1 大匙
（蝦乾⅔大匙＋蝦醬汁⅓大匙）
☐ 果寡糖或韓國醃梅汁 1 大匙

夾料小黃瓜泡菜
⏱ **20 ～ 25 分鐘**
可存放冷藏室 7 天
☐ 小黃瓜 4 條（800g）
☐ 韭菜 1 把（50g）

醃漬材料
☐ 砂糖 1 大匙
☐ 鹽 1 ½ 大匙
☐ 水 1 大匙

調味料
☐ 鹽⅓大匙
☐ 韓國辣椒粉 4 大匙
☐ 蒜末 1 大匙
☐ 韓國蝦醬 1 大匙
（蝦乾⅔大匙＋蝦醬汁⅓大匙）
☐ 果寡糖或韓國醃梅汁 1 大匙
☐ 冷開水 4 大匙

香蔥泡菜
韭菜泡菜

香蔥泡菜

韭菜泡菜

+Tip

蔬菜沾有大量泥沙時的
洗滌技巧
韭菜或蔥等根部容易沾有
大量泥沙的蔬菜，要先在
大盆冷水中浸泡 5 ～ 10
分鐘，灰塵與泥沙才會被
泡出並沉澱在盆底，接著
再用水洗，就能洗乾淨。

1 香蔥泡菜

1 切除青蔥根部，剝除枯黃的外皮。

2 把挑揀好的蔥泡水洗淨後，將水瀝乾。

3 把醃料食材放入食物調理機中攪碎。

4 將醃料倒入厚底湯鍋中以中小火燒煮，待煮滾後繼續拌煮 3 分鐘再關火放涼。

5 大盆中將調味料混勻，再加入醃料拌勻。

6 把青蔥攤平放入密封容器中，用手把調味料均勻塗抹在每根青蔥上。須在室溫下熟成一天，再放入冷藏室熟成半天即可享用。

→ 也能拌入芝麻與芝麻油，當作生拌菜直接享用。

2 韭菜泡菜

1 抖落韭菜上的泥沙並摘除枯黃的葉子，泡水洗淨後將水瀝乾。

2 把醃料食材放入食物調理機中攪碎。

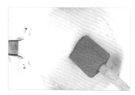

3 將醃料倒入厚底湯鍋中以中小火燒煮，待煮滾後繼續拌煮 3 分鐘再關火放涼。

4 大盆中將調味料混勻，再加入醃料拌勻。

5 把韭菜攤平放入密封容器，用手把調味料均勻塗抹在每根韭菜上。可以立即享用，或在室溫下熟成 3 ～ 4 小時，再放入冷藏室中保存。

準備材料

香蔥泡菜

⏱ **25 ～ 30 分鐘**（不包含熟成時間）
可存放冷藏室 15 天
☐ 青蔥 40 根（400g）

醃料
☐ 白飯 ½ 碗（100g）
☐ 水 1 杯（200ml）

調味料
☐ 韓國辣椒粉 6 大匙
☐ 蒜末 1 大匙
☐ 韓國鯷魚魚露 5 大匙（可增減）
☐ 砂糖 2 ½ 小匙

韭菜泡菜

⏱ **25 ～ 30 分鐘**（不包含熟成時間）
可存放冷藏室 7 天
☐ 韭菜 8 把（400g）

醃料
☐ 白飯 ½ 碗（100g）
☐ 水 1 杯（200ml）

調味料
☐ 韓國辣椒粉 6 大匙
☐ 蒜末 1 大匙
☐ 韓國鯷魚魚露 4 大匙（可增減）
☐ 砂糖 2 ½ 小匙

chapter
03

鮮香味美又暖人身心
基本湯品料理

- 開胃冷湯
- 家常湯品
- 味噌醬湯
- 砂鍋湯
- 風味湯

現代人雖不像以前三餐都要喝湯，但餐桌上若少了一鍋美味熱湯，還是會令人感到有些空虛吧。而無論是家常湯還是砂鍋湯，要完美熬煮出其湯品風味並非如想像中的容易。尤其是對料理毫無自信的初學者們，一定都有過費盡心思熬煮好的湯，但味道就是不對，重煮幾次後就放棄的經驗吧。

本章將介紹多道簡單又容易上手的湯品食譜，從清爽開胃的冷湯、湯色清澈的家常湯、濃郁香醇的味噌湯，到充滿層次與深度、香辣又帶勁的砂鍋湯與風味湯，甚至還要公開鮮美高湯的熬製祕訣。請拿出自信跟著一起挑戰吧！

應用最普遍的 **3** 大基本高湯

調味上最令料理新手們頭痛的菜色,非湯品莫屬,
因為要單靠天然食材熬煮出深度風味並不容易。
以下我們將針對 3 種基本高湯作法做完整的詳細介紹!
你還可以大量熬煮好後裝在塑膠瓶中冷藏保存,或是密封冷凍,
之後就能快速煮好一鍋鮮美熱湯。

1 昆布小魚高湯

小魚乾是最常被用來熬製高湯的食材。熬湯用小魚乾要選擇帶金黃色、鱗片泛銀光且散發清新香氣的。以秋末至隔年春季所捕抓的小魚所製成高湯用小魚乾,拿來熬煮高湯最是美味。

材料 熬湯用小魚乾 15 尾(15g),昆布 5×5cm 2 片,水 4 ½杯(900ml)

1 將所有材料放入湯鍋中以大火燒煮。

2 煮滾後轉中小火,燒煮 5 分鐘後撈出昆布片,再燒煮 10 分鐘後將小魚乾撈出。

→撈出的昆布片可切成絲,放入砂鍋或熱湯中一起食用。

→過程中要用湯匙撈除湯渣泡沫,高湯才能清澈。

 **Tip**

清澈高湯的燉煮祕訣
小魚乾可以不摘除其內臟直接使用,但請用中小火慢慢燒煮。若想事先去除內臟,可先把魚頭摘除後剪開腹部取出內臟,再放入乾鍋中以中小火炒 1 分鐘,就能減少魚腥味的產生。

熬好的高湯分量不足時
按食譜所完成的高湯分量約為 3 ½杯(700ml),若不足此分量時請再多加些清水。

2 鮮蛤高湯

以海鮮食材為主的湯品或砂鍋湯,加入鮮蛤高湯作為湯底則更能堆疊出深度與層次。熬製高湯時常用花蛤或環文蛤,花蛤能帶出湯頭的鮮美;環文蛤則能增添湯頭的清爽甘甜,同時混用或擇一使用皆可。使用已吐沙處理過的市售袋裝蛤蠣,就能輕鬆熬煮出鮮蛤高湯。

材料 已吐沙處理的蛤蠣 1 包(花蛤或環文蛤,200g)蒜頭 3 粒,清酒 2 大匙,水 4 杯(800ml)

 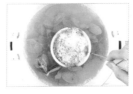

1 蒜頭切片並與其他材料一同放入湯鍋中以大火燒煮。

2 煮滾後撈除湯渣泡沫,燒煮 10 分鐘後用濾網過濾出高湯。蛤蠣不要丟棄,可在煮湯或砂鍋的最後步驟放入,或是使用在其他料理。

 Tip

蛤蠣吐沙處理的方法
把蛤蠣泡在薄鹽水(5 杯水 + 2 小匙鹽)中,蓋上深色托盤或是保鮮膜靜置 30 分鐘,再用清水洗淨即可使用。

3 牛肉高湯作法

同時使用帶點油花與香氣的牛腩肉和清香Q彈的牛腱肉製作牛肉高湯是最好不過的。熬煮前要先把肉塊泡入冷水中去除血水,熬製時要不斷撈除湯渣泡沫,才能煮出鮮甜高湯。此外,若加入昆布片,昆布與牛肉的美味相互融合,更能增添高湯的風味。

材料 牛腩肉 300g,牛腱肉 150g,白蘿蔔 1 條(150g),大蔥(蔥綠)15cm 1 根,蒜頭 2 粒(10g),昆布 5×5cm 2 片,水 10 杯(2L)

牛肉炒製後熬煮成高湯
如同製作牛肉蘿蔔湯,是把所有食材一同拌炒後再加水熬煮成湯。熱好的鍋中倒入芝麻油,先放入切成一口大小的牛肉,再放入其他食材或清水熬煮成湯。因為牛肉有事先炒過,熬煮時不會流失太多肉汁而導致湯變混濁,但是會產生肉渣泡沫,一定要撈除乾淨。

1 牛肉浸泡冷水 30 分鐘~1 小時泡除血水。

2 把牛肉放入滾水中,燒煮 2 分鐘後把水瀝掉。接著放入昆布片以外的材料並蓋上鍋蓋以大火燜煮。

3 煮滾後轉中小火燜煮 1 小時 20 分鐘,再放入昆布片燜煮 5 分鐘,最後用濕棉布過濾出高湯,燒煮過程中要不時撈除湯渣泡沫。

4 煮熟的牛肉可順著紋理撕開或用刀切細後放入湯中一起食用。

1 利用明太魚頭增添風味
切下的明太魚頭不要丟棄,加入高湯中熬煮能增添清爽風味。湯鍋中放入 4 杯水、明太魚頭、白蘿蔔 100g、大蔥 15cm 1 根,煮滾後就是香氣十足的高湯湯底。若再加入 15 尾熬湯用小魚乾一同燒煮,則會讓香氣更為濃郁。製作好的高湯可當作韓式味噌湯或刀削麵的湯底,甚至可以在醃製白菜泡菜時,以明太魚高湯調製醃料,增添泡菜風味的深度。

2 利用柴魚片增添風味
日本料理中最基本的高湯。湯鍋中放入 4 杯水、2 片昆布(5×5cm)以大火燒煮,煮滾後關火放入 1 杯柴魚片浸泡 5 分鐘,再用濾網過濾出高湯。柴魚片若加熱煮會產生苦味,所以一定要關火浸泡。製作好的高湯能當作烏龍麵或是日式味噌湯的湯底。

開胃冷湯

▌紫茄冷湯
▌黃瓜海帶芽冷湯

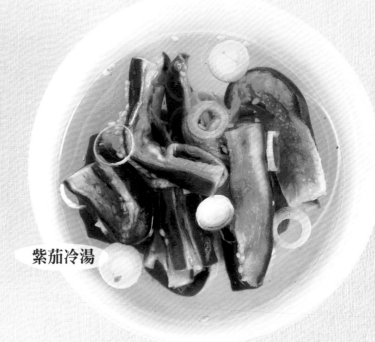

紫茄冷湯

黃瓜海帶芽冷湯

+Recipe

快速做出美味冷湯
你也能利用市售冷麵高湯
取代食譜中的高湯材料。
但是冷麵高湯多已調味，
加入已調味的小黃瓜或茄
子後恐會過鹹，請先嚐過
高湯味道，再加入冰塊或
冷開水作調整。此外，還
能按個人喜好搭配上醋與
韓式黃芥末醬，湯頭的美
味度將會更為提升。

1 紫茄冷湯

1 將高湯材料混合均勻後，放入冷藏。

➔也能放入冷凍庫冰至稍微結冰，表面有一層薄冰不僅吃起來會更冰涼，還能讓冷湯看起來更可口。

2 切除茄子蒂頭，從長邊對切後再切成三等分。大蔥切細。

3 茄子外皮朝下放入已冒出蒸氣的蒸籠，蓋上鍋蓋以中小火蒸5分鐘。

➔若切面朝下，茄肉直接碰觸水蒸氣會容易被蒸爛。

4 大盆中把調味料混合均勻。

5 蒸好的茄子外皮朝下置於盤中放涼，再用手撕成1cm寬，把茄子放入調味料中拌勻。

6 把步驟**1**高湯倒入步驟**5**盆中，同時加入大蔥、芝麻、芝麻油拌勻。也可以加點冰塊。

2 黃瓜海帶芽冷湯

1 將高湯材料混合均勻後，放入冷藏。

➔也能放入冷凍庫冰至稍微結冰。

2 海帶芽浸泡冷水中泡發10分鐘。

➔若是長型的海帶芽，擠乾水分後切成2cm寬。

3 用刀刮除小黃瓜表面的刺並用水洗淨，先斜切成0.5cm厚的片狀再切成細絲。紅辣椒切細。

4 把泡發的海帶芽放入滾水中汆燙30秒，取出泡入冷水中抓洗至不起泡沫為止，將水擠乾。

➔若是冷湯專用海帶芽則無需汆燙。

5 大盆中放入海帶芽、小黃瓜、紅辣椒、砂糖、醋、鹽抓拌均勻。

6 把高湯倒入步驟**5**盆中，同時撒上芝麻，也可以加點冰塊。

➔或是不加高湯，直接當作醋拌黃瓜海帶芽享用。

準備材料

紫茄冷湯
⏱ **15 ～ 20 分鐘**
- ☐ 茄子 2 條（300g）
- ☐ 大蔥（蔥白）10cm 1 根
- ☐ 芝麻 1 小匙
- ☐ 芝麻油 ½ 小匙

高湯
- ☐ 砂糖 2 大匙
- ☐ 醋 1 ½ 大匙
- ☐ 鹽 2 小匙
- ☐ 冷開水 3 杯（600ml）

調味料
- ☐ 砂糖 1 大匙
- ☐ 醋 1 大匙
- ☐ 韓式醬油 1 大匙
- ☐ 韓國辣椒粉 1 小匙
- ☐ 蒜末 ½ 小匙

黃瓜海帶芽冷湯
⏱ **15 ～ 20 分鐘**
- ☐ 乾海帶芽 2 ½ 把（10g，或已泡發的冷湯專用海帶芽 100g）
- ☐ 小黃瓜 ½ 條（100g）
- ☐ 紅辣椒 1 條
- ☐ 砂糖 1 大匙
- ☐ 醋 2 大匙
- ☐ 鹽 ½ 小匙
- ☐ 芝麻 1 小匙

高湯
- ☐ 砂糖 1 ½ 大匙
- ☐ 醋 3 大匙
- ☐ 鹽 1 小匙
- ☐ 冷開水 2 杯（400ml）

家常湯品

蛋花湯
櫛瓜湯
馬鈴薯湯

蛋花湯

櫛瓜湯

馬鈴薯湯

+Tip

滑嫩蛋花湯的燉煮祕訣
蛋花湯的重點就是要維持蛋
絲的滑嫩。若倒入蛋液後馬
上攪拌，湯底容易變濁，倒
入蛋液後要等待6～7秒，
再輕輕地攪拌數次。此外，
雞蛋久煮後口感會變硬不好
吃，因此只要煮約2～3分
鐘讓蛋液有點膨脹凝固，就
可關火利用餘熱將蛋煮熟。

處理共同食材 製作昆布小魚高湯 請參考第 218 頁

1 蛋花湯

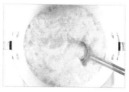

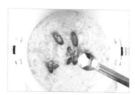

1 取空碗將蛋打散。洋蔥切成細絲。大蔥與紅辣椒斜切成片。

2 湯鍋中加入昆布小魚高湯與洋蔥以大火燒煮，煮滾後繞圈倒入蛋液並用湯匙攪拌後煮 3 分鐘。

3 最後放入大蔥、紅辣椒、鹽煮 30 秒。

蛋花湯
⊙ **25 ～ 30 分鐘**
□ 雞蛋 2 顆
□ 洋蔥¼顆（50g）
□ 大蔥（蔥白）15cm 1 根
□ 紅辣椒 1 條（可省略）
□ 昆布小魚高湯 3 ½杯（700ml）
□ 鹽½小匙（可增減）

2 櫛瓜湯

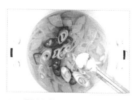

1 櫛瓜從長邊對切四等分，再切成 0.5cm 厚的片狀。洋蔥切絲。大蔥與紅辣椒斜切成片。

2 湯鍋中加入昆布小魚高湯、櫛瓜、洋蔥以大火燒煮，煮滾後轉中小火煮 5 分鐘。

3 最後放入大蔥、紅辣椒、鹽煮 30 秒。

櫛瓜湯
⊙ **25 ～ 30 分鐘**
□ 櫛瓜½條（135g）
□ 洋蔥¼顆（50g）
□ 大蔥（蔥白）15cm 1 根（可省略）
□ 紅辣椒 1 條
□ 昆布小魚高湯 3 ½杯（700ml）
□ 鹽½小匙（可增減）

3 馬鈴薯湯

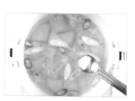

1 馬鈴薯去皮後以十字刀法切成四等分，再切成 0.5cm 厚的片狀。大蔥與青陽辣椒斜切成片。

2 湯鍋中加入昆布小魚高湯、馬鈴薯以大火燒煮，煮滾後轉中小火煮 6 分鐘。

3 最後放入大蔥、青陽辣椒、鹽煮 30 秒。

馬鈴薯湯
⊙ **25 ～ 30 分鐘**
□ 馬鈴薯 1 個（200g）
□ 大蔥（蔥白）15cm 1 根
□ 青陽辣椒或青辣椒 1 條（可省略）
□ 昆布小魚高湯 3 ½杯（700ml）
□ 鹽½小匙（可增減）

泡菜湯·黃豆芽湯

泡菜湯
泡菜黃豆芽湯
黃豆芽湯

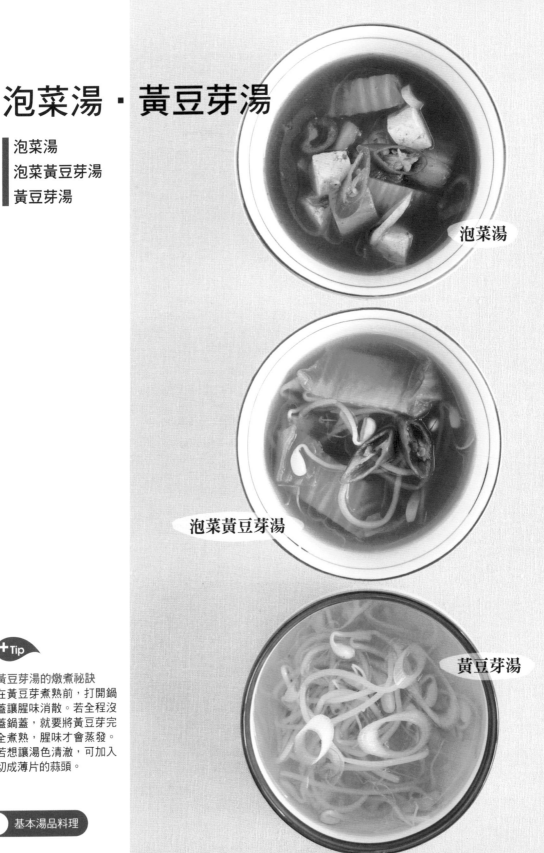

泡菜湯

泡菜黃豆芽湯

黃豆芽湯

+Tip

黃豆芽湯的燉煮祕訣
在黃豆芽煮熟前，打開鍋
蓋讓腥味消散。若全程沒
蓋鍋蓋，就要將黃豆芽完
全煮熟，腥味才會蒸發。
若想讓湯色清澈，可加入
切成薄片的蒜頭。

處理共同食材 製作昆布小魚高湯 請參考第 218 頁

請參考第 218 頁

1 泡菜湯

  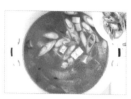

1 豆腐切成四邊 1cm 大小的塊狀，大蔥與青陽辣椒斜切成片。泡菜切成 1cm 寬。

2 熱好的湯鍋中倒入油，放入蒜末與泡菜以中小火炒 3 分鐘，接著倒入昆布小魚高湯並轉大火燒煮。

3 煮滾後轉中小火煮 4 分鐘，再放入豆腐、大蔥、青陽辣椒、鹽煮 1 分鐘。

2 泡菜黃豆芽湯

1 黃豆芽在水中抓洗乾淨後，將水瀝乾。大蔥與青陽辣椒斜切成片。泡菜切成 2cm 寬。

2 湯鍋中倒入昆布小魚高湯以大火燒煮，煮滾後加入泡菜、黃豆芽、泡菜湯汁並轉中火煮 3 分鐘。

3 放入蒜末與韓國蝦醬煮 2 分鐘，並用湯匙撈除湯渣泡沫，再放入大蔥與青陽辣椒煮 30 秒。

3 黃豆芽湯

  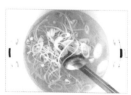

1 黃豆芽在水中抓洗乾淨後，將水瀝乾。大蔥斜切成片。

2 湯鍋中加入昆布小魚高湯與黃豆芽，蓋上鍋蓋，以大火煮 5 分鐘後關火。

3 打蓋鍋蓋加入大蔥、鹽、蒜末開大火燒煮，煮滾後再煮 1 分鐘。

準備材料

泡菜湯

⏱ **25 ～ 30 分鐘**
- □ 熟成的白菜泡菜 1⅓ 杯（200g）
- □ 豆腐⅓塊（100g）
- □ 大蔥（蔥白）15cm 1 根
- □ 青陽辣椒 1 條
- □ 食用油 1 大匙
- □ 蒜末½大匙
- □ 昆布小魚高湯 3½杯（700ml）
- □ 鹽少許（可增減）

泡菜黃豆芽湯

⏱ **25 ～ 30 分鐘**
- □ 熟成的白菜泡菜½杯（200g）
- □ 黃豆芽 1 把（50g）
- □ 大蔥（蔥白）15cm 1 根
- □ 青陽辣椒 1 條
- □ 昆布小魚高湯 3½杯（700ml）
- □ 泡菜湯汁⅓杯
- □ 蒜末½大匙
- □ 韓國蝦醬 1 大匙（蝦乾½大匙＋蝦醬汁½大匙，視鹹度作增減）

黃豆芽湯

⏱ **25 ～ 30 分鐘**
- □ 黃豆芽 2 把（100g）
- □ 大蔥（蔥白）15cm 1 根
- □ 昆布小魚高湯 3½杯（700ml）
- □ 鹽或韓國蝦醬 1 小匙
- □ 蒜末 1 小匙

明太魚絲湯

> 黃豆芽明太魚絲湯
> 蘿蔔明太魚絲湯
> 蛋香明太魚絲湯

黃豆芽明太魚絲湯

蘿蔔明太魚絲湯

蛋香明太魚絲湯

+Tip

若使用整片明太魚乾
若要使用一整片的明太
魚乾，可用濕棉布包好
魚乾並靜置一下，再用
擀麵棍在上頭來回擀
壓。待明太魚乾變軟後
就可以照著紋理撕成魚
絲，再按相同方式調理
湯品即可。

處理共同食材 泡發明太魚絲＆醃漬

1 把明太魚絲浸入 4 杯溫水中泡 15 分鐘，泡過的水也能當湯底。

2 擠乾水分，明太魚絲剪成 5cm 長段，加入清酒、蒜末、2 小匙芝麻油抓醃。

➔ 明太魚絲先用醃料抓醃後才會更美味。

1 黃豆芽明太魚絲湯

1 黃豆芽在水中抓洗乾淨後，將水瀝乾。大蔥斜切成片。

2 湯鍋中倒入芝麻油，加入明太魚絲小火炒 2 分鐘，加水、黃豆芽、昆布並轉大火燒煮。

3 煮滾後轉中小火，10 分鐘後撈出昆布片，再加入韓式醬油、鹽，最後放大蔥煮 1 分鐘。

➔ 要用湯匙撈除湯渣泡沫。

2 蘿蔔明太魚絲湯

1 白蘿蔔去皮後切成 5cm 長的細絲。大蔥斜切成片。

2 湯鍋中倒入芝麻油，加入明太魚絲小火炒 30 秒，再放入白蘿蔔絲炒 1 分 30 秒，加入水、昆布轉大火燒煮。

3 煮滾後轉中小火煮 5 分鐘，加入韓式醬油並轉中火煮 4 分鐘，最後撈出昆布片並加入大蔥、鹽煮 1 分鐘。

➔ 要用湯匙撈除湯渣泡沫。

3 蛋香明太魚絲湯

  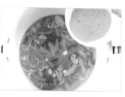

1 取空碗將蛋打散。大蔥斜切成片。

2 熱好的湯鍋中倒入芝麻油，加入明太魚絲小火炒 2 分鐘，加入水、昆布並轉大火煮滾再轉中小火煮 10 分鐘。

3 撈出昆布片並加入韓式醬油、鹽、胡椒粉調味，再放入大蔥與蛋液並快速攪拌後煮 1 分鐘。

➔ 要用湯匙撈除湯渣泡沫。

準備材料

黃豆芽明太魚絲湯
- ⏱ **25～30 分鐘**
- ☐ 明太魚絲 2 杯（50g）
- ☐ 黃豆芽 2 把（100g）
- ☐ 大蔥（蔥白）15cm 1 根
- ☐ 溫水 4 杯（800ml，泡發明太魚絲用）
- ☐ 清酒 1 大匙
- ☐ 蒜末 1 小匙
- ☐ 芝麻油 1 大匙
- ☐ 昆布 5×5cm 3 片
- ☐ 韓式醬油 1 大匙
- ☐ 鹽 ¼ 小匙
- ☐ 胡椒粉少許

蘿蔔明太魚絲湯
- ⏱ **25～30 分鐘**
- ☐ 明太魚絲 2 杯（50g）
- ☐ 白蘿蔔 1 條（150g）
- ☐ 大蔥（蔥白）15cm 1 根
- ☐ 溫水 4 杯（800ml，泡發明太魚絲用）
- ☐ 清酒 1 大匙
- ☐ 蒜末 1 小匙
- ☐ 芝麻油 1 大匙
- ☐ 昆布 5×5cm 3 片
- ☐ 韓式醬油 1 小匙
- ☐ 鹽 ⅔ 小匙

蛋香明太魚絲湯
- ⏱ **25～30 分鐘**
- ☐ 明太魚絲 2 杯（50g）
- ☐ 雞蛋 2 顆
- ☐ 大蔥（蔥白）15cm 1 根
- ☐ 溫水 4 杯（800ml，泡發明太魚絲用）
- ☐ 清酒 1 大匙
- ☐ 蒜末 1 小匙
- ☐ 芝麻油 1 大匙
- ☐ 昆布 5×5cm 3 片
- ☐ 韓式醬油 1 大匙
- ☐ 鹽 ¼ 小匙
- ☐ 胡椒粉少許

家常味噌湯

菠菜味噌湯
白菜味噌湯

菠菜味噌湯

白菜味噌湯

+Tip

市售改良式味噌與
傳統式味噌的差異
使用市售改良式味噌的烹
調時間不可過長（10～15
分鐘內），才能煮出香濃
又清澈的湯底。相反地，
傳統味噌要久煮才能釋放
出深層風味。其顏色比改
良式的要來得深、鹹度也
較高，使用時可按食譜用
量減半或試味道後調整。

+Recipe

利用鮮蛤高湯煮味噌湯
可用同等分量的鮮蛤高湯
（製作方式請參考第218
頁）取代昆布小魚高湯，
再按相同方式調理湯品。
從高湯中撈出的蛤蠣，可
在最後與大蔥、青陽辣椒
或蒜末一同加入湯中燒煮。

處理共同食材 **製作昆布小魚高湯** 請參考第 218 頁

準備材料

菠菜味噌湯

⏱ **30 ～ 35 分鐘**
☐ 菠菜 2 把（100g）
☐ 大蔥（蔥白）15cm
　 1 根
☐ 昆布小魚高湯 3 ½ 杯
　（700ml）
☐ 韓式味噌醬 2 ½ 大匙
　（視鹹度作增減）
☐ 蒜末 1 小匙

白菜味噌湯

⏱ **30 ～ 35 分鐘**
☐ 大白菜 2 片（100g）
☐ 青陽辣椒 1 條
　（可省略）
☐ 昆布小魚高湯 3 ½ 杯
　（700ml）
☐ 韓式味噌醬 2 ½ 大匙
　（視鹹度作增減）
☐ 蒜末 1 小匙

1 菠菜味噌湯

1 將菠菜在水裡抓洗幾次，把藏在菜葉中的泥沙清除乾淨。

2 摘除枯黃的菠菜葉，根部若沾有泥土，用刀輕輕刮除。

3 把比較大棵的菠菜，在根底切十字分成四等分，較長的則切成一半。

  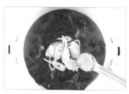

4 大蔥斜切成片。

5 湯鍋中倒入昆布小魚高湯以大火燒煮，煮滾後溶入韓式味噌醬並放入菠菜燒煮。

6 待再次煮滾後蓋上鍋蓋，轉中火燜煮 10 分鐘，最後放入大蔥與蒜末煮 1 分鐘。

2 白菜味噌湯

  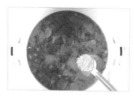

1 白菜葉從長邊對切，再切成 2cm 寬。青陽辣椒切細。

2 湯鍋中倒入昆布小魚高湯以大火燒煮，煮滾後溶入韓式味噌醬並放入白菜葉燒煮。

3 待再次煮滾後蓋上鍋蓋，轉中火燜煮 10 分鐘，最後放入青陽辣椒與蒜末煮 1 分鐘。

風味味噌湯

薺菜味噌湯
冬莧菜味噌湯

薺菜味噌湯

冬莧菜味噌湯

+Recipe

甜菜葉味噌湯
彎折甜菜葉（⅔把，100g）
根莖底部，剝除透明絲狀
纖維質後切成四邊2cm大
小，取代薺菜或冬莧菜加
入，再按相同方式調理。

1 薺菜味噌湯

1 摘除枯黃的薺菜葉，浸泡水中輕輕將根部泥土洗淨。

2 用小刀去除殘留在根與莖部間的泥土，再將根部的鬚根與泥土刮除後沖水洗淨。

3 大蔥斜切成片。

4 湯鍋中倒入昆布小魚高湯以大火燒煮，煮滾後溶入韓式味噌醬並放入薺菜燒煮。

5 煮滾後蓋上鍋蓋，轉中小火燜煮 10 分鐘，最後放入大蔥與蒜末煮 1 分鐘。

2 冬莧菜味噌湯

1 彎折冬莧菜根莖底部，剝除透明絲狀纖維質並切除老莖部，僅使用鮮嫩的根莖與菜葉。

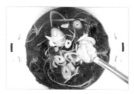

2 把冬莧菜浸泡水中抓洗，洗至滲出綠色汁液後，替換幾次清水洗淨。

3 擠乾水分，以十字刀法把成團的冬莧菜切開。大蔥斜切成片。

4 湯鍋中倒入昆布小魚高湯以大火燒煮，煮滾後溶入韓式味噌醬並放入冬莧菜與蝦乾燒煮。

5 煮滾後蓋上鍋蓋，轉中火燜煮 10 分鐘，最後放入大蔥與蒜末煮 1 分鐘。

→要用湯匙撈除湯渣泡沫。

薺菜味噌湯

⏱ **30 ～ 35 分鐘**
☐ 薺菜 5 把（100g）
☐ 大蔥（蔥白）15cm 1 根
☐ 昆布小魚高湯 3 ½ 杯（700ml）
☐ 韓式味噌醬 2 ½ 大匙（視鹹度作增減）
☐ 蒜末 1 小匙

冬莧菜味噌湯

⏱ **30 ～ 35 分鐘**
☐ 冬莧菜 1 把（100g）
☐ 切頭蝦乾 ½ 杯（12g）
☐ 大蔥（蔥白）15cm 1 根
☐ 昆布小魚高湯 3 ½ 杯（700ml）
☐ 韓式味噌醬 2 ½ 大匙（視鹹度作增減）
☐ 蒜末 1 小匙

家常海帶芽湯

牛肉海帶芽湯
貽貝海帶芽湯

牛肉海帶芽湯

貽貝海帶芽湯

+Tip

各種牛肉部位的湯頭比較

1 牛腩肉 80g ＋
　 牛腱肉 70g
熬煮小分量高湯並考量時間條件，此種組合煮出的高湯最為濃郁美味。

2 牛腩肉 80g ＋
　 牛腰脊肉 70g
湯頭風味濃郁香醇，但多喝幾口會略顯油膩，盛裝於碗內會發現表面有許多浮油。

3 牛腩肉 150g
需要慢火燉煮才能煮出深層風味，若想要縮短熬煮的時間，建議可將肉量增添為兩倍。

處理共同食材 泡發乾海帶芽 & 醃漬

1 海帶芽浸泡冷水中泡發 15 分鐘。

2 在水中抓洗至不起泡沫為止，並多更換幾次清水洗淨。

3 擠乾海帶芽的水分，再加入 ⅓ 小匙韓式醬油抓醃均勻。

→ 長型的海帶芽，請先擠乾水分切長段後再醃漬。

1 牛肉海帶芽湯

1 牛腩與牛腱肉切成四邊 2.5cm 大小塊狀，再用醃料抓醃均勻。

2 熱好的湯鍋中倒入芝麻油，放入牛肉以中火炒 1 分鐘，再放入海帶芽炒 2 分鐘，倒入 ½ 杯水炒 2 分 30 秒。

3 倒入 5 ½ 杯水並加入 ⅔ 大匙韓式醬油與鹽調味，蓋上鍋蓋轉中小火燜煮 15 分鐘，最後再轉調小火燜煮 15 分鐘。

2 貼貝海帶芽湯

 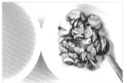 

1 用手摘除貼貝上的鬚狀物，再用鋼刷將外殼洗淨。

2 湯鍋中放入貼貝與 7 杯水以大火燒煮 6 分鐘，再用濾網過濾出高湯，取出貼貝肉並用醃料抓醃均勻。

→ 要用湯匙撈除湯渣泡沫。

3 熱好的湯鍋中倒入芝麻油、韓式醬油，放入貼貝肉以中火炒 1 分鐘，再放入海帶芽炒 1 分鐘。

 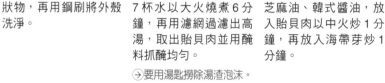

4 倒入 ½ 杯步驟 **2** 高湯炒 3 分鐘，再倒入剩下約 5 ½ 杯貼貝高湯並加鹽調味。

5 蓋上鍋蓋轉中小火燜煮 5 分鐘，最後再轉調小火燜煮 10 分鐘。

準備材料

牛肉海帶芽湯
⏱ **50 ～ 55 分鐘**
☐ 乾海帶芽 3 把（12g）
☐ 牛腩肉 80g
☐ 牛腱肉 70g
☐ 韓式醬油 1 大匙
☐ 芝麻油 ½ 大匙
☐ 水 7 杯（1.4L）
☐ 鹽 1 小匙（可增減）

牛肉醃料
☐ 蒜末 ½ 大匙
☐ 韓式醬油 1 小匙
☐ 清酒 1 小匙
☐ 芝麻油 ½ 小匙
☐ 胡椒粉少許

貼貝海帶芽湯
⏱ **50 ～ 55 分鐘**
☐ 乾海帶芽 3 把（12g）
☐ 貼貝 30 個（700g）
☐ 韓式醬油 ⅓ 大匙
☐ 水 7 杯（1.4L）
☐ 芝麻油 ½ 小匙
☐ 鹽 ⅔ 小匙（視高湯鹹度作增減）

貼貝醃料
☐ 蒜末 ½ 大匙
☐ 清酒 1 小匙
☐ 胡椒粉少許

風味海帶芽湯

■ 紫蘇籽海帶芽湯
■ 鮪魚海帶芽湯

鮪魚海帶芽湯

紫蘇籽海帶芽湯

+Tip

海帶芽湯不加蔥的原因
海帶芽湯中若加入青蔥，
不僅口味不搭，還會降低
海帶芽的營養價值。這是
因為青蔥富含磷與硫磺等
成分，與海帶芽一起食用
會妨礙人體對海帶芽中鈣
質的吸收。此外，青蔥還
帶有一種黏滑成分，會覆
蓋在舌頭味蕾表面，影響
味覺，所以加入青蔥就吃
不出海帶芽特有的美味。

1 紫蘇籽海帶芽湯

1 海帶芽泡在冷水中泡發 15 分鐘，更換清水洗淨，抓洗至不起泡沫為止。

2 擠乾海帶芽的水分，再加入 1 小匙韓式醬油抓醃均勻。

3 湯鍋中放入昆布高湯材料以大火燒煮，煮滾後轉中小火，5 分鐘後撈出昆布片並把高湯倒入大盆中。

4 把步驟 3 湯鍋洗淨並重新熱好鍋後倒入紫蘇油，放入海帶芽以中火炒 1 分鐘。

5 接著倒入½杯高湯炒 1 分 30 秒，再倒入剩餘高湯並加入 2 小匙韓式醬油與鹽調味。

6 轉中小火煮 10 分鐘，最後放入紫蘇籽粉再煮 10 分鐘。

2 鮪魚海帶芽湯

1 海帶芽泡在冷水中泡發 15 分鐘，更換清水洗淨，抓洗至不起泡沫為止。

2 擠乾海帶芽的水分，再加入蒜末與韓式醬油抓醃均勻。

3 鮪魚用濾網將湯汁瀝除。

4 熱好的鍋中倒入芝麻油，放入海帶芽以中火炒 2 分鐘。

5 倒入½杯水炒 2 分 30 秒，再倒入 3 ½杯水並轉調大火燒煮。

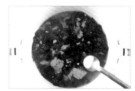

6 煮滾後放入鮪魚並轉調中小火，燒煮 10 分鐘後加鹽調味。

→表面的浮油要撈除，才能煮出鮮美清澈的湯。

紫蘇籽海帶芽湯
🕑 **50 ～ 55 分鐘**
☐ 乾海帶芽 3 把
　（12g）
☐ 韓式醬油 3 小匙
☐ 紫蘇油 1 ½大匙
☐ 鹽½小匙（可增減）
☐ 紫蘇籽粉 3 大匙
　（可增減）

昆布高湯
☐ 昆布 5×5cm 6 片
☐ 水 6 ½杯（1.3L）

鮪魚海帶芽湯
🕑 **30 ～ 35 分鐘**
☐ 乾海帶芽 3 把
　（12g）
☐ 鮪魚罐頭 1 罐
　（150g）
☐ 蒜末½大匙
☐ 韓式醬油 1 小匙
☐ 芝麻油½小匙
☐ 水 4 杯（800ml）
☐ 鹽½小匙（可增減）

白蘿蔔湯

| 魚板蘿蔔湯
| 牛肉蘿蔔湯
| 杏鮑菇蘿蔔湯

魚板蘿蔔湯

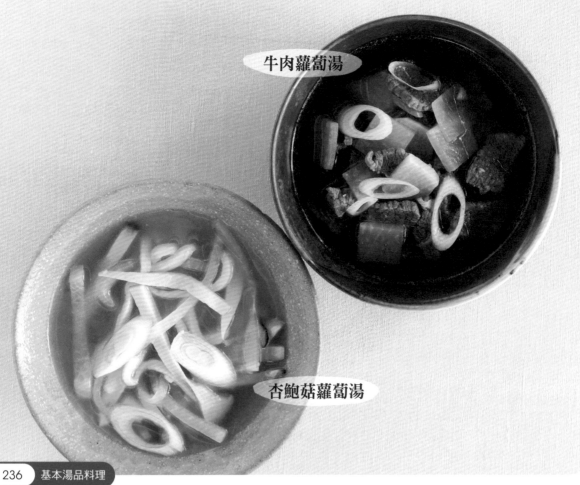

牛肉蘿蔔湯

杏鮑菇蘿蔔湯

1 魚板蘿蔔湯

1 湯鍋中放入高湯材料以大火燒煮，煮滾後轉中小火，5 分鐘後撈出昆布片，再燒煮 10 分鐘後將小魚乾撈出。

→要用湯匙撈除湯渣泡沫。

2 白蘿蔔去皮後切成細絲。魚板切成 5cm 的長條。青、紅辣椒切細。

3 將魚板盛裝在濾網上並澆淋 2 杯熱水將油分去除。

4 高湯中放入白蘿蔔以大火燒煮，煮滾後轉中火煮 2 分鐘。

5 放入魚板與韓式醬油煮 2 分鐘，加入青、紅辣椒、蒜末煮 1 分鐘。

2 牛肉蘿蔔湯

1 白蘿蔔去皮後切成四邊 2.5cm 的塊狀。大蔥斜切成片。

2 白蘿蔔上撒鹽稍微醃漬後，將水瀝乾。

3 牛肉逆紋切塊後，用廚房紙巾按壓去除血水。

4 熱好的鍋中倒入芝麻油，放入蒜末、白蘿蔔以中小火炒 2 分鐘，再放入牛肉炒 2 分鐘。

→愛吃辣的人可以同時加入 1 大匙辣椒粉拌炒。

5 加入 5 杯水與昆布片並轉大火燒煮，煮滾後繼續燒煮 5 分鐘，再將昆布片撈出。

→昆布片可切成絲，放入完成後的湯中一起食用。

6 轉中小火並撈除湯渣泡沫煮 15 分鐘，最後放入大蔥、韓式醬油、鹽、胡椒粉煮 1 分鐘。

準備材料

魚板蘿蔔湯

⏱ **30 ～ 35 分鐘**
- ☐ 白蘿蔔 1 條（100g）
- ☐ 四角魚板 1 ½ 片（100g）
- ☐ 青辣椒 ¼ 條
- ☐ 紅辣椒 ¼ 條
- ☐ 韓式醬油 1 大匙
- ☐ 蒜末 1 小匙

高湯
- ☐ 小魚乾 15 尾（15g）
- ☐ 昆布 5×5cm 2 片
- ☐ 水 4 杯（800ml）

牛肉蘿蔔湯

⏱ **40 ～ 45 分鐘**
- ☐ 白蘿蔔 1 條（100g）
- ☐ 牛腱肉 100g
- ☐ 牛腩肉 100g
- ☐ 大蔥（蔥白）15cm 1 根
- ☐ 鹽 ¼ 小匙（白蘿蔔醃漬用）
- ☐ 芝麻油 1 大匙
- ☐ 蒜末 1 ½ 小匙
- ☐ 水 5 杯（1L）
- ☐ 昆布 5×5cm 3 片
- ☐ 韓式醬油 2 小匙
- ☐ 鹽少許（可增減）
- ☐ 胡椒粉少許

杏鮑菇蘿蔔湯
⏱ **35～40 分鐘**
☐ 白蘿蔔 1 條（200g）
☐ 杏鮑菇 2 朵（150g）
☐ 大蔥（蔥白）15cm
　　1 根
☐ 芝麻油 1 大匙
☐ 蒜末 1 小匙
☐ 韓式醬油 1 小匙
☐ 鹽½小匙（可增減）

高湯
☐ 小魚乾 20 尾（20g）
☐ 昆布 5×5cm 3 片
☐ 水 4 杯（800ml）

3 杏鮑菇蘿蔔湯

1 白蘿蔔去皮後切細絲。杏鮑菇蒂頭切除後切細絲。大蔥斜切成片。

2 熱好的鍋中倒入芝麻油，放入蒜末與白蘿蔔以中小火炒 1 分 30 秒。

3 放入杏鮑菇炒 1 分 30 秒，加入昆布小魚高湯材料以大火燒煮。

→要用湯匙撈除湯渣泡沫。

4 煮滾後轉中小火，燒煮 5 分鐘後撈出昆布片。

→昆布片可切成絲，放入完成後的湯中一起食用。

5 放入韓式醬油煮 9 分鐘，最後放入大蔥與鹽煮 1 分鐘後撈出小魚乾。

→事先將小魚乾放入滷包袋，要撈出時就很方便。

醬香魷魚湯
韓式魷魚砂鍋湯

韓式魷魚砂鍋湯

醬香魷魚湯

+Tip

魷魚煮湯的注意事項
魷魚久煮肉質會變硬，因此
要等到白蘿蔔與櫛瓜快煮熟
後再加入燉煮。而魷魚外皮
中含有牛磺酸，可不去皮直
接放入調理，但若是想讓湯
頭清澈，還是去皮後加入。

醬香魷魚湯
⏱ 30～35 分鐘
☐ 魷魚 1 尾（240g）
☐ 櫛瓜 ½ 條（135g）
☐ 洋蔥 ¼ 顆（50g）
☐ 大蔥（蔥白）15cm
　1 根
☐ 青陽辣椒或青辣椒
　1 條（可省略）
☐ 韓國蝦醬 1 小匙
　（蝦乾 ½ 小匙＋蝦醬
　汁 ½ 小匙）

高湯
☐ 小魚乾 15 尾（15g）
☐ 昆布 5×5cm 3 片
☐ 大蔥（蔥綠）10cm
　4～5 根
☐ 水 4 杯（800ml）

調味料
☐ 韓國辣椒粉 1 大匙
☐ 蒜末 ½ 大匙
☐ 韓式味噌醬 ½ 大匙
☐ 韓式辣椒醬 1 大匙

處理共同食材 ## 魷魚處理方法

1-1 處理成魷魚圈
將手伸進魷魚身體拉出內臟，切開內臟與腳相連的部分後丟棄。

1-2 將魷魚切開處理
用料理剪刀從魷魚身體長邊剪開，再用手拉出內臟，切開其與腳相連的部分後把內臟丟棄。

2 翻開魷魚腳，用力按壓嘴巴周圍，把突出的軟骨摘除。

3 將魷魚身體底部切除後，用廚房紙巾抓著魷魚外皮撕下後將魷魚身體洗淨。

→ 也能雙手沾上粗海鹽，增加摩擦力後撕去外皮。

4 在水中用手掌揉洗魷魚腳，將上面的吸盤完全去除後洗淨。

1 醬香魷魚湯

1 湯鍋中放入高湯材料以大火燒煮，煮滾後轉小火，5 分鐘後撈出昆布片，再燒煮 10 分鐘後，撈出小魚乾與大蔥。

2 櫛瓜從長邊對切成四等分，再切成 0.5cm 厚的片狀。洋蔥切成四邊 2cm 大小。大蔥與青陽辣椒斜切成片。

3 魷魚處理好並擦乾水分，將魷魚身體切成 1cm 厚的圈，魷魚腳切成 4cm 長段。

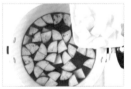 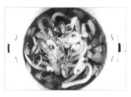

4 步驟 1 高湯中放入調味料以大火燒煮，煮滾後轉中小火煮 3 分鐘，再放入櫛瓜、洋蔥煮 5 分鐘。

5 最後放入魷魚、大蔥、青陽辣椒、韓國蝦醬煮 3 分鐘。

2 韓式魷魚砂鍋湯

1 白蘿蔔去皮後先切成 0.3cm 厚的片，再切成四邊 3cm 大小的片狀。大蔥斜切成片。

2 將魷魚展開處理並擦乾水分後，把刀拿斜，以對角線的方式在身體內層劃出滿滿的切花。

3 魷魚頭部朝左擺放，將魷魚身體切成 1×5cm 大小的長條，魷魚腳則切成 5cm 長段。

4 湯鍋中放入白蘿蔔、昆布、4 杯水以大火燒煮，煮滾後轉中小火煮 3 分鐘。

→也能以昆布小魚高湯取代清水，作法請參考第 218 頁。

5 撈除昆布與湯渣泡沫繼續煮 7 分鐘。昆布用水洗淨後切成 1×5cm 的長條狀。

6 放入魷魚燒煮，煮滾後轉中火繼續煮 3 分鐘。

→要用湯匙撈除湯渣泡沫。

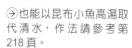

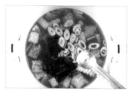

7 再放入蒜末與韓式醬油煮 2 分鐘，最後放入昆布、大蔥、鹽煮 1 分鐘。

準備材料

韓式魷魚砂鍋湯

⏱ **30 ～ 35 分鐘**

☐ 魷魚 1 尾（240g）
☐ 白蘿蔔 1 條（100g）
☐ 大蔥（蔥白）15cm 1 根
☐ 昆布 5×5cm 4 片
☐ 水 4 杯（800ml）
☐ 蒜末 1 小匙
☐ 韓式醬油 2 小匙
☐ 鹽⅓小匙（可增減）

清麴醬湯

韓國清麴醬湯
泡菜清麴醬湯

韓國清麴醬湯

泡菜清麴醬湯

清麴醬湯的燉煮祕訣
清麴醬不宜熬煮太久,才
不會把對人體有益的納
豆菌給破壞殆盡。若想煮
出風味更為深厚的清麴醬
湯,可加入洗米水取代清
水,但洗第一次的洗米水
中多含有雜質,請使用第
三次的洗米水。

1 韓國清麴醬湯

1 湯鍋中放入高湯材料以大火燒煮，煮滾後轉中小火，5分鐘後撈出昆布片，再燒煮10分鐘後將小魚乾撈出。

→撈除表面的湯渣泡沫。

2 豆腐切成四邊1cm大小。杏鮑菇切除底部再切成四邊1.5cm大小。

3 櫛瓜從長邊對切成四等分，再切成0.5cm厚的片狀。洋蔥切成四邊2.5cm大小。青陽辣椒與紅辣椒斜切成片。

4 高湯中放入櫛瓜、洋蔥、杏鮑菇，以大火燒煮，煮滾後轉中火煮3分鐘，再轉中小火煮2分鐘。

5 溶入韓國清麴醬並轉中火煮3分鐘，過程中要撈除湯渣泡沫。

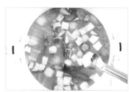

6 放入豆腐與蒜末，煮滾後繼續煮2分鐘，最後放入青陽辣椒、紅辣椒、鹽煮30秒。

2 泡菜清麴醬湯

1 豬五花肉切成3cm厚的片狀，再用醃料抓醃均勻。

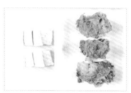

2 豆腐切成八等分。去除泡菜上的醃料後切成3cm寬。大蔥斜切。

3 熱好的鍋中倒入紫蘇油，放入蒜末以中小火炒30秒，再轉中火並放入豬五花肉炒1分鐘。

4 放入泡菜、泡菜湯汁、砂糖、韓式醬油、½杯水並轉中小火煮6分鐘。

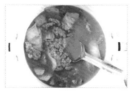

5 大盆中倒入2杯水與韓國清麴醬攪拌均勻，再倒入步驟**4**湯鍋中並轉調大火燒煮。

6 煮滾後放入豆腐再轉中火煮5分鐘，最後放入大蔥與鹽煮30秒。

→嚐過味道若覺得太酸，可再加入少許砂糖。

韓國清麴醬湯

⏱ **25～30分鐘**
- [ ] 豆腐⅓塊（100g）
- [ ] 杏鮑菇1朵（80g）
- [ ] 櫛瓜¼條（75g）
- [ ] 洋蔥¼顆（50g）
- [ ] 青陽辣椒1條
- [ ] 紅辣椒1條
- [ ] 韓國清麴醬5大匙（50g，可增減）
- [ ] 蒜末1小匙
- [ ] 鹽⅓小匙（可增減）

高湯
- [ ] 小魚乾15尾（15g）
- [ ] 昆布5×5cm 2片
- [ ] 水3杯（600ml）

泡菜清麴醬湯

⏱ **25～30分鐘**
- [ ] 熟成的白菜泡菜1杯（150g）
- [ ] 豬五花肉100g
- [ ] 豆腐⅓塊（100g）
- [ ] 大蔥15cm 1根（可省略）
- [ ] 紫蘇油1大匙
- [ ] 蒜末1大匙
- [ ] 泡菜湯汁2大匙
- [ ] 砂糖½小匙（可省略）
- [ ] 韓式醬油½小匙
- [ ] 水或洗米水2½杯（500ml）
- [ ] 韓國清麴醬5大匙（50g，可增減）
- [ ] 鹽½小匙（可增減）

豬五花肉醃料
- [ ] 料理酒1大匙
- [ ] 國辣椒粉1小匙
- [ ] 薑末¼小匙
- [ ] 胡椒粉少許

243

嫩豆腐砂鍋

花蛤嫩豆腐鍋
牡蠣嫩豆腐鍋

花蛤嫩豆腐鍋

牡蠣嫩豆腐鍋

+Tip

嫩豆腐砂鍋中為何要加入
辣椒醬油
若僅加入一般的韓國辣椒
粉，就只是單純增加湯底
的辣味。相反地，若加入
的是調配後的辣椒醬油，
除了辣味上還有醬油特有
的豆香味，會使湯底風味
更有層次。

1 花蛤嫩豆腐鍋

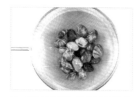

1 花蛤抓洗乾淨後將水瀝乾。

2 魷魚處理好後,把刀拿斜,以對角線的方式在魷魚身體內層劃出滿滿的切花。

→魷魚處理方式請參考第240頁。

3 大蔥與青陽辣椒斜切成片。將½分量的大蔥與辣椒醬油材料混勻。

4 熱好的鍋中倒入油,放入辣椒醬油以小火炒2分鐘,再放入花蛤與魷魚炒1分鐘。

5 倒入1½杯水以大火燒煮,煮滾後繼續煮10分鐘,放入嫩豆腐,以湯匙切塊後煮3分鐘。

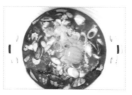

6 放入蒜末,煮滾後加入鹽、胡椒粉調味,再放入剩下的大蔥、青陽辣椒、雞蛋。

2 牡蠣嫩豆腐鍋

1 牡蠣泡在鹽水(3杯水+2小匙鹽)中輕輕抓洗去除雜質,沖洗清水後將水瀝乾。

2 白蘿蔔去皮後切成3×4cm大小的塊狀。摘除枯黃水芹葉,洗淨後切成5cm長段。大蔥與紅辣椒斜切成片。

3 湯鍋中放入白蘿蔔、昆布、5杯水以大火燒煮,煮滾後轉中小火,燒煮10分鐘後撈出昆布片。

4 放入嫩豆腐,以湯匙切塊轉大火煮5分鐘,再放入牡蠣煮1分鐘,最後放入水芹、大蔥、紅辣椒、韓國蝦醬、鹽煮1分鐘。

→過程中要用湯匙撈除湯渣泡沫。

準備材料

花蛤嫩豆腐鍋
⏱ 25～30分鐘
- ☐ 嫩豆腐1盒(330g)
- ☐ 吐沙過的花蛤1包(200g)
- ☐ 魷魚½尾(120g)
- ☐ 大蔥(蔥白)15cm 2根
- ☐ 青陽辣椒1條(可省略)
- ☐ 食用油3大匙
- ☐ 水1½杯(300ml)
- ☐ 蒜末½大匙
- ☐ 鹽少許(可增減)
- ☐ 胡椒粉少許
- ☐ 雞蛋1顆(可省略)

辣椒醬油
- ☐ 韓國辣椒粉2大匙
- ☐ 韓式醬油1大匙
- ☐ 薑末⅓小匙

牡蠣嫩豆腐鍋
⏱ 25～30分鐘
- ☐ 嫩豆腐1盒(330g)
- ☐ 袋裝牡蠣1包(200g)
- ☐ 白蘿蔔1條(200g)
- ☐ 水芹1把(50g)
- ☐ 大蔥(蔥白)15cm 1根
- ☐ 紅辣椒1條
- ☐ 昆布5×5cm 2片
- ☐ 水5杯(1L)
- ☐ 韓國蝦醬1大匙(蝦乾½大匙+蝦醬汁½大匙)
- ☐ 鹽½小匙(可增減)

味噌砂鍋

▎韓式味噌鍋
▎牛肉味噌鍋

牛肉味噌鍋

韓式味噌鍋

＋Tip

市售改良式味噌與傳統式味噌的差異
市售改良式味噌煮久了會煮出酸味，所以烹調時間不要過長（10～15分鐘內），湯底才能香濃又清澈。相反地，傳統式味噌要經過久煮才能釋放出深層的風味。其顏色比改良式的要來得深、鹹度也較高，使用時可按食譜用量減半或嚐過味道後再作調整。此外，傳統味噌要比食材先放入水中煮至融化，如此才能煮出該有的香味。

＋Recipe

1　韓式味噌鍋＋
　　春季野菜
若加入帶有特殊香味的野蒜或茼蒿等春季野菜，味噌鍋的香氣會越煮越濃郁，可在步驟 **6** 中與豆腐一同放入煮 2～3 分鐘。

2　韓式味噌鍋＋
　　蛤蠣或螺肉
蛤蠣或螺肉煮久會變硬，因此請視大小在完成前的 1～3 分鐘加入。

1 韓式味噌鍋

1 湯鍋中放入高湯材料以大火燒煮。

➔過程中要用湯匙撈除湯渣泡沫。

2 煮滾後轉中小火，5分鐘後撈出昆布片，10分鐘後撈出小魚乾。

➔昆布片可切成絲，放入湯中一起食用。

3 豆腐切成四邊1cm大小。馬鈴薯與櫛瓜分別切成0.3cm與0.5cm厚的片狀。洋蔥切成四邊2.5cm大小。大蔥斜切成片。

4 高湯中放入馬鈴薯、櫛瓜、洋蔥以大火燒煮，煮滾後轉中火煮3分鐘，再轉中小火繼續煮2分鐘。

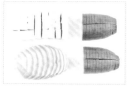

5 溶入韓式味噌醬並轉中火煮3分鐘，要邊煮邊撈除湯渣泡沫。

6 放入豆腐與蒜末燒煮，煮滾後繼續煮2分鐘，最後放入大蔥與鹽煮30秒。

➔喜歡吃辣的人可加入韓國辣椒粉或青陽辣椒。

2 牛肉味噌鍋

1 切除香菇蒂頭後按原形切片，與牛肉和醃料一起抓醃均勻。

2 豆腐切成四邊1.5cm大小。櫛瓜從長邊對切成四等分後，切成0.5cm厚的片狀。馬鈴薯切成0.5cm厚的片狀。

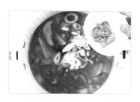

3 洋蔥切成四邊1..5cm大小。大蔥與青陽辣椒斜切成片。

4 熱好的鍋中倒入油，放入牛肉與香菇以中火炒3分鐘，不要炒焦。

5 倒入2½杯水，溶入韓式味噌醬與辣椒醬，並放入馬鈴薯、櫛瓜、洋蔥以大火燒煮，煮滾後轉中火繼續煮3分鐘，並將馬鈴薯煮至熟透。

6 放入豆腐煮3分鐘，最後放入大蔥、青陽辣椒、蒜末煮1分鐘。

準備材料

韓式味噌鍋

🕐 **25～30分鐘**

- ☐ 豆腐1塊（180g）
- ☐ 馬鈴薯¼個（50g）
- ☐ 櫛瓜¼條（75g）
- ☐ 洋蔥¼顆（50g）
- ☐ 大蔥（蔥白）15cm 1根
- ☐ 韓式味噌醬2½大匙（可增減）
- ☐ 蒜末1小匙
- ☐ 鹽⅓小匙（可增減）

高湯

- ☐ 小魚乾20尾（20g）
- ☐ 昆布5×5cm 3片
- ☐ 水3杯（600ml）

牛肉味噌鍋

🕐 **25～30分鐘**

- ☐ 牛肉150g
- ☐ 香菇3朵（75g）
- ☐ 豆腐1塊（180g）
- ☐ 馬鈴薯½個（100g）
- ☐ 櫛瓜⅓條（90g）
- ☐ 洋蔥¼顆（50g）
- ☐ 大蔥（蔥白）15cm 1根
- ☐ 青陽辣椒1條（可省略）
- ☐ 食用油½大匙
- ☐ 水或洗米水2½杯（500ml）
- ☐ 韓式味噌醬2大匙（可增減）
- ☐ 韓式辣椒醬1大匙
- ☐ 蒜末1小匙

牛肉、香菇醃料

- ☐ 蒜末½大匙
- ☐ 韓式醬油½大匙
- ☐ 砂糖¼小匙

泡菜砂鍋

鮪魚泡菜鍋
豬肉泡菜鍋

鮪魚泡菜鍋

豬肉泡菜鍋

+Tip

泡菜過酸或尚未熟成時
使用醃漬較久的泡菜製作
泡菜鍋時可加點砂糖以中
和酸味，相反地，若使用
的是尚未熟成的泡菜，在
泡菜鍋煮好關火前放入½
大匙的醋，醋的酸溜味可
補足未熟成泡菜的風味。

1 鮪魚泡菜鍋

1 洋蔥切成 1cm 寬的粗絲。大蔥與青陽辣椒斜切成片。

2 泡菜切成 2cm 寬。鮪魚用濾網將湯汁瀝除。

3 熱好的鍋中倒入油，放入蒜末以中小火炒 30 秒，再放洋蔥炒 30 秒。

4 放入泡菜與韓國辣椒粉轉中火炒 1 分 30 秒。

5 放入鮪魚、泡菜湯汁、2 杯水燒煮，煮滾後繼續煮 5 分鐘，最後放入大蔥、青陽辣椒、鹽煮 30 秒。

→也可準備⅓塊豆腐切成八等分，完成前 1 分鐘加入燒煮。

→撈除表面的浮油，湯才能鮮美清澈。

2 豬肉泡菜鍋

1 洋蔥切成 1cm 寬。大蔥與青陽辣椒斜切成片。泡菜切成 2cm 寬。

2 五花肉切成 1cm 厚片後與醃料抓醃均勻。

3 熱好的鍋中倒入油，放入蒜末、泡菜、五花肉以中火炒 3 分鐘，再放入洋蔥炒 2 分鐘。

4 倒入泡菜湯汁與 2 杯水轉大火燒煮，煮滾後轉中火繼續拌煮 5 分鐘。

5 放入大蔥與青陽辣椒煮 2 分鐘後加鹽調味。

→也能準備好⅓塊豆腐切成八等分，完成前 1 分鐘加入燒煮。

準備材料

鮪魚泡菜鍋

🕐 **30 ～ 35 分鐘**
- [ ] 熟成的白菜泡菜 1 ¼ 杯（250g）
- [ ] 鮪魚罐頭 1 罐（210g）
- [ ] 洋蔥 1 顆（200g）
- [ ] 大蔥（蔥白）15cm 1 根
- [ ] 青陽辣椒 1 條（可省略）
- [ ] 食用油 2 大匙
- [ ] 蒜末 1 大匙
- [ ] 韓國辣椒粉 1 大匙
- [ ] 泡菜湯汁¼杯（50ml）
- [ ] 水 2 杯（400ml）
- [ ] 鹽少許（可增減）

豬肉泡菜鍋

🕐 **30 ～ 35 分鐘**
- [ ] 熟成的白菜泡菜 2 杯（300g）
- [ ] 豬五花肉（200g）
- [ ] 洋蔥½顆（100g）
- [ ] 大蔥（蔥白）15cm 3 根
- [ ] 青陽辣椒 1 條（可省略）
- [ ] 食用油 2 大匙
- [ ] 蒜末 1 ½大匙
- [ ] 泡菜湯汁¼杯（50ml）
- [ ] 水 2 杯（400ml）
- [ ] 鹽少許（可增減）

五花肉醃料
- [ ] 韓國辣椒粉 1 大匙
- [ ] 清酒 1 大匙
- [ ] 韓式辣椒醬 1 大匙
- [ ] 韓式醬油 1 小匙
- [ ] 韓式味噌醬 1 小匙

辣醬砂鍋

牛肉辣醬鍋
馬鈴薯辣醬鍋

牛肉辣醬鍋

 Tip

韓式辣醬鍋的美味祕訣

1 使用洗米水代替水，會因為水中的米酵素讓湯底變得更溫和。但要使用洗過兩次米的洗米水。

2 想讓食材的風味完全釋放於湯中，但又不想煮出辣椒醬的苦澀味，那就要以中火慢煮，並煮出比一般砂鍋湯更濃稠的湯底。

3 製作韓式辣醬鍋時使用燒烤用的牛肉片，可在短時間內就讓湯頭充滿香氣。肉品部位可選用油脂分布適當的牛腰脊肉或是牛胸腹肉。

馬鈴薯辣醬鍋

1 牛肉辣醬鍋

  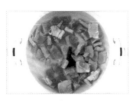

1 櫛瓜從長邊對切成四等分，再切成 0.5cm 厚的片狀。洋蔥切成四邊 2cm 大小。大蔥斜切成片。

2 牛腰脊肉切成四邊 2cm 大小後盛裝在漏勺內，澆淋 2 杯熱水後把水瀝乾。

→ 若肉塊上有多餘油脂，請務必去除。

3 湯鍋中放入牛肉、昆布、4 ½ 杯水並以大火燒煮。

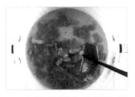  

4 煮滾後轉中火撈除湯渣泡沫，繼續煮 10 分鐘後關火並撈出昆布片。

5 放入韓式辣椒醬、蒜末以中火煮 5 分鐘。

6 放入櫛瓜與韓式醬油煮 3 分鐘，最後放入大蔥煮 5 分鐘。

2 馬鈴薯辣醬鍋

1 湯鍋中放入昆布高湯材料以大火燒煮，煮滾後轉中小火，燒煮 5 分鐘後撈出昆布片。

2 馬鈴薯去皮與櫛瓜一同切成 0.5cm 厚的片。摘除紫蘇葉蒂頭切成五等分。洋蔥切成四邊 2cm 大小的塊。大蔥切斜片。

3 把韓式辣椒醬、馬鈴薯、韓國辣椒粉放入高湯中以大火燒煮，煮滾後轉中火繼續煮 4 分鐘。

4 放入櫛瓜、洋蔥煮 3 分鐘，最後放入紫蘇葉、蒜末煮 1 分鐘。

鮪魚辣醬鍋
韓式部隊鍋

韓式部隊鍋

鮪魚辣醬鍋

1 韓式部隊鍋

1 洋蔥切成 1cm 厚粗絲，大蔥斜切成片。

2 火腿餐肉切成 0.5cm 厚。德國香腸斜劃出切痕。泡菜切成 2cm 寬。

3 調味料混合均勻。

4 熱好的鍋中倒入油，放入泡菜、洋蔥與調味料以中小火炒 4 分鐘。

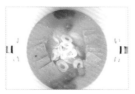

5 放入市售牛骨高湯、火腿餐肉、德國香腸、年糕片、大蔥並轉大火煮滾，加鹽調味後再燒煮 10 分鐘。

→市售高湯的鹹度不盡相同，請嚐過味道再調味。

2 鮪魚辣醬鍋

1 櫛瓜從長邊對切，再切成 0.5cm 厚的片狀。洋蔥切絲。大蔥與青陽辣椒斜切成片。

2 湯鍋中放入 4 杯水、蒜末、韓式醬油、料理酒與韓式辣椒醬以大火燒煮。

3 煮滾後放入鮪魚並轉中火繼續燒煮 15 分鐘。

→鮪魚罐頭中的湯汁要一起加入，湯底才會香醇。

→撈除表面的浮油，湯才能鮮美清澈。

4 放入櫛瓜、洋蔥、大蔥、青陽辣椒燒煮 1 分鐘，再加入鹽與胡椒粉調味。

準備材料

韓式部隊鍋

⏱ **20～25 分鐘**
- ☐ 熟成的白菜泡菜⅔杯（100g）
- ☐ 洋蔥½顆（100g）
- ☐ 大蔥 15cm 1 根
- ☐ 火腿餐肉罐頭 1 罐（200g）
- ☐ 德國香腸 100g
- ☐ 年糕片½杯（50g）
- ☐ 食用油 1 大匙
- ☐ 市售牛骨高湯 2 ½杯（500ml）
- ☐ 鹽少許（可增減）

調味料
- ☐ 青陽辣椒末 1 條分量
- ☐ 韓國辣椒粉 2 大匙
- ☐ 蔥末 1 大匙
- ☐ 蒜末 1 大匙
- ☐ 韓式辣椒醬 1 大匙
- ☐ 砂糖 1 小匙
- ☐ 韓式醬油 2 小匙
- ☐ 泡菜湯汁¼杯（50ml）

鮪魚辣醬鍋

⏱ **30～35 分鐘**
- ☐ 鮪魚罐頭 1 罐（210g）
- ☐ 櫛瓜½條（135g）
- ☐ 洋蔥½顆（100g）
- ☐ 大蔥（蔥白）15cm 1 根
- ☐ 青陽辣椒 1 條
- ☐ 水 4 杯（800ml）
- ☐ 蒜末 1 大匙
- ☐ 韓式醬油½大匙
- ☐ 料理酒½大匙
- ☐ 韓式辣椒醬 4 大匙
- ☐ 鹽 1 小匙（可增減）
- ☐ 胡椒粉少許

韓式香辣牛肉湯
明太魚卵湯

韓式香辣牛肉湯

明太魚卵湯

+Tip

冷凍魚卵的解凍方式
冷凍魚卵要處理好才不會
有腥味產生。解凍時可把
魚卵泡在薄鹽水（1杯水
＋1小匙鹽）中5分鐘，
輕輕洗淨，不要硬將魚卵
分離，以免魚卵破裂。

1 韓式香辣牛肉湯

1 綠豆芽洗淨後瀝乾。
洗淨煮熟的蕨菜與地瓜
藤，擠乾水後切成 4cm
長段。

2 白蘿蔔去皮後切成
2×3cm 的塊狀。大蔥
與青陽辣椒斜切成片。

3 大盆中先把調味料混
合均勻，再放入牛肉、
蕨菜、地瓜藤拌勻。

4 熱好的鍋中倒入油，
放入步驟 **3** 後以中小火
炒 5 分鐘。

5 放入牛骨高湯、2 杯
水、綠豆芽、白蘿蔔，
蓋上鍋蓋轉大火燜煮 12
分鐘。再放入大蔥與青
陽辣椒轉中火煮 5 分
鐘，最後加鹽調味。

→市售高湯的鹹度不盡相
同，請嚐過再調味。

2 明太魚卵湯

1 湯鍋中放入高湯材料
以大火燒煮，煮滾後轉
中小火，燒煮 5 分鐘後
撈出昆布片，再燒煮 10
分鐘以濾網濾出高湯。

2 冷凍明太魚卵泡在
鹽水（1 杯水＋1 小匙
鹽）中輕輕抓洗乾淨，
將水瀝乾。

3 綠豆芽洗淨後將水
瀝乾。摘除枯黃的水芹
葉，洗淨後切成 5cm 的
長段。

 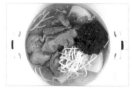 

4 白蘿蔔去皮後先切
成 1cm 厚的圓片，再切
成 4×5cm 的塊狀。大
蔥、青陽辣椒、紅辣椒
斜切成 1cm 厚的片狀。
調味料混合均勻。

5 把步驟 **1** 湯鍋洗淨倒
入 ½ 分量的高湯，放入
白蘿蔔以大火燒煮，煮
滾後繼續煮 5 分鐘，放
入明太魚卵、黃豆芽、
調味料煮 3 分鐘。

→過程中要撈除湯渣。

6 倒入剩下的高湯繼續
煮 3 分鐘，最後放入水
芹、大蔥、青陽辣椒、
紅辣椒與鹽並轉小火
再煮 2 分鐘。

準備材料

韓式香辣牛肉湯

⏱ **30 ～ 35 分鐘**
- ☐ 熬湯用牛肉 100g
- ☐ 綠豆芽 2 把（100g）
- ☐ 煮熟的蕨菜 100g
- ☐ 煮熟的地瓜藤 100g
- ☐ 白蘿蔔 1 條（100g）
- ☐ 大蔥（蔥白）15cm
  2 根
- ☐ 青陽辣椒 1 條
- ☐ 食用油 4 大匙
- ☐ 市售牛骨高湯 2 ½ 杯
  （500ml）
- ☐ 水 2 杯（400ml）
- ☐ 鹽少許（可增減）

調味料
- ☐ 韓國辣椒粉 5 大匙
- ☐ 蔥末 2 大匙
- ☐ 蒜末 1 大匙
- ☐ 韓式醬油 1 大匙

明太魚卵湯

⏱ **30 ～ 35 分鐘**
- ☐ 明太魚卵 200g（⅔杯）
- ☐ 黃豆芽 2 把（100g）
- ☐ 水芹 1 把（50g）
- ☐ 白蘿蔔 1 條（100g）
- ☐ 大蔥 15cm 1 根
- ☐ 青陽辣椒或青辣椒
  1 條
- ☐ 紅辣椒 1 條
- ☐ 鹽 ½ 小匙

高湯
- ☐ 小魚乾 20 尾（20g）
- ☐ 昆布 5×5cm 3 片
- ☐ 洋蔥¼ 顆 蒜頭 2 粒
- ☐ 清酒 1 大匙 水 6 杯
  （1.2L）

調味料
- ☐ 韓國辣椒粉 1 大匙
- ☐ 蒜末 2 大匙
- ☐ 韓式醬油 2 大匙
- ☐ 清酒 1 大匙
- ☐ 韓式辣椒醬 1 大匙
- ☐ 胡椒粉少許

香辣明太魚湯

+Tip

「生太」與「凍太」的處理方式
「生太」指的是未經曬乾或冷凍處理的新鮮明太魚；經過急速冷凍的則稱為「凍太」。「凍太」的肉質會比「生太」來得緊實也容易入味，經常被料理成燉鍋或熱湯。

生太 用剪刀剪除魚鰭，以刀尖剖開魚腹取出魚卵及內臟後洗淨切塊，烹調使用上與鱈魚相同。

凍太 放置冷藏室自然解凍後，後續處理方式與「生太」相同。不過解凍過程中所產生的水分會有濃濃的魚腥味，一定要用廚房紙巾擦乾。而明太魚的魚卵與內臟皆可食用，所以不要丟棄，可於步驟**7**中與黃豆芽一同放入燉煮。

1 調味料混合均勻。黃豆芽泡在水中抓洗乾淨將水瀝乾。

2 白蘿蔔去皮，以十字刀法切成四等分，再切成 0.3cm 厚的片狀。洋蔥切細絲，大蔥與青、紅辣椒斜切成片。茼蒿洗淨後切成 5cm 長段。

3 湯鍋中放入高湯材料以大火燒煮。

4 煮滾後轉中小火，燒煮 5 分鐘後撈出昆布片，再燒煮 10 分鐘後將小魚乾撈出。

5 撒 1 小匙鹽在處理好的明太魚上醃 10 分鐘。再盛裝於漏勺上沖洗熱水，將水瀝乾。

6 高湯重新開大火燒煮，煮滾後放入明太魚、清酒、白蘿蔔並轉調中火燒煮 2 分鐘。

→過程中要不時撈除湯渣泡沫。

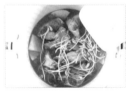 

7 倒入調味料繼續燒煮 8 分鐘後，再放入黃豆芽、洋蔥並轉調中小火繼續煮 7 分鐘。

8 最後放入大蔥與青、紅辣椒、茼蒿、1 小匙鹽並轉調中火燒煮 1 分鐘。

→鹽量可增減。

準備材料

⏱ 40 ～ 45 分鐘

☐ 處理好的明太魚（生太、凍太或鱈魚）
　1 尾（550g）
☐ 黃豆芽 1 把（50g）
☐ 白蘿蔔 1 條（100g）
☐ 洋蔥¼顆（50g）
☐ 大蔥 15cm 1 根
☐ 青辣椒 1 條
☐ 紅辣椒 1 條
☐ 茼蒿 8 根（25g）
☐ 鹽 2 小匙
☐ 清酒 1 大匙

調味料
☐ 韓國辣椒粉 1 ½大匙
☐ 蒜末 1 大匙
☐ 釀造醬油 1 大匙
☐ 薑末½小匙
☐ 韓國魚露½小匙

高湯
☐ 小魚乾 20 尾（20g）
☐ 昆布 5×5cm 3 片
☐ 水 4 ½杯（900ml）

花蟹湯

+Tip

母蟹 vs 公蟹

母蟹 腹蓋形狀呈角度平滑的三角形，蟹腳
比公蟹來得有肉且紮實，蟹身呈現紫紅色並
泛有微微藍光。春季母蟹的蟹黃最為飽滿鮮
美，但是拿來熬煮反而會煮出苦澀味，這時
將母蟹料理成醬漬螃蟹，會比做成燉鍋或熱
湯更為合適。

公蟹 腹蓋形狀呈尖角山形，蟹身比母蟹要
來得大，公蟹雖然沒有蟹黃，但是蟹肉肥美
很適合運用在各式料理之中。尤其到了秋
季，公蟹會比母蟹更好吃。

食材處理 處理花蟹

1 用兩手姆指把蟹殼與身體掰開。

2 再用剪刀剪除蟹身內側的蟹嘴。

3 接著用手將腮拔除。

4 把蟹腳尾端不整齊或有毛的部分用剪刀剪除。

5 刮下蟹殼上的淡黃色內臟與橘黃色蟹黃使用在料理內,並去除黑色膜衣。

製作 燉煮花蟹湯

1 將環文蛤搓洗乾淨後,將水瀝乾。

2 白蘿蔔去皮切成四邊 2cm 的塊狀。櫛瓜從長邊對切,再切成 0.5cm 厚片狀。

3 洋蔥切成四邊 1.5cm 的塊。紅辣椒斜切成片。

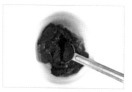

4 把調味料混合均勻。

5 湯鍋中放入 3 杯水、花蟹、環文蛤、白蘿蔔以大火燒煮,煮滾後轉中小火繼續煮 10 分鐘。

6 放入櫛瓜、洋蔥、紅辣椒與調味料燒繼續煮 8 分鐘,過程中要不時撈除湯渣泡沫。

準備材料

🕐 **30 ～ 35 分鐘**
☐ 花蟹 2 隻(250g)
☐ 吐沙過的環文蛤 ½ 包(100g)
☐ 白蘿蔔 1 條(100g)
☐ 櫛瓜 ¼ 條(65g)
☐ 洋蔥 ¼ 顆(50g)
☐ 紅辣椒 1 條
☐ 水 3 杯(600ml)

調味料
☐ 蒜末 ½ 大匙
☐ 清酒 1 大匙
☐ 韓式味噌醬 2 ½ 大匙
☐ 韓式辣椒醬 1 大匙
☐ 韓國辣椒粉 1 小匙
☐ 薑末 ⅓ 小匙

➕Tip

新鮮活蟹的處理方法可將活跳跳的花蟹冰在冷凍庫 30 分鐘後,剪除蟹螯處的尖銳部分後,再依照圖示步驟處理。

貽貝湯
綜合蛤蠣湯

貽貝湯

綜合蛤蠣湯

蛤蠣吐沙處理的方法
尚未吐沙過的蛤蠣，拿
回家後請泡在薄鹽水
（3杯水＋1小匙鹽）
中，上頭覆蓋深色托盤
或是保鮮膜並置於室溫
下浸泡 30 分鐘。

1 貽貝湯

1 用手摘除貽貝上的鬍狀物並用鋼刷將外殼洗淨後,將水瀝乾。

2 蒜頭切片。大蔥與青陽辣椒斜切成片。

3 把鹽以外的材料全部放入湯鍋中,蓋上鍋蓋並以大火燜煮,煮滾後打開鍋蓋將湯渣泡沫撈除並繼續燒煮 4 分鐘。

→請視貽貝大小調整燒煮時間。

4 嚐一下步驟 **3** 的湯頭風味並加鹽調味。

2 綜合蛤蠣湯

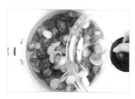

1 把環文蛤與花蛤泡在薄鹽水(3 杯水 + 1 小匙鹽)中抓洗乾淨,將水瀝乾。

2 蒜頭切片。青陽辣椒斜切成片。

3 把鹽以外的材料全部放入湯鍋中,蓋上鍋蓋並以大火燜煮,煮滾後打開鍋蓋將湯渣泡沫撈除並繼續燒煮 2 分鐘。

4 嚐一下步驟 **3** 的湯頭並加鹽調味。

準備材料

貽貝湯
🕐 **20 ～ 25 分鐘**
- □ 貽貝 800g
- □ 蒜頭 5 粒(25g)
- □ 大蔥(蔥白)15cm 1 根
- □ 青陽辣椒 1 條
- □ 清酒 1 大匙
- □ 水 3 杯(600ml)
- □ 鹽少許(可增減)

綜合蛤蠣湯
🕐 **20 ～ 25 分鐘**
- □ 吐沙過的環文蛤 1 包(200g)
- □ 吐沙過的花蛤 1 包(200g)
- □ 蒜頭 3 粒(15g)
- □ 青陽辣椒 1 條(可增減)
- □ 清酒 1 大匙
- □ 水 3 杯(600ml)
- □ 鹽少許(可增減)

chapter
04

特別節日也不必外出，在家就能享用的

單品料理

- 飯與粥
- 麵食料理
- 三明治
- 牛排
- 濃湯
- 炸物

沒什麼胃口時，第一個浮現在腦海裡的想必就是單品料理吧。美味豐富的

好料滿滿裝成一碗，大快朵頤一番後絕對能滿足你挑剔的味蕾。想來點特

別的又不知該如何是好時，請多利用本章內容。不管是一個人就能簡單享

用的麵飯料理，還是分享給眾人的下酒佳餚或是精緻點心，甚至是招待親

友的宴客料理，每一道都是簡單上手又不複雜的基本菜色，即便是廚藝不

佳的料理初學者，也能信手捻來、完美複製。

簡單粥品

▌香蒜牛肉粥
▌蔬菜雞蛋粥

香蒜牛肉粥

蔬菜雞蛋粥

+Recipe

生米煮粥
材料 白米¾杯（120g，
泡 後 160g），水 8 杯，
芝麻油 1 大匙

1 米洗淨後，泡在 3 杯
水中 30 分鐘以上。

2 將水瀝乾後，取½白米
的量用擀麵棍來回碾碎。

3 湯鍋以小火熱好後倒入
芝麻油，放入白米炒 3 分
鐘，米粒需炒至稍微變成
透明。接著倒入 5 杯水拌
煮 15 ～ 17 分鐘，最後放
入牛肉、蔬菜等副食材一
起拌煮。

1 香蒜牛肉粥

1 將牛絞肉用廚房紙巾吸除血水後，用醃料抓醃靜置 10 分鐘。

2 蒜頭切成薄片。

3 熱好的湯鍋倒入油，放入蒜片以中火炒 30 秒，再放入牛絞肉繼續炒 1 分鐘。

4 倒入 1 杯水與米飯拌煮 1 分鐘，不要讓米飯結成一團。

5 再倒入剩下的 3 杯水並轉大火，煮滾後蓋上鍋蓋轉調小火，繼續燜煮 15 分鐘。

→過程中要不時攪拌以防黏鍋。

6 關火後加鹽調味。

2 蔬菜雞蛋粥

1 洋蔥與紅椒切碎，取一空碗將蛋打散。

→也能加入紅蘿蔔或南瓜。

2 熱好的鍋中倒入油，放入洋蔥與紅椒以中火炒 30 秒。

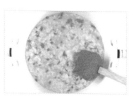

3 加入 2 杯水與米飯並轉大火拌煮，煮滾後轉中小火繼續拌煮 4 分鐘，需將飯粒煮至化開。

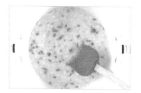

4 倒入蛋液靜置煮 30 秒後，拌煮 30 秒。

5 最後加鹽調味，放入芝麻與芝麻油。

→若想讓香氣更加濃郁，可將芝麻磨碎後加入，或是直接加入½小匙的紫蘇籽粉。

準備材料

香蒜牛肉粥
○ **25 ～ 30 分鐘**
□ 熱飯 1 碗（200g）
□ 牛絞肉 50g
□ 蒜頭 5 粒（25g）
□ 食用油 1 小匙
□ 水 4 杯（800ml）
□ 鹽 ½ 小匙（可增減）

牛肉醃料
□ 芝麻 ½ 小匙
□ 砂糖 ⅔ 小匙
□ 蔥末 1 小匙
□ 蒜末 1 小匙
□ 釀造醬油 1 ½ 小匙
□ 清酒 1 小匙
□ 芝麻油 ½ 小匙
□ 胡椒粉少許

蔬菜雞蛋粥
○ **15 ～ 20 分鐘**
□ 熱飯 1 碗（200g）
□ 洋蔥 ¼ 顆（50g）
□ 紅椒 ⅕ 個（40g）
□ 雞蛋 1 顆
□ 食用油 ½ 大匙
□ 水 2 ½ 杯（500ml）
□ 鹽 1 小匙（可增減）
□ 芝麻 ½ 小匙
□ 芝麻油 ½ 小匙（可增減）

風味海苔飯卷

| 鮪魚海苔飯卷
| 蔬菜海苔飯卷
| 水芹海苔飯卷

鮪魚海苔飯卷

蔬菜海苔飯卷

+Tip

切出完美的海苔飯卷
製做海苔飯卷時,可在收
尾端抹點水再捲起。捲好
後不要馬上切片,把收尾
的部分朝下,在平盤或熟
食砧板上放置一會兒。切
飯卷時,刀子要先沾泡冷
水後再切,就能輕易切出
漂亮完美的海苔飯卷。

水芹海苔飯卷

1 鮪魚海苔飯卷

1 紫蘇葉逐片洗淨，抖落水分後將蒂頭摘除。

2 鮪魚用濾網將湯汁瀝除。小黃瓜切成長條並挖除籽肉。洋蔥切碎。
→也可以用醃黃蘿蔔取代小黃瓜。

3 大盆中放入鮪魚並用湯匙壓散，放入碎洋蔥與調味料仔細拌勻。

4 取一大盆將飯與調味料拌勻，取¼分量的米飯放上海苔片，均勻鋪滿海苔片的⅔面積。

5 把2片紫蘇葉、1條小黃瓜與¼分量的步驟**3**鮪魚放在步驟**4**米飯上，緊密捲好後切成一口大小。剩下的食材請依照相同方式製作。

2 蔬菜海苔飯卷

1 把4條青陽辣椒對半切去籽後，與紅蘿蔔一同切碎。

2 把醬汁用的青陽辣椒切成4段。把醬汁材料全都放入小湯鍋中，以小火煮至邊緣稍微冒泡後，再繼續熬煮5分鐘。

3 大盆中放入米飯、4大匙醬汁、青陽辣椒、紅蘿蔔、芝麻與芝麻油拌勻。

4 把⅕分量步驟**3**米飯放在海苔片上，均勻鋪滿海苔片的⅔面積，緊密捲好後切成一口大小。剩下的食材請依照相同方式製作。

準備材料

鮪魚海苔飯卷
⏱ **25～30分鐘**
☐ 熱飯3碗（600g）
☐ 海苔片（A4大小）4片
☐ 鮪魚罐頭1罐（200g）
☐ 紫蘇葉8片（16g）
☐ 小黃瓜½條（從長邊切成兩等分，100g）
☐ 洋蔥½顆（100g）

鮪魚調味料
☐ 美乃滋8大匙
☐ 鹽⅓小匙
☐ 胡椒粉少許

米飯調味料
☐ 鹽⅔小匙（可增減）
☐ 芝麻油1大匙

蔬菜海苔飯卷
⏱ **25～30分鐘**
☐ 熱飯3碗（600g）
☐ 海苔片（A4大小）5片
☐ 青陽辣椒4條（可增減）
☐ 紅蘿蔔約⅕條（40g）
☐ 芝麻1大匙
☐ 芝麻油2大匙

醬香調味醬汁（4大匙分量）
☐ 青陽辣椒1條
☐ 釀造醬油4大匙
☐ 水2大匙
☐ 砂糖½小匙
☐ 蒜末1小匙

準備材料

水芹海苔飯卷

🕐 **30 ～ 35 分鐘**
- 熱飯 1½ 碗（300g）
- 海苔片（A4 大小）
  2 片
- 牛肉細條 100g
- 水芹 2 把（140g）
- 食用油 1 小匙
- 芝麻油 少許

牛肉醃料
- 釀造醬油⅔大匙
- 果寡糖½大匙
- 蒜末½小匙
- 芝麻油 1 小匙
- 胡椒粉少許

水芹調味料
- 鹽⅓小匙
- 芝麻油½小匙

米飯調味料
- 芝麻 1 小匙
- 鹽⅓小匙
- 芝麻油 1 小匙

3 水芹海苔飯卷

1 牛肉用醃料抓醃靜置 5 分鐘。

2 水芹洗淨後，在煮滾的鹽水（5 杯水＋1 大匙鹽）中汆燙 10 秒，取出沖洗冷水後把水擰乾。

3 把燙好的水芹切成 2cm 長段，再與調味料拌勻。

4 熱好的鍋中倒入油，放入牛肉以中火炒 1 分鐘。

5 取一大盆將米飯與調味料拌勻，把½分量的米飯放上海苔片，均勻鋪滿海苔片的⅔面積。

6 各取 ½ 的牛肉與水芹，放在步驟 **5** 米飯上捲好，接著用料理刷將芝麻油輕輕刷在飯卷表面後切成一口大小。剩下的食材請依照相同方式製作。

風味手握飯糰

紫蘇葉吻仔魚手握飯糰
泡菜鮪魚手握飯糰
魷魚絲手握飯糰

紫蘇葉吻仔魚手握飯糰

泡菜鮪魚手握飯糰

魷魚絲手握飯糰

飯糰的美味祕訣
剛煮好的米飯黏性最佳，飯糰很容易就捏製成形。此外，米飯硬度要軟硬適中，太軟的米飯吃起來黏呼呼的，口感不佳。若使用的是冷飯，須用微波爐（700w）加熱1分30秒後才能使用。

紫蘇葉吻仔魚手握飯糰

🕐 20 ～ 25 分鐘
- ☐ 熱飯 1½ 碗（300g）
- ☐ 吻仔魚¾ 杯（30g）
- ☐ 紫蘇葉 5 片（10g）
- ☐ 起司片 1 片
- ☐ 葵花子 3 大匙（24g）
- ☐ 芝麻油 1 大匙

調味料
- ☐ 砂糖 1 大匙
- ☐ 釀造醬油 1 大匙
- ☐ 料理酒 1 大匙
- ☐ 食用油 1 大匙

泡菜鮪魚手握飯糰

🕐 20 ～ 25 分鐘
- ☐ 熱飯 1½ 碗（300g）
- ☐ 鮪魚罐頭½ 罐（50g）
- ☐ 熟成的白菜泡菜⅔ 杯（100g）
- ☐ 海苔片（A4 大小）2 片

內餡調味
- ☐ 芝麻 1 小匙
- ☐ 砂糖 1 小匙
- ☐ 芝麻油 1 小匙

米飯調味
- ☐ 芝麻 1 小匙
- ☐ 鹽⅓ 小匙
- ☐ 芝麻油 2 小匙

1 紫蘇葉吻仔魚手握飯糰

1 將紫蘇葉逐片洗淨，抖落水分將蒂頭摘除後，捲起切成細絲。起司片直接切成十二等分。

2 熱好的鍋中放入吻仔魚以中火炒 30 秒，再放入葵花子與調味料炒 2 分鐘。

3 取一大盆，放入米飯、吻仔魚、紫蘇葉絲與芝麻油拌勻。

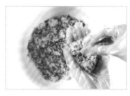 

4 將步驟 3 米飯均分成六分，先捏成圓球，手指從中間戳出一個小洞放入 2 小塊起司片。

5 把起司包起來後，捏成三角形的飯糰。

➔也可直接把飯與起司拌勻，捏製成想要的形狀。

2 泡菜鮪魚手握飯糰

1 鮪魚用濾網將湯汁瀝除。泡菜要把湯汁擠乾後再切碎。

2 用小火熱鍋，將海苔片兩面各烤 1 分 30 秒，烤至海苔片呈現青綠色為止，再放入塑膠袋中捏碎。

3 大盆中放入鮪魚、泡菜、內餡調味料拌勻。

4 取另一大盆，將米飯與調味料拌勻並均分成六分，捏成圓球狀。

5 在步驟 4 米飯中間，戳出一個小洞，放入⅙分量的步驟 3 內餡。把內餡包起來後，捏製成圓球狀的飯糰。

6 把飯糰放入步驟 2 塑膠袋中搖晃，使其均勻裹上海苔碎片。

➔也可直接把飯與內餡拌勻後，捏製成想要的形狀。

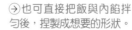

3 魷魚絲手握飯糰

1 把魷魚絲泡在冷水中 5 分鐘,再將水瀝乾。

2 青辣椒對半切去籽後切碎。魷魚絲切成 0.5cm 寬。

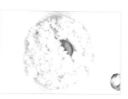

3 把米飯與調味料混拌均勻。

4 取另一大盆,加入魷魚絲與調味料拌勻。

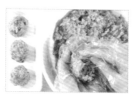

5 把步驟 **3** 米飯與青辣椒,放入步驟 **4** 大盆中拌勻,再捏成圓球飯糰。

簡單黃豆芽飯
泡菜炒飯

簡單黃豆芽飯

泡菜炒飯

+Recipe

用鍋子煮黃豆芽飯
材料 白米 1½ 杯（260g），
黃豆芽 3 把（150g），鹽
水（1 杯水＋1 小匙鹽）

1 米洗淨泡水 30 分鐘，
黃豆芽用水洗淨後，將水
瀝乾。

2 米與鹽水放入厚底鍋，
放上黃豆芽，蓋緊鍋蓋以
大火煮滾後，轉調小火繼
續燜煮 15 分鐘。

3 關火打開鍋蓋，稍微
攪拌後再蓋回蓋子燜 5 分
鐘。在熱好的鍋中倒入 1
小匙油，放入醃漬好的牛
絞肉以中小火炒 2 分 30
秒後，即可與黃豆芽飯一
起上桌。

1 簡單黃豆芽飯

1 牛絞肉用醃料抓醃均勻。將調味醬料材料混合均勻。

2 黃豆芽泡水抓洗後沖水洗淨，將水瀝乾。

3 切除金針菇根部，分成小束，再切成 2cm 長段。大蔥斜切成片。

4 飯裝入耐熱容器中，依序放上牛絞肉與黃豆芽，蓋上一層保鮮膜並用筷子戳小洞，用微波爐（700w）加熱 7 分鐘。

5 把金針菇與大蔥片放在完成的黃豆芽飯上，搭配調味醬料一起上桌。
＊每人飲食習慣不同，可視狀況燙熟金針菇食用。

2 泡菜炒飯

1 培根與泡菜切成 1cm 寬。

2 熱好的鍋中倒入 1 大匙油，打入雞蛋以中小火煎 1 分 30 秒至半熟。
↪若想吃全熟的煎蛋，可再翻面煎 1 分 30 秒煎熟。美味的煎蛋作法，請參考第 39 頁。

3 用廚房紙巾把步驟 **2** 煎鍋擦淨，重新以中小火熱好鍋後倒入 1 大匙油，放入培根與泡菜炒 3 分鐘。

4 再放入米飯、韓式辣椒醬、砂糖炒 1 分 30 秒後，加入芝麻與芝麻油拌勻。最後把炒飯盛盤再放上煎蛋。

準備材料

簡單黃豆芽飯
🕐 20 ～ 25 分鐘
☐ 米飯 2 碗（400g）
☐ 黃豆芽 2 把（100g）
☐ 牛絞肉 50g
☐ 金針菇½包（75g）
☐ 大蔥（蔥白）15cm 1 根

牛肉醃料
☐ 清酒 1 大匙
☐ 砂糖½小匙
☐ 釀造醬油 1 小匙
☐ 芝麻油 1 小匙

調味醬料
☐ 砂糖½大匙
☐ 釀造醬油 1 大匙
☐ 冷開水 1 大匙
☐ 芝麻油½大匙
☐ 芝麻 1 小匙
☐ 韓國辣椒粉½小匙
☐ 蒜末 1 小匙
☐ 胡椒粉少許

泡菜炒飯
🕐 20 ～ 25 分鐘
☐ 米飯 1½碗（300g）
☐ 熟成的白菜泡菜 1½杯（200g）
☐ 培根 7 片（100g）
☐ 雞蛋 2 顆
☐ 食用油 2 大匙
☐ 韓式辣椒醬 1 大匙
☐ 砂糖⅓小匙
☐ 芝麻油 1 小匙
☐ 芝麻 少許

蛋包飯

Tip

炒飯的美味祕訣
要用微溫的飯，才能炒出軟
硬適中又入味均勻的炒飯，
可把冷飯以微波爐（700w）
加熱 1 分 30 秒後再下鍋炒。
炒飯用的米飯，其含水量要
比平常吃的飯少，做好的炒
飯才會粒粒分明又不會過於
黏爛。此外，炒飯時要將鍋
鏟打直，盡可能不要把飯粒
炒碎。

基本單品料理_chapter 04

1 把醬汁材料放入小湯鍋中以大火煮滾後，繼續拌煮 6 分 30 秒。

2 切除蘑菇蒂頭後，按原形切片。洋蔥與青椒切碎。大蔥切細。

3 取一空碗將蛋打散。

⤷可將蛋液過篩網濾除繫帶，就能煎出薄又光滑的蛋皮。

4 熱好的鍋中倒入 1 大匙油，放入大蔥以中小火炒 30 秒，再放入洋蔥炒 1 分鐘。

5 放入米飯炒 1 分 30 秒，再放入蘑菇與青椒炒 1 分鐘。

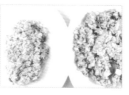

6 加入釀造醬油與番茄醬炒 1 分鐘後，分裝成兩盤並做出橢圓形模樣。

⤷可隨喜好再加點鹽調味。

7 用廚房紙巾把步驟 **6** 煎鍋擦淨，重新以小火熱好鍋後倒入 ⅓ 大匙的油，接著倒入 ½ 分量的蛋液 煎 1 分 30 秒，剩餘蛋液請依照相同方式製作。

8 把煎好的蛋皮，放在步驟 **6** 炒飯上，最後淋上醬汁即可。

⤷也可以像左頁的完成圖一樣，盤中先盛裝好醬汁，再放上炒飯與蛋皮。或按喜好再擠上番茄醬或美乃滋。

準備材料

⏱ **25～30 分鐘**
☐ 微溫米飯 1 ½ 碗（300g）
☐ 蘑菇 3 個（60g）
☐ 洋蔥 ¼ 顆（50g）
☐ 青椒 ½ 個（50g）
☐ 大蔥（蔥白）15cm 1 根
☐ 雞蛋 2 顆
☐ 食用油 1 ⅓ 大匙
☐ 釀造醬油 1 大匙
☐ 番茄醬 1 ½ 大匙

醬汁
☐ 釀造醬油 1 大匙
☐ 清酒 2 大匙
☐ 番茄醬 3 大匙
☐ 果寡糖 1 大匙（可增減）
☐ 水 1 杯（200ml）

韓式餃子

泡菜餃子
鮮肉餃子

泡菜餃子

鮮肉餃子

Tip

餃子的保存方式
包餃子時要在餃子皮上蓋條
濕棉布，皮才不會變乾。餃
子蒸熟放涼後，為了避免沾
黏，要平放在不鏽鋼托盤
上，再放進冷凍庫裡冷凍。
等結凍後再裝入保鮮袋或密
封容器中保存。烹煮時，直
接拿來煎烤、水煮或蒸即可。

1 泡菜餃子

1 豆腐用刀鋒側面均勻壓碎，再用棉布包住後將水擠乾。

2 綠豆芽在滾水中汆燙30秒，取出放涼後把水擠乾，再均勻切碎。

3 韭菜洗淨後切碎。泡菜要把湯汁擠乾後再切碎。

4 大盆中先把調味料混合均勻，再放入餃子皮以外的所有食材拌勻，靜置10分鐘。

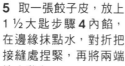

5 取一張餃子皮，放上1 ½大匙步驟 4 內餡，在邊緣抹點水，對折把接縫處捏緊，再將兩端沾水黏合。

→ 請視餃子皮的大小調整內餡分量。

6 放入已冒出蒸氣的蒸籠中，中火蒸 11 分鐘。

2 鮮肉餃子

1 用廚房紙巾吸除牛絞肉的血水後，再與豬絞肉拌勻。

2 豆腐用刀鋒側面均勻壓碎，再用棉布包住後將水擠乾。

3 綠豆芽在滾水中汆燙30秒，取出放涼後把水擠乾，再均勻切碎。韭菜洗淨後切碎。

4 大盆中先把調味料混合均勻，再放入餃子皮以外的所有食材拌勻，靜置10分鐘。

5 取一張餃子皮，放上1 ½大匙步驟 4 內餡，在餃子皮邊緣抹點水，對折把接縫處捏緊，再將兩端沾水黏合。

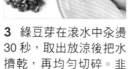

6 放入已冒出蒸氣的蒸籠中，中火蒸 11 分鐘。

韓式年糕湯
韓式餃子湯

韓式餃子湯

韓式年糕湯

+Tip

只買到牛腩或牛腱
其中一樣時
單獨使用其中一種肉時，
使用量要增加至同時使用
兩種肉的分量。

+Recipe

利用市售牛骨高湯做湯頭
使用市售高湯就能快速出
餃子湯或年糕湯。熱好的
湯鍋中倒入少許芝麻油，
放入牛肉（150g）以中小
火炒5分鐘。接著倒入4
杯市售牛骨高湯與2杯水
並轉大火燒煮，煮滾後再
放入年糕片或餃子，煮至
年糕片或餃子浮起後再加
入大蔥片，試過味道後再
加鹽調味。

1 將牛腩與牛腱浸泡冷水 30 分鐘～1 小時泡除血水。

→過程中要替換兩三次的清水。

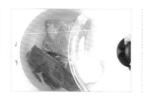

2 把牛腩與牛腱放入滾水中，以大火汆燙 2 分鐘後把水倒掉，再把昆布片以外的高湯材料放入湯鍋，蓋上鍋蓋以大火燜煮。

3 煮滾後轉中小火燜煮 1 小時 20 分鐘，放入昆布片煮 5 分鐘，最後用沾濕的棉布過濾湯汁。

→煮的過程中要撈除湯渣泡沫。

4 牛腩撕成肉絲，拌入牛腩醃料抓醃均勻。牛腱切成 3×4×0.5cm 的大小後放入湯內。

5 把過濾出的昆布片切成細絲。大蔥斜切成片。

6 湯鍋中放入步驟 3 湯汁與湯品調味料以大火燒煮，煮滾後放入年糕片（或餃子），煮至年糕片（或餃子）浮起後再加入大蔥片煮 30 秒。

→年糕片太硬結成塊時，可浸泡冷水中 20～30 分鐘後再做使用。用剩的年糕片要冷凍保存，再次烹調前再泡冷水解凍。

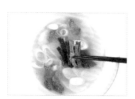

7 年糕湯（或餃子湯）盛裝碗內，放上步驟 4 調味過的牛腩肉絲與昆布絲。

準備材料

🕐 **1 小時 30 分鐘～1 小時 40 分鐘**
☐ 年糕片 4 杯（400g）或餃子 10 顆（300g）
★餃子作法請參考第 276 頁
☐ 牛腩肉 300g
☐ 牛腱肉 150g
☐ 大蔥（蔥白）15cm 1 根

高湯
☐ 白蘿蔔 1 條（150g）
☐ 大蔥（蔥綠）15cm 1 根
☐ 蒜頭 2 粒
☐ 水 10 杯（2L）
☐ 昆布 5×5cm 2 片

牛腩醃料
☐ 蔥末 2 大匙
☐ 蒜末½大匙
☐ 韓式醬油 1 大匙
☐ 芝麻油 2 小匙

湯品調味料
☐ 鹽 1 小匙（可增減）
☐ 蒜末 2 小匙
☐ 韓式醬油 1 小匙
☐ 胡椒粉少許

刀切麵

花蛤刀切麵
雞肉刀切麵

花蛤刀切麵

雞肉刀切麵

+Tip

想讓湯汁更為濃稠時
在調理花蛤刀切麵時可跳
過步驟 **3**，直接在步驟 **6**
中加入麵煮 2～3 分鐘。
而在雞肉刀切麵完成前的
10 分鐘，加入 ½ 大匙的
糯米粉或紫蘇籽粉煮。

1 花蛤刀切麵

1 花蛤泡在水中抓洗，再沖水洗淨，將水瀝乾。

2 櫛瓜與洋蔥切成細絲。蒜頭切成薄片。醬料材料混合均勻。

3 把刀切麵放入滾水中以大火燒煮，邊煮邊用筷子攪拌，煮2分鐘後取出沖洗冷水，將水瀝乾。

4 湯鍋中放入花蛤、蒜片、8杯水、清酒以大火燒煮，煮滾後轉中火繼續煮10分鐘，把花蛤與蒜片撈出備用。

5 把櫛瓜與洋蔥放入步驟4湯中以大火燒煮，煮滾後轉中火繼續煮5分鐘。

6 加入煮熟的刀切麵與鹽拌煮3～4分鐘，再加入步驟4撈出的花蛤與蒜片繼續煮1分鐘。可依照喜好搭配醬料。

2 雞肉刀切麵

1 櫛瓜與洋蔥切細絲。大蔥斜切成1cm寬片。

2 去除雞腿表皮的脂肪並劃出切痕，放入滾水中汆燙1分鐘後撈出。

3 湯鍋中放入燙好的雞腿與高湯材料以大火煮，煮滾後轉中小火煮40分鐘，再用濾網過濾湯汁。

4 雞腿放涼，撕成雞肉絲，並拌入胡椒粉與芝麻油。

5 步驟3湯鍋洗淨後，將湯汁重新倒回以大火燒煮，煮滾後放入刀切麵煮2分鐘。

6 轉中火並放入櫛瓜與洋蔥煮4分鐘，再加入大蔥與鹽煮1分鐘，最後盛盤，放上雞肉絲。

花蛤刀削麵

⏱ **30～35 分鐘**
- ☐ 市售刀切麵½包（175g）
- ☐ 吐沙處理過的花蛤2包（400g）
- ☐ 櫛瓜⅔條（180g）
- ☐ 洋蔥⅓顆（70g）
- ☐ 蒜頭3粒（15g）
- ☐ 水8杯
- ☐ 清酒1大匙
- ☐ 鹽1½小匙（可增減）

醬料
- ☐ 蔥花2大匙
- ☐ 青陽辣椒末1大匙（1條分量）
- ☐ 韓式辣椒醬1½大匙
- ☐ 冷開水1½大匙
- ☐ 砂糖½小匙
- ☐ 蒜末½小匙
- ☐ 釀造醬油1小匙
- ☐ 韓式醬油2小匙
- ☐ 芝麻油1小匙

雞肉刀削麵

⏱ **50～55 分鐘**
- ☐ 市售刀切麵1包（350g）
- ☐ 雞腿5支（500g）
- ☐ 櫛瓜½條（135g）
- ☐ 洋蔥½顆（100g）
- ☐ 大蔥（蔥白）15cm1根
- ☐ 胡椒粉¼小匙
- ☐ 芝麻油1小匙
- ☐ 鹽¼小匙（可增減）

高湯
- ☐ 大蔥（蔥綠）20cm3根
- ☐ 蒜頭5粒（25g）
- ☐ 薑2塊（10g）
- ☐ 水10杯（2L）

麵疙瘩

馬鈴薯麵疙瘩
香辣麵疙瘩

馬鈴薯麵疙瘩

香辣麵疙瘩

+Recipe

馬鈴薯麵疙瘩佐雙椒辣醬
材料 青辣椒 2 條，青陽
辣椒 2 條，熱水 ½ 杯，昆
布 5×5cm 1 片，韓式醬
油 4 大匙

1 青辣椒與青陽辣椒切
細。

2 昆布片放入 ½ 杯熱水
中，浸泡 5 分鐘後撈出。

3 取 3 大匙昆布水，放入
青辣椒、青陽辣椒與韓式
醬油拌勻。

1 馬鈴薯麵疙瘩

  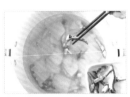

1 馬鈴薯去皮後與櫛瓜切成 0.5cm 厚的片狀。洋蔥切成細絲，大蔥斜切成 1cm 寬片。

2 把揉麵用的馬鈴薯放入調理機中攪打成泥。大盆內放入馬鈴薯泥、麵粉、鹽，揉成麵團後蓋上濕棉布。

3 湯鍋中放入馬鈴薯與高湯材料以大火燒煮，煮滾後轉中小火煮 5 分鐘，撈出昆布片繼續煮 5 分鐘，撈出 ½ 分量的馬鈴薯與小魚乾。

 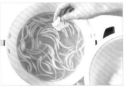 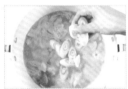

4 利用杓鏟將步驟 **3** 鍋中剩下的馬鈴薯壓碎，再開大火燒煮。

5 煮滾後轉中小火放入洋蔥與韓式醬油，再轉成小火放入麵團。

→雙手沾些麵粉或冷水，更容易撕取麵團。

6 放入櫛瓜、步驟 **3** 撈出的馬鈴薯、蒜末，並轉中火燒煮 7 分鐘，再加入大蔥與鹽煮 1 分鐘。

2 香辣麵疙瘩

1 湯鍋中放入高湯材料以大火燒煮，煮滾後撈出昆布片，轉小火繼續煮 10 分鐘，再用濾網過濾湯汁。

2 大盆中將麵團材料揉捏成形後，裝入保鮮袋中放入冷藏室靜置 15 分鐘。

3 切除香菇蒂頭後按原形切片，秀珍菇撕開。

 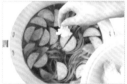 

4 櫛瓜從長邊對切，再切成 0.5cm 厚片狀。洋蔥切成細絲，大蔥與青陽辣椒斜切成片。

5 把韓式辣椒醬、味噌醬加入步驟 **1** 湯中以大火燒煮，煮滾後轉中小火，並放入櫛瓜、洋蔥與麵疙瘩。

→雙手沾些麵粉或冷水，更容易撕取麵團。

6 再次轉調大火煮 5 分鐘，最後放入香菇、大蔥、青陽辣椒、蒜末、韓式醬油、鹽煮 1 分鐘。

→過程中要不時攪拌以防黏鍋。

準備材料

馬鈴薯麵疙瘩

⏱ 35 ～ 40 分鐘
- ☐ 馬鈴薯 1 顆（200g）
- ☐ 櫛瓜 ¼ 條（75g）
- ☐ 洋蔥 ¼ 顆（50g）
- ☐ 大蔥（蔥白）15cm 1 根
- ☐ 韓式醬油 1 小匙
- ☐ 蒜末 2 小匙
- ☐ 鹽 1½ 小匙（可增減）

麵團
- ☐ 馬鈴薯 ½ 顆（100g）
- ☐ 麵粉 1 杯
- ☐ 鹽 ¼ 小匙

高湯
- ☐ 小魚乾 30 尾（30g）
- ☐ 昆布 5×5cm 3 片
- ☐ 水 7 杯（1.4L）

香辣麵疙瘩

⏱ 35 ～ 40 分鐘
- ☐ 香菇 3 朵（60g）
- ☐ 秀珍菇 1 把（50g）
- ☐ 櫛瓜 ½ 條（135g）
- ☐ 洋蔥 ¼ 顆（50g）
- ☐ 大蔥（蔥白）5cm 1 根
- ☐ 青陽辣椒 1 條
- ☐ 韓式味噌醬 2 大匙（可增減）
- ☐ 韓式辣椒醬 3 大匙
- ☐ 蒜末 ½ 大匙
- ☐ 韓式醬油 1 大匙
- ☐ 鹽 1 小匙（可增減）

高湯
- ☐ 小魚乾 20 尾（20g）
- ☐ 昆布 5×5cm 4 片
- ☐ 大蔥（蔥綠）10cm 1 根
- ☐ 水 8 杯（1.6L）

麵團
- ☐ 麵粉 1 ½ 杯
- ☐ 冷水 ½ 杯（100ml）
- ☐ 鹽 ½ 小匙

小魚高湯麵

泡菜小魚高湯麵
櫛瓜小魚高湯麵

泡菜小魚高湯麵

櫛瓜小魚高湯麵

+Tip

昆布小魚高湯的
熬煮注意事項
昆布小魚高湯不需長時間
熬煮。相反地,小魚乾煮
太久,會使高湯混濁且帶
有腥味。加點洋蔥一起煮
有助於去除腥味,也可以
去除小魚乾的頭與內臟後
用乾鍋煎烤,亦有助降低
腥味的產生。

1 泡菜小魚高湯麵

  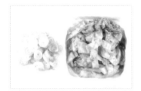

1 湯鍋中放入高湯材料以大火燒煮，煮滾後轉小火繼續煮 3 分鐘。

2 昆布片取出後繼續煮 10 分鐘，再用濾網過濾湯汁。撈出的昆布片切成細絲。

3 大蔥切細。把泡菜上的醃料去除後，切成 1cm 寬。

4 步驟 **2** 湯鍋洗淨後，重新倒回湯汁以大火燒煮，煮滾後放入泡菜。待再次煮滾，加入泡菜湯汁與麵線拌煮 3 分鐘。

5 加入蒜末與韓國魚露煮滾，再放入大蔥後關火。麵線盛裝碗內，放上切好的昆布絲。
→品嚐一下湯頭口味，覺得太淡再加點鹽調味。

2 櫛瓜小魚高湯麵

1 湯鍋中放入高湯材料以大火燒煮，煮滾後轉小火繼續煮 5 分鐘。取出昆布片繼續煮 15 分鐘，再用濾網過濾湯汁。

2 櫛瓜與洋蔥切成絲，大蔥斜切成片。

3 取一空碗把蛋打散。

4 洗淨步驟 **1** 湯鍋後，重新倒回湯汁以大火燒煮，煮滾後轉中火，加入櫛瓜、洋蔥、大蔥、韓式醬油煮 3 分鐘。

5 放入麵線拌煮 2 分 50 秒後，加入鹽與胡椒粉調味。

6 最後倒入蛋液靜置煮 30 秒後關火。

泡菜小魚高湯麵
🕐 **30 ～ 35 分鐘**
☐ 韓國麵線 2 把（160g）
☐ 熟成的白菜泡菜 1 杯（200g）
☐ 大蔥（蔥白）15cm 1 根
☐ 泡菜湯汁 3 大匙
☐ 蒜末 1 小匙
☐ 韓國魚露 2 小匙
☐ 鹽少許（可增減）

高湯
☐ 小魚乾 15 尾（15g）
☐ 昆布 5×5cm 3 片
☐ 洋蔥粗絲½顆分量（100g）
☐ 水 10 杯（2L）

櫛瓜小魚高湯麵
🕐 **30 ～ 35 分鐘**
☐ 韓國麵線 2 把（160g）
☐ 櫛瓜½條（135g）
☐ 洋蔥¼顆（50g）
☐ 大蔥（蔥白）10cm 1 根
☐ 雞蛋 1 顆
☐ 韓式醬油 1 小匙
☐ 鹽少許（可增減）
☐ 胡椒粉少許

高湯
☐ 小魚乾 15 尾（15g）
☐ 昆布 5×5cm 2 片
☐ 紅辣椒（剖半去籽）1 條（可省略）
☐ 水 8 杯（1.6L）

韓式辣拌麵

水芹辣拌麵
泡菜辣拌麵

水芹辣拌麵

泡菜辣拌麵

+Recipe

變換其他麵條
使用冷麵、蕎麥麵、Q彈
麵時，按照產品外包裝標
註的烹煮時間，煮好後用
冷水洗過三四次後再做使
用。

處理共同食材 烹煮麵線

1 把麵線放入滾水中以中火煮3分30秒。每次水滾時,把½杯冷水分成三次倒入。

→ 麵線以傘狀放入,過程中要不時攪拌,麵線才不會黏在一起。

2 煮好的麵線立刻泡入冷水中用手搓洗三、四次,洗除麵線表面澱粉質後,將水瀝乾。

1 水芹辣拌麵

1 摘除枯黃的水芹葉並洗淨,芹梗切成5cm長段,芹葉切成2cm寬。

2 大盆內把調味料混合均勻。

3 把水芹與煮好的麵線放入調味料中仔細拌勻。

2 泡菜辣拌麵

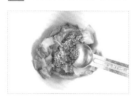

1 泡菜切成1cm寬,並用醃料抓醃均勻。

2 大盆內把調味料混合均勻。

3 煮好的麵線與5大匙調味料拌勻後盛盤,再放上嫩葉蔬菜與泡菜,搭配剩下的調味醬料一起上桌。

準備材料

水芹辣拌麵
⏱ **20 ～ 25 分鐘**
- ☐ 韓國麵線 2 把（160g）
- ☐ 水芹 1 把（70g）

調味料
- ☐ 砂糖⅔大匙
- ☐ 醋 1 大匙
- ☐ 釀造醬油½大匙
- ☐ 韓式辣椒醬 3 大匙
- ☐ 芝麻½小匙
- ☐ 韓國辣椒粉 1 小匙
- ☐ 蒜末 1 小匙
- ☐ 芝麻油 1 小匙

泡菜辣拌麵
⏱ **20 ～ 25 分鐘**
- ☐ 韓國麵線 2 把（160g）
- ☐ 熟成的白菜泡菜½杯（75g）
- ☐ 嫩葉蔬菜 1 把（20g,可省略）

泡菜醃料
- ☐ 芝麻½小匙
- ☐ 果寡糖½小匙
- ☐ 芝麻油 1 小匙

調味料
- ☐ 韓國辣椒粉 2 大匙
- ☐ 洋蔥末 1 大匙
- ☐ 蒜末½大匙
- ☐ 醋 2 大匙
- ☐ 釀造醬油 2 大匙
- ☐ 料理酒 1 大匙
- ☐ 果寡糖 2 ½大匙
- ☐ 芝麻油 1 大匙
- ☐ 鹽⅔小匙

醬香拌麵
烏龍麵

烏龍麵

醬香拌麵

Recipe

利用昆布小魚高湯
煮烏龍麵
沒有柴魚高湯時，在湯
鍋中放入小魚乾20尾
（20g）、昆布5×5cm 3
片、5杯水以大火燒煮，
煮滾後轉中小火繼續煮5
分鐘，取出昆布片再煮
10分鐘，再用濾網過濾
湯汁，就能拿來取代柴魚
高湯了。

1 醬香拌麵

1 小黃瓜切成 5cm 長段，削皮去籽再切成細絲。洋蔥切成細絲，與小黃瓜絲一起用砂糖、鹽抓醃，靜置 10 分鐘後擠乾水分。

2 先把調味料混合均勻，再將牛肉絲用牛肉醃料與 3 大匙調味料抓醃均勻。

3 熱好的鍋中倒入油，放入小黃瓜絲與洋蔥絲以中火炒 1 分 30 秒後取出放涼。

4 用廚房紙巾把步驟 **3** 煎鍋擦淨，再用中火重新熱鍋，放入牛肉絲炒 2 分鐘後取出放涼。

5 把麵線放入滾水中以中火拌煮 3 分 30 秒。每次水滾時，把 ½ 杯冷水分成三次倒入。麵線煮好後要沖洗冷水，再用漏勺將水瀝乾。

6 將煮好的麵線與步驟 **2** 剩下的調味料拌勻後盛裝碗內，放上牛肉絲、小黃瓜絲與洋蔥絲，再加入芝麻與芝麻油拌勻。

2 烏龍麵

1 摘除枯黃的茼蒿葉並洗淨，再切成 5cm 長段。

2 洋蔥切成絲。油豆腐切成 1cm 寬，盛裝於漏勺上澆淋 2 杯熱水。

3 湯鍋中放入昆布與 6 杯水以大火燒煮，煮滾後轉中小火繼續煮 5 分鐘。關火後放入柴魚片泡 5 分鐘，再濾出湯汁。

4 烏龍麵放入滾水中煮 2 分鐘，取出沖洗冷水並把水分瀝乾。

→烏龍麵放入後等它自然散開。

5 步驟 **3** 湯鍋洗淨後，重新倒回湯汁，並加入釀造醬油、料理酒、洋蔥以大火燒煮，煮滾後繼續煮 2 分鐘。

6 放入煮好的烏龍麵與油豆腐再煮 1 分鐘。將烏龍麵盛裝碗內，放上茼蒿並灑上辣椒粉與海苔片。

準備材料

醬香拌麵
- ⏱ 25 ～ 30 分鐘
- □ 韓國麵線 2 把（160g）
- □ 牛肉絲 100g
- □ 小黃瓜 1 條（200g）
- □ 洋蔥 1/8 顆（25g）
- □ 砂糖 ⅓ 小匙
- □ 鹽 ¼ 小匙
- □ 食用油 1 小匙
- □ 芝麻 少許
- □ 芝麻油 少許

調味料
- □ 砂糖 ⅔ 大匙
- □ 蔥末 ½ 大匙
- □ 釀造醬油 2 大匙（可增減）
- □ 蒜末 1 小匙

牛肉醃料
- □ 清酒 ½ 大匙
- □ 胡椒粉少許

烏龍麵
- ⏱ 25 ～ 30 分鐘
- □ 市售烏龍麵 2 包（400g）
- □ 茼蒿 1 把（50g）
- □ 油豆腐 4.5×10cm 4 片
- □ 洋蔥 ¼ 顆（50g）
- □ 釀造醬油 ¼ 杯（50ml，可增減）
- □ 料理酒 ¼ 杯（50ml）
- □ 海苔片少許
- □ 韓國辣椒粉 少許

高湯
- □ 昆布 5×5cm 3 片
- □ 水 6 杯（1.2L）
- □ 柴魚片 1 杯（5g）

炒烏龍麵
烏龍冷麵沙拉

炒烏龍麵

烏龍冷麵沙拉

+Tip

利用孔雀蛤取代綠貽貝
綠貽貝的肉質比孔雀蛤飽滿又
鮮甜，是相當適合做生菜沙拉
的海鮮食材，其中以紐西蘭產
的最為有名。若買不到綠貽貝
而用孔雀蛤取代時，請參考第
261頁的處理方法。或用一整
隻魷魚來取代孔雀蛤與草蝦。

1 炒烏龍麵

1 冷凍草蝦仁泡在薄鹽水（3杯水＋1小匙鹽）中解凍 10 分鐘後再沖水洗淨。

2 孔雀蛤泡在薄鹽水（3杯水＋1小匙鹽）中解凍 10 分鐘後用水洗淨，與草蝦仁一起瀝乾。蒜頭切成薄片。

3 烏龍麵放入滾水中煮 1 分 30 秒，再取出沖洗冷水並把水分瀝乾。
➔烏龍麵放入後等它自然散開。

4 熱好的鍋中倒入辣椒油，放入蒜片以中炒 30 秒，加入孔雀蛤與草蝦仁，轉大火炒 2 分鐘。

5 放入煮好的烏龍麵、釀造醬油、砂糖炒 1 分 30 秒。
➔放入 2 把綠豆芽一起炒也很美味，完成的烏龍麵上撒點柴魚片會更香。

2 烏龍冷麵沙拉

1 紫蘇葉捲緊切成細絲後浸泡冷水 5 分鐘，再將水瀝乾。蘿蔓生菜洗淨後撕成一口大小，將水瀝乾。

2 烏龍麵放入滾水中煮 1 分 30 秒，再用漏勺取出沖洗冷水並瀝乾。
➔放入烏龍麵後等它自然散開。

3 取一大盆先把沙拉醬汁混合均勻，再放入烏龍麵輕輕拌勻。

4 蘿蔓生菜鋪盤，放上烏龍麵並淋上剩下的沙拉醬汁，最後放上紫蘇葉絲。

準備材料

炒烏龍麵
🕐 **20 ～ 25 分鐘**
☐ 市售烏龍麵 1 包（200g）
☐ 孔雀蛤 150g
☐ 冷凍草蝦仁 10 ～ 13 尾（150g）
☐ 蒜頭 3 粒（15g）
☐ 辣椒油 1 ½ 大匙
☐ 釀造醬油 2 大匙
☐ 砂糖 2 小匙

烏龍冷麵沙拉
🕐 **20 ～ 25 分鐘**
☐ 市售烏龍麵 1 包（200g）
☐ 紫蘇葉 15 片（30g）
☐ 蘿蔓生菜或萵苣生菜或結球萵苣 1 把（75g）

沙拉醬汁
☐ 砂糖 2 大匙
☐ 蒜末 1 大匙
☐ 醋 1 大匙
☐ 釀造醬油 2 大匙
☐ 橄欖油 3 大匙
☐ 芝麻油 1 大匙

韓式涼拌什錦冬粉

把韓式冬粉煮得更柔軟
想要韓式冬粉吃起來更柔
軟,可將步驟 **10** 烹煮冬
粉的時間增長為 2 分鐘並
省略步驟 **11**,直接與冬
粉調味料拌勻。

1 把韓式冬粉浸入冷水中泡 1 小時後，剪成易入口大小（約 15cm）。

2 牛肉絲與醃料抓醃均勻後放入冷藏室靜置 30 分鐘。

3 乾木耳泡熱水 30 分鐘後將水瀝乾，摘除硬實的部分並切成四等分。

4 菠菜泡在水中抓洗乾淨，鹽水（5 杯水 + ½ 小匙）煮滾後，先放入根莖汆燙 5 秒，再放入菜葉汆燙 5 秒。

5 取出燙好的菠菜泡入冷水中再把水分擠乾。切成 5cm 寬後與菠菜調味料拌勻。

➔ 菠菜若結成一大塊，可用十字切法切開。

6 洋蔥與紅蘿蔔切成相同長度的細絲。

7 熱好的鍋中倒入 ½ 小匙油，放入洋蔥絲與少許鹽以中火炒 30 秒後取出放涼。

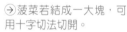

8 再倒入 ½ 小匙油，放入紅蘿蔔絲與少許鹽以中火炒 1 分鐘後取出放涼。

9 倒入 1 小匙油於煎鍋中，放入牛肉絲以中火炒 1 分鐘後，再放木耳炒 30 秒。

10 煮滾的 5 杯水中，放入 1 ½ 大匙砂糖、3 大匙釀造醬油與韓式冬粉煮 1 分 30 秒，取出冬粉將水瀝乾。

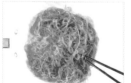

11 倒入 1 小匙油於步驟 **9** 煎鍋中，放入冬粉與冬粉調味料以中火拌炒 40 秒。

12 取一大盆放入所有的食材拌勻，最後加入蒜末、芝麻、芝麻油。

準備材料

⏱ **30～35 分鐘（不含泡發時間）**

- ☐ 韓式冬粉 1 把（100g）
- ☐ 牛肉絲 50g
- ☐ 乾木耳 6 朵（6～8g）
- ☐ 菠菜½ 把（100g）
- ☐ 洋蔥¼ 顆（50g）
- ☐ 紅蘿蔔¼ 條（50g）
- ☐ 食用油 3 大匙
- ☐ 鹽少許
- ☐ 砂糖 1 ½ 大匙
- ☐ 釀造醬油 3 大匙
- ☐ 蒜末 1 小匙
- ☐ 芝麻油 1 大匙
- ☐ 芝麻 少許

牛肉醃料

- ☐ 釀造醬油½ 大匙
- ☐ 芝麻⅓ 小匙
- ☐ 砂糖⅔ 小匙
- ☐ 蒜末½ 小匙
- ☐ 清酒½ 小匙
- ☐ 芝麻油½ 小匙
- ☐ 胡椒粉少許

菠菜調味料

- ☐ 鹽¼ 小匙
- ☐ 蒜末½ 小匙
- ☐ 芝麻油½ 小匙

韓式冬粉調味料

- ☐ 砂糖½ 大匙
- ☐ 釀造醬油 1 大匙

辣炒 Q 彈麵
辣炒年糕

辣炒 Q 彈麵

辣炒年糕

+Recipe

利用韓國泡麵取代 Q 彈麵
想用韓國泡麵取代 Q 彈麵
時，先把泡麵放入滾水中
煮 2 分 30 秒，取 出 後 沖
洗冷水並瀝乾。接著在步
驟 6 中，放入泡麵炒 2 分
鐘。也能將副食材中的草
蝦仁分量減半，換成 1 ½
片（100g）的四角魚板。

1 辣炒 Q 彈麵

1 冷凍草蝦仁泡在薄鹽水（3 杯水 ＋ 1 小匙鹽）中解凍 10 分鐘後沖水洗淨，再將水瀝乾。

2 高麗菜切成 1×5cm 大小。洋蔥與紫蘇葉切成 1cm 寬粗絲。大蔥斜切成片。

3 把 Q 彈麵一根根的撥散，調味料混合均勻。

4 熱好的鍋中倒入油，放入蒜末以小火炒 30 秒，再放入高麗菜與洋蔥炒 1 分鐘。

5 放入草蝦仁並轉中火炒 1 分鐘後，加入清酒轉大火炒 30 秒。

6 倒入調味料拌煮，煮滾後放入 Q 彈麵拌炒 2 分 30 秒。最後放入紫蘇葉、大蔥、芝麻油炒 30 秒。

2 辣炒年糕

1 湯鍋中放入高湯材料以大火燒煮，煮滾後轉中小火繼續煮 5 分鐘，將昆布片撈出。

2 紫蘇葉洗淨後抖落水分，再捲緊切成細絲。年糕條用水洗淨。調味料混合均勻。

→若年糕條太硬，可先在滾水中燙 1 分鐘後再使用。

3 湯鍋中倒入高湯與調味料以大火燒煮，煮滾後加入韓國年糕條。

4 轉小火繼續拌煮 12～15 分鐘，把湯汁煮至剩約⅓的分量，最後加入紫蘇葉絲。

準備材料

辣炒 Q 彈麵

⏱ **30 ～ 35 分鐘**
- ☐ 韓國Q彈麵 1 ⅓把（200g）
- ☐ 冷凍草蝦仁 10 ～ 12 尾（200g）
- ☐ 高麗菜 10×10cm 5 片（150g）
- ☐ 洋蔥½顆（100g）
- ☐ 紫蘇葉 15 片（30g）
- ☐ 大蔥（蔥白）20cm 1 根
- ☐ 大蔥（蔥綠）20cm 1 根
- ☐ 食用油 1 大匙
- ☐ 蒜末 1 大匙
- ☐ 清酒 1 大匙
- ☐ 芝麻油 1 小匙

調味料
- ☐ 青陽辣椒末 1 條分量（可增減）
- ☐ 砂糖 2 大匙（可增減）
- ☐ 韓國辣椒粉 1 ½大匙
- ☐ 番茄醬 2 大匙
- ☐ 韓式辣椒醬 2 大匙
- ☐ 韓式醬油 2 小匙
- ☐ 水 1 ½杯（300ml）

辣炒年糕

⏱ **30 ～ 35 分鐘**
- ☐ 市售韓國年糕條 24 條
- ☐ 紫蘇葉 5 片（10g，可增減）

高湯
- ☐ 水 3 杯（600ml）
- ☐ 昆布 5×5cm 2 片

調味料
- ☐ 砂糖 1 大匙
- ☐ 韓國辣椒粉 2 大匙
- ☐ 果寡糖 1 大匙
- ☐ 韓式辣椒醬 2 大匙
- ☐ 蒜末 1 小匙
- ☐ 釀造醬油 2 小匙

風味炒年糕

| 韓國炸醬炒年糕
| 韓國宮廷炒年糕

韓國炸醬炒年糕

韓國宮廷炒年糕

+Tip

硬實的年糕要汆燙過再使用
年糕太硬的話可先燙過再使
用。雙珠年糕與年糕片需汆
燙30秒，年糕條要視程度
燙2分鐘，長型年糕條則要
燙5分鐘，也可裝進保鮮袋
中，用微波爐（700w）加熱
2分鐘。

1 韓國炸醬炒年糕

1 魚板與高麗菜切成 2×5cm 大小。洋蔥切成 1cm 寬粗絲。大蔥斜切成片。

2 年糕條分開後沖洗冷水。調味料混合均勻。
→若年糕條太硬，可先汆燙 1 分鐘後再做使用。

3 熱好的深鍋或湯鍋中倒入油，放入魚板、高麗菜、洋蔥以中火炒 2 分鐘。

4 再放入年糕條與 2 杯水並轉大火燒煮，煮滾後轉中小火繼續煮 3 分鐘。

5 倒入調味料並轉小火燒煮，煮滾後繼續拌煮 3 分鐘，最後放入大蔥再煮 1 分鐘。

2 韓國宮廷炒年糕

1 牛肉絲用醃料抓醃均勻。

2 青、紅椒與洋蔥切成細絲。

3 年糕條分開後，在滾水中以大火汆燙 1 分鐘。

4 熱好的深鍋中倒入油，放入蒜末、牛肉絲、洋蔥以中火炒 1 分鐘。

5 放入年糕條與調味料炒 2 分鐘，再放入青、紅椒炒 30 秒，最後撒入芝麻拌勻。

準備材料

韓國炸醬炒年糕
⏲ 25 ～ 30 分鐘
- ☐ 市售韓國年糕條約 1½杯（200g）
- ☐ 四角魚板 1½片（100g 可省略）
- ☐ 高麗菜 10×10cm 3 片（90g）
- ☐ 洋蔥½顆（100g）
- ☐ 大蔥（蔥白）10cm 3 根（可省略）
- ☐ 食用油 1 大匙
- ☐ 水 2 杯（400ml）

調味料
- ☐ 韓國炸醬粉 3 大匙
- ☐ 韓國辣椒粉 1½大匙（可增減）
- ☐ 蒜末 1 大匙
- ☐ 果寡糖 1 大匙
- ☐ 韓式辣椒醬 1 大匙
- ☐ 水½杯（100ml）

韓國宮廷炒年糕
⏲ 25 ～ 30 分鐘
- ☐ 市售韓國年糕條約 2⅔杯（360g）
- ☐ 牛肉絲 150g
- ☐ 青椒½個（50g）
- ☐ 紅椒½個（50g）
- ☐ 洋蔥¼顆（50g）
- ☐ 食用油 1 大匙
- ☐ 蒜末 1 小匙
- ☐ 芝麻 少許（可省略）

牛肉醃料
- ☐ 砂糖½小匙
- ☐ 蔥末 1 小匙
- ☐ 蒜末½小匙
- ☐ 釀造醬油 1 小匙

調味料
- ☐ 砂糖 1 大匙
- ☐ 釀造醬油 2 大匙
- ☐ 芝麻油 2 小匙

韓國炒血腸

香炒血腸
辣炒血腸

香炒血腸

辣炒血腸

+Tip

血腸的保存方式
用剩的血腸裝入保鮮袋
冷凍保存,要再使用前
可用蒸籠蒸過或放冷藏室
解凍。若直接使用冷凍血
腸,內餡中的韓式冬粉會
快速膨脹而讓血腸爆開。

1 香炒血腸

1 把血腸放入已冒蒸氣的蒸籠中蒸 5 分鐘，放涼後切成 1cm 寬片狀。Q 彈麵一根根的撥散。

2 高麗菜與紅蘿蔔切成 1×6cm 大小。洋蔥切成 1cm 寬粗絲。大蔥斜切成 1cm 寬片狀。

3 青陽辣椒與紅辣椒切細。蒜頭切成薄片。紫蘇葉用水洗淨後將水瀝乾。

4 熱好的深鍋中倒入油，加入紫蘇葉以外的蔬菜、Q 彈麵、2 大匙水以中火炒 3 分鐘，炒至蔬菜變軟。

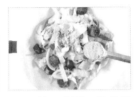

5 再放入血腸、紫蘇籽粉、鹽與胡椒粉炒 30 秒，取出盛裝碗內，可用紫蘇葉包著吃。

2 辣炒血腸

1 高麗菜切成 1×6cm 大小。紫蘇葉切成 3cm 寬。洋蔥切成 1cm 寬粗絲。大蔥斜切成 1cm 寬片狀。

2 血腸切成 2cm 的段。

↪冷凍血腸要需在冷藏室解凍。若直接把熱燙的血腸拿來炒，血腸很容易爆開，請放涼後再使用。

3 把調味料混合均勻。

4 把深鍋熱鍋後倒入油，放入洋蔥、高麗菜以中火炒 2 分鐘。

5 再放入血腸、調味料炒 1 分鐘，倒入 ½ 杯水並蓋上鍋蓋燜煮 2 分鐘。

6 最後放入紫蘇葉、大蔥、紫蘇籽粉並轉調大火炒 30 秒。

準備材料

香炒血腸

🕐 **25 ～ 30 分鐘**
- [ ] 韓國血腸（200g）
- [ ] 韓國 Q 彈麵⅓把（50g）
- [ ] 高麗菜 7 片（210g）
- [ ] 紅蘿蔔¼條（50g）
- [ ] 洋蔥½顆（100g）
- [ ] 大蔥（蔥白）15cm 1 根
- [ ] 青陽辣椒 1 條
- [ ] 紅辣椒 1 條
- [ ] 蒜頭 2 粒（10g）
- [ ] 紫蘇葉 20 片（40g，可增減）
- [ ] 食用油 2 大匙
- [ ] 紫蘇籽粉 2 大匙（可增減）
- [ ] 鹽 1 小匙（可增減）
- [ ] 胡椒粉½小匙

辣炒血腸

🕐 **25 ～ 30 分鐘**
- [ ] 韓國血腸（400g）
- [ ] 高麗菜 5 片（150g）
- [ ] 紫蘇葉 10 片（20g）
- [ ] 洋蔥½顆（100g）
- [ ] 大蔥（蔥白）15cm 1 根
- [ ] 食用油 1 大匙
- [ ] 水½杯（100ml）
- [ ] 紫蘇籽粉 1 大匙（可增減）

調味料
- [ ] 青陽辣椒末 1 條分量（可省略）
- [ ] 韓國辣椒粉 2 大匙
- [ ] 蒜末 1 大匙
- [ ] 釀造醬油 1 大匙
- [ ] 料理酒 1 大匙
- [ ] 水 2 大匙
- [ ] 果寡糖 1 小匙
- [ ] 胡椒粉少許

辣拌螺肉
韓式糖醋肉

辣拌螺肉

韓式糖醋肉

+Recipe

糖醋醬汁

1 番茄糖醋醬汁
砂糖 3 大匙＋醋 3 大匙＋
番茄醬 2 大匙＋鹽⅔小匙
＋水½杯（100ml）

2 香辣糖醋醬汁
切細的青陽辣椒 1 條分量
＋砂糖 3 大匙＋醋 3 大匙
＋韓式辣椒醬 1 大匙＋鹽
⅔小匙＋水½杯（100ml）

1 辣拌螺肉

1 摘除枯黃的水芹葉，洗淨後切成 4cm 長段。洋蔥切成細絲。

→ 洋蔥泡冷水 10 分鐘，可去除辛辣味。

2 用濾網濾除螺肉湯汁，較大的螺肉切半。

3 取一大盆將調味料混合均勻，再放入螺肉與洋蔥拌勻，最後放入水芹輕輕拌開。

→ 可按喜好切入高麗菜絲（100g），或是搭配煮熟的韓國麵線。

2 韓式糖醋肉

1 太白粉與 2 小匙水拌勻做成太白粉水。

2 豬肉切成 3×4cm 大小後以刀背敲打，再用醃料抓醃靜置 10 分鐘。

3 取一大盆先把油以外的麵糊材料拌勻，接著放入豬肉捏拌，再加入 1 大匙油拌勻。

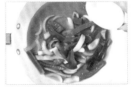

4 青、紅椒與洋蔥切成 1cm 寬粗絲。熱好的鍋中倒入 1 大匙油，放入蔬菜以中火炒 30 秒。

5 把醬汁材料放入步驟 **4** 鍋中炒 1 分鐘，再放入步驟 **1** 太白粉水（加入前再攪拌一下）快速攪煮 30 秒。

6 取一湯鍋倒入 2 杯油加熱至 170℃，放入豬肉炸 2 分鐘後取出。

→ 可視鍋子大小，將豬肉分次炸完。

7 重新把步驟 **6** 油鍋加熱至 190℃，再將炸過的豬肉放入回炸 1 分鐘，取出後瀝乾油分，盛盤後搭配步驟 **5** 醬汁一起上桌。

→ 豬肉要油炸二次，內部水分才不會流失，表皮才會酥脆美味。

→ 剩餘炸油處理方法，請參考第 14 頁。

準備材料

辣拌螺肉

⏱ **15 ～ 20 分鐘**

- ☐ 螺肉罐頭 1 個（235g）
- ☐ 水芹 1 把（50g）
- ☐ 洋蔥¼顆（50g）

調味料

- ☐ 芝麻 1 大匙
- ☐ 韓國辣椒粉 1 大匙
- ☐ 蒜末½大匙
- ☐ 醋 1 ½大匙
- ☐ 釀造醬油 1 大匙
- ☐ 料理酒 1 大匙
- ☐ 果寡糖 1 大匙
- ☐ 韓式辣椒醬 2 大匙
- ☐ 芝麻油 1 大匙

韓式糖醋肉

⏱ **40 ～ 45 分鐘**

- ☐ 豬大里肌肉 300g
- ☐ 青椒½個（50g）
- ☐ 紅椒½個（50g）
- ☐ 洋蔥¼顆（50g）
- ☐ 太白粉 2 小匙
- ☐ 水 2 小匙
- ☐ 食用油 1 大匙（炒蔬菜用）
- ☐ 食用油 2 杯（油炸用）

豬肉醃料

- ☐ 清酒 1 大匙
- ☐ 薑末½小匙
- ☐ 胡椒粉少許

麵糊

- ☐ 蛋白 1 顆分量
- ☐ 大白粉½杯
- ☐ 清酒 1 大匙
- ☐ 鹽⅔小匙
- ☐ 薑末¼小匙
- ☐ 食用油 1 大匙

糖醋醬汁

- ☐ 砂糖 3 大匙
- ☐ 醋 3 大匙
- ☐ 釀造醬油 1 大匙
- ☐ 鹽⅔小匙
- ☐ 水½杯（100ml）

香酥炸肉

香辣炸豬肉
醬香炸雞塊

香辣炸豬肉

醬香炸雞塊

Tip

去除雞肉腥味
把雞肉泡入牛奶中 15 ～
30 分鐘，就能去除腥味。

Recipe

調味醬汁可以互換
將兩道炸物料理的醬汁互
換使用也相當美味。若有
小朋友不敢吃辣，可以把
香辣炸肉醬汁的比例稍做
調整，省略韓國辣椒粉，
並把韓式辣椒醬用量減少
為½ 大匙，多加入 1 大匙
番茄醬即可。

1 香辣炸豬肉

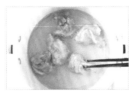

1 豬肉切成四邊 3cm 大小，先與水以外的醃料拌勻，再將水一匙一匙的加入抓醃均勻後靜置 15 分鐘。

2 取一大盆放入蛋白、酥炸粉、清酒拌勻，接著放入豬肉捏拌，再放入 1 大匙油拌勻。

3 取一湯鍋倒入 2 杯油並加熱至 180℃，把豬肉分三次放入油炸，每 ⅓ 分量炸 1 分 30 秒後取出。

4 重新把步驟 **3** 油鍋加熱至 200℃，再將豬肉分兩次回炸，每 ½ 分量炸 30 秒後取出並瀝乾油分。

5 鍋中放入醬汁材料以中火煮至邊緣冒泡後，再繼續拌煮 2 分鐘後關火。

6 把炸好的豬肉與綜合堅果放入步驟 **5** 鍋中快速拌勻。

➔也可把堅果敲碎放入。

2 醬香炸雞塊

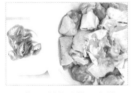

1 青陽辣椒斜切成片。每隻雞腿肉切成四等分後，與醃料抓醃均勻並靜置 10 分鐘。

➔肉較厚實的部位可先劃上幾道切痕。

2 把太白粉與雞腿肉裝入保鮮袋中，用手捏至每塊雞腿肉均勻裹上太白粉。

3 取一湯鍋倒入油並加熱至 180℃，放入步驟 **2** 雞腿肉炸 8 分鐘並炸至金黃酥脆後，取出瀝乾油分。

➔剩餘炸油處理方法，請參考第 14 頁。

4 鍋中放入醬汁材料、青陽辣椒以中火煮至邊緣冒泡後，再轉中小火拌煮 3 分鐘後關火。

5 把炸好的雞腿肉放入步驟 **4** 鍋中與醬汁拌勻。

香辣炸豬肉

⏱ **40 ～ 45 分鐘**
- ☐ 豬小里肌肉 300g
- ☐ 蛋白 1 顆分量
- ☐ 酥炸粉⅔杯（75g）
- ☐ 清酒 1 大匙
- ☐ 食用油 1 大匙（麵糊用）
- ☐ 食用油 2 杯（油炸用）
- ☐ 綜合堅果 3 大匙（36g）

豬肉醃料
- ☐ 鹽⅓小匙
- ☐ 蒜末 1 小匙
- ☐ 薑末⅓小匙
- ☐ 清酒 2 小匙
- ☐ 胡椒粉少許
- ☐ 水 2 大匙

調味醬汁
- ☐ 砂糖 1 大匙
- ☐ 韓國辣椒粉½大匙
- ☐ 蒜末½大匙
- ☐ 清酒 1 大匙
- ☐ 番茄醬 2 大匙
- ☐ 蜂蜜或果寡糖 2 大匙
- ☐ 韓式辣椒醬 1 大匙

醬香炸雞塊

⏱ **40 ～ 45 分鐘**
- ☐ 雞腿肉 350g
- ☐ 青陽辣椒 1 條（可增減）
- ☐ 太白粉 7 大匙
- ☐ 食用油 1 杯

雞肉醃料
- ☐ 清酒 2 大匙
- ☐ 鹽½小匙
- ☐ 薑末 1 小匙
- ☐ 胡椒粉少許

調味醬汁
- ☐ 砂糖 2 大匙
- ☐ 釀造醬油 2 大匙
- ☐ 清酒 2 大匙
- ☐ 蜂蜜 1 大匙

酥炸豬排
酥炸豬排蓋飯

酥炸豬排蓋飯

酥炸豬排

+Tip

豬排的冷凍保存
若要預先做好大量豬排冷
凍存放，可依照豬肉增加
的量，按倍數增加麵粉、
雞蛋、麵包粉、醃料。製
作至步驟 5 後，在每一片
豬排間都放上一張鋁箔
紙，層層疊放至密封容器
中，或裝保鮮袋冷凍保
存。使用時無需解凍，直
接取出烹調即可。

1 酥炸豬排

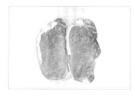

1 豬肉排以刀背來回敲打後，與醃料抓醃均勻靜置 10 分鐘。

→若購買的是炸豬排專用的肉排，則無需敲打。

2 洋蔥切成細絲。熱好的鍋中倒入 1 大匙油，放入蒜末、洋蔥以中小火炒 1 分鐘。

3 加入番茄醬炒 1 分鐘，放入果寡糖與紅酒並轉大火燒煮，煮滾後再繼續煮 3 分鐘。

4 準備 3 個寬底深盤，分別放入麵粉、蛋液及麵包粉。

5 將豬排，按照麵粉→蛋液→麵包粉的順序，均勻沾裹麵衣。

6 取一寬底深湯鍋倒入 3 杯油加熱至 170℃，放入豬排以中火炸 3 分 30 秒後，取出放在廚房紙巾上吸除多餘油分。盛盤後搭配步驟 **3** 醬汁上桌。

2 酥炸豬排蓋飯

1 洋蔥切成細絲。大蔥切細。去除泡菜上的醃料，切成 1cm 寬。取一空碗把蛋打散並加入鹽、胡椒粉調味。

2 把柴魚片泡在 3 ¼ 杯熱水中 5 分鐘，用濾網過濾出湯汁後，加入釀造醬油與料理酒拌勻。

3 熱好的鍋中倒入 5 大匙油，放入豬排以中火煎 2 分鐘後，翻面並轉小火繼續煎 3 分鐘，完成後切成 2cm 寬。

4 熱好的鍋中倒入 1 大匙油，放入洋蔥以中火炒 1 分鐘。

5 放入泡菜於步驟 **4** 鍋中炒 1 分鐘，接著倒入高湯轉大火燒煮，煮滾後再煮 30 秒。

6 放入切好的豬排再倒入蛋液並轉中火煮 30 秒。將豬排與湯汁平均放在 2 碗白飯上，最後再放上大蔥即可。

準備材料

酥炸豬排

⏱ 30～35 分鐘
- ☐ 豬大里肌或小里肌肉排 2 片（200g）
- ☐ 洋蔥½顆（100g）
- ☐ 食用油 1 大匙（炒蔬菜用）
- ☐ 蒜末 2 小匙
- ☐ 番茄醬 6 大匙
- ☐ 果寡糖 1 大匙
- ☐ 紅酒 1 杯（200ml）
- ☐ 食用油 3 杯（油炸用）

豬肉醃料
- ☐ 清酒 1 大匙
- ☐ 鹽½小匙
- ☐ 胡椒粉少許

麵衣
- ☐ 麵粉 3 大匙
- ☐ 雞蛋 1 顆
- ☐ 麵包粉⅔杯（35g）

酥炸豬排蓋飯

⏱ 20～25 分鐘
- ☐ 熱飯 2 碗（400g）
- ☐ 裹有麵衣的豬排 2 片（200g）
- ☐ 熟成的白菜泡菜 1 杯（150g）
- ☐ 洋蔥½顆（50g）
- ☐ 大蔥（蔥白）10cm 1 根
- ☐ 雞蛋 2 顆
- ☐ 鹽少許（可增減）
- ☐ 胡椒粉少許
- ☐ 食用油 6 大匙

高湯
- ☐ 水 3 ¼ 杯（650ml）
- ☐ 柴魚片 1 杯（5g）
- ☐ 釀造醬油 2 ½大匙
- ☐ 料理酒 2 大匙

乾煎牛排

肋眼牛排
菲力牛排

肋眼牛排

菲力牛排

+Recipe

利用烤箱烤牛排
可利用烤箱來處理多人份
的煎烤牛排。煎鍋先以大
火預熱50秒，不倒油直
接放入牛排兩面各煎1分
鐘至上色後，放入已預熱
至200℃的烤箱中烤7分
鐘（菲力5分熟）或8分
鐘（肋眼5分熟）。

處理共同食材 醃漬牛肉

1 為了不讓菲力牛排在煎烤時散開，使用料理棉繩纏繞肉塊邊緣 1～2 圈後綑綁成圓柱狀。

2 為了讓肋眼或菲力牛排更加入味，在肉塊正反面撒上鹽與胡椒粉後，再均勻塗上一層橄欖油。

製作 煎烤牛排

1-1 菲力
煎鍋以大火預熱 50 秒，倒入橄欖油並放入菲力牛排煎 1 分鐘後，翻面、蓋上鍋蓋轉小火，按以下所要熟度繼續烹調。
五分熟 煎 4 分鐘後翻面蓋鍋蓋繼續煎 2 分鐘。
七分熟 煎 4 分鐘後翻面蓋鍋蓋繼續煎 3 分鐘。
全熟 煎 4 分鐘後翻面蓋鍋蓋繼續煎 4 分鐘。

1-2 肋眼
煎鍋以大火預熱 50 秒，倒入橄欖油並放入肋眼牛排煎 1 分鐘後，翻面、蓋上鍋蓋轉小火，按以下所要熟度繼續烹調。
五分熟 煎 4 分鐘後翻面蓋鍋蓋繼續煎 3 分鐘。
七分熟 煎 4 分鐘後翻面蓋鍋蓋繼續煎 4 分鐘。
全熟 煎 4 分鐘後翻面蓋鍋蓋繼續煎 4 分鐘，再翻面一次蓋上鍋蓋煎 1 分鐘。

2 關火後讓牛排靜置鍋中 5 分鐘。把牛排盛盤並將鍋中的肉汁與油脂澆淋回牛排上。

→ 盛盤前請剪除綑綁在菲力牛排上的料理棉繩。

→ 可在熱好的鍋中倒入 1 大匙油，放入切好的蘑菇（5 朵，100g）或洋蔥絲（½ 顆，100g）炒 1 分鐘後，加入 1 杯市售牛排醬拌勻，即可搭配煎烤好的牛排上桌。

 Tip
以顏色區分牛排熟度

五分熟
表面呈現灰褐色，內部呈現粉紅色。

七分熟
內部呈現介於粉紅與灰色間的顏色。

全熟
表面、內部完全熟透呈灰色。

準備材料

肋眼牛排
⊘ 25 ～ 30 分鐘
☐ 牛腰脊肉（肋眼牛排，厚度 2.5cm）2 塊（300g）
☐ 橄欖油 1 大匙

牛肉醃料
☐ 鹽 ½ 小匙
☐ 胡椒粉 ¼ 小匙
☐ 橄欖油 1 ½ 小匙

菲力牛排
⊘ 25 ～ 30 分鐘
☐ 牛腰內肉（菲力牛排，厚度 2.5cm）2 塊（300h=g）

牛肉醃料
☐ 鹽 ⅓ 小匙
☐ 橄欖油 1 小匙
☐ 胡椒粉 少許

+Tip

按肉塊厚薄度調整時間
超市所賣的牛排厚度皆偏薄，因此請按照以下方式來調整時間。

1 菲力（厚度 1cm）
煎鍋以大火預熱 50 秒，倒入橄欖油並放入牛排煎 1 分鐘，翻面並蓋上鍋蓋煎 30 秒～1 分鐘。

2 肋眼（厚度 2cm）
煎鍋以大火預熱 50 秒，倒入橄欖油並放入牛排煎 1 分鐘，翻面並蓋上鍋蓋煎 2 分 30 秒～3 分鐘。

濃湯

■ 馬鈴薯濃湯
■ 黃金地瓜濃湯

馬鈴薯濃湯

黃金地瓜濃湯

蘑菇濃湯這樣做
在馬鈴薯濃湯中加入蘑菇
（5朵，100g），就能變
化出蘑菇濃湯。蘑菇蒂頭
切除後，按照原形切片，
於製作馬鈴薯濃湯的步驟
2中放入一起拌炒。

1 馬鈴薯濃湯

1 馬鈴薯去皮與洋蔥一起切成細絲。蒜頭切成薄片。

2 熱好的鍋中倒入油，放入馬鈴薯、洋蔥、蒜片以大火炒3分30秒並炒至金黃。

3 加入麵粉炒30秒，倒入牛奶燒煮，煮滾後轉中火拌煮2分30秒。

4 以手持攪拌棒把步驟3仔細攪碎。

5 最後加入鹽與胡椒調味。

→若使用調理機，請待湯料稍涼後再攪碎均勻。

2 黃金地瓜濃湯

1 黃金地瓜去皮切小塊，裝入耐熱容器包上保鮮膜，用微波爐（700w）加熱5分30秒。

2 厚底湯鍋中放入黃金地瓜、核桃、牛奶，以手持攪拌棒仔細攪碎。

3 倒入½杯水以中火燒煮，煮滾後轉中小火繼續拌煮3分鐘。

→按地瓜含水量多寡，視情況可再加點牛奶。

4 關火後加鹽調味。

馬鈴薯濃湯

⏱ **25 ～ 30 分鐘**

☐ 馬鈴薯1個（200g）
☐ 洋蔥½顆（100g）
☐ 蒜頭4粒（20g）
☐ 食用油3大匙
☐ 麵粉1大匙
☐ 牛奶3杯（600ml）
☐ 鹽1 ½小匙（可增減）
☐ 胡椒粉少許（可增減）

黃金地瓜濃湯

⏱ **25 ～ 30 分鐘**

☐ 黃金地瓜或栗子地瓜1 ½條（300g）
☐ 核桃¼杯（30g）
☐ 牛奶2杯（400ml）
☐ 水½杯（100ml）
☐ 鹽½小匙（可增減）

南瓜濃湯
南瓜沙拉

南瓜沙拉

+Tip

南瓜沙拉當內餡，
變身可口三明治
南瓜沙拉不僅可以單吃也
能當作內餡夾入三明治
裡，不加入義大利短麵的
南瓜沙拉，更適合拿來當
作三明治內餡。南瓜也能
以地瓜或馬鈴薯來做取代。

南瓜濃湯

1 南瓜濃湯

1 用湯匙挖除南瓜籽後，裝入耐熱容器中並包上一層保鮮膜，微波爐（700w）加熱2分鐘。取出後削皮切薄片。

2 熱好的鍋中放入奶油，奶油融化後放入南瓜以中小火炒3分鐘。

3 倒入3杯水並轉大火燒煮，煮滾後轉中火繼續煮3分鐘後，用手持攪拌棒把湯料仔細攪碎。
→若使用調理機，請待湯料稍涼後再攪碎均勻。

4 倒入鮮奶油燒煮，再次煮滾後轉調小火繼續拌煮13～15分鐘，把湯燒煮出濃稠感，最後加入鹽與胡椒粉調味。

2 南瓜沙拉

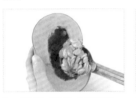

1 湯匙挖除南瓜籽，裝入耐熱容器中並包上一層保鮮膜，微波爐（700w）加熱7分鐘。

2 紅椒、洋蔥與醃黃瓜切碎。

3 把義大利短麵放入滾鹽水（6杯水＋2小匙鹽）中，按照產品外包裝標註的烹煮時間煮熟後，將水瀝乾。

4 大盆中把煮熟的南瓜用湯匙壓碎成小塊，再加入美乃滋、鹽、芥末醬拌勻。

5 再加入義大利短麵、切碎的紅椒、洋蔥、醃黃瓜仔細拌勻。

三明治

■ 韓國街邊三明治
■ 雞蛋三明治

韓國街邊三明治

雞蛋三明治

1 韓國街邊三明治

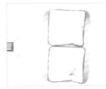

1 奇異果去皮裝入耐熱容器中用湯匙壓碎，加入砂糖拌勻包上保鮮膜，用微波爐加熱 2 分 50 秒後取出放涼。

2 高麗菜、紅蘿蔔、洋蔥等蔬菜切成細絲，與雞蛋、砂糖、鹽拌勻。

3 以中小火熱鍋後放入 1 小匙奶油，奶油融化後放入吐司煎 1 分 30 秒，接著再放入 1 小匙奶油把吐司翻面繼續煎 1 分鐘。

→煎鍋會越燒越熱，越後面煎烤的吐司請自行調整時間。

4 用廚房紙巾把步驟 **3** 煎鍋擦淨後倒入油，放入 ½ 分量步驟 **2** 蔬菜蛋液以中小火把兩面各煎 1 分鐘，盡量煎成吐司大小。

5 把烤好的一片吐司，抹上奇異果抹醬，放上蔬菜煎蛋並加入番茄醬，再放上另一片吐司。利用相同方式做出另外一個三明治。

2 雞蛋三明治

1 湯鍋中倒水至蓋過雞蛋並以大火燒煮，煮滾後轉中火繼續煮 12 分鐘。

2 用刀刮除小黃瓜表面的刺並用水洗淨，從長邊對切再切成薄片。以鹽水（1 大匙水＋1 小匙鹽）醃漬 10 分鐘後，沖洗冷水並把水擠乾。

3 把煮熟的雞蛋泡在冷水中冷卻剝除蛋殼，將蛋黃與蛋白分開後，把蛋白切碎。

4 大盆中把蛋黃壓碎，再放入切碎的蛋白、小黃瓜、調味料仔細拌勻。

5 取 2 片吐司各抹上 ½ 小匙的美乃滋，再放上 ½ 分量雞蛋內餡後夾起。再依相同方法製作另一個三明治。

準備材料

韓國街邊三明治
⏱ 20 ～ 25 分鐘
- ☐ 吐司 4 片
- ☐ 蔬菜絲（高麗菜、紅蘿蔔、洋蔥等） 100g
- ☐ 雞蛋 3 顆
- ☐ 砂糖 1 小匙
- ☐ 鹽 ½ 小匙
- ☐ 無鹽奶油 4 小匙
- ☐ 食用油 1 小匙
- ☐ 番茄醬 1 大匙

奇異果抹醬（或一般果醬）
- ☐ 奇異果 1 顆（90g）
- ☐ 砂糖 1 大匙

雞蛋三明治
⏱ 20 ～ 25 分鐘
- ☐ 吐司 4 片
- ☐ 雞蛋 2 顆
- ☐ 小黃瓜 ½ 條（100g）
- ☐ 美乃滋 2 小匙

調味料
- ☐ 美乃滋 2 ½ 大匙
- ☐ 西式芥末醬 1 ½ 小匙（可省略）
- ☐ 果寡糖 1 小匙
- ☐ 胡椒粉少許

風味三明治

馬鈴薯三明治
火腿起司三明治

火腿起司三明治

馬鈴薯三明治

+Tip

切出漂亮三明治
若內餡夾有大量蔬菜，
用牙籤固定三明治兩端
再切開，可以防止內餡跑
出來。若內餡夾有馬鈴薯
泥，可先用烘焙紙將三明
治包好，再用麵包刀切
開，不但不會散得亂七八
糟，切面也會相當漂亮。

1 馬鈴薯三明治

1 湯鍋中倒水至蓋過雞蛋並以大火燒煮，煮滾後轉中火繼續煮 12 分鐘，取出雞蛋泡在冷水中，冷卻後再剝除蛋殼。

2 馬鈴薯去皮並切成六等分，放入裝有 4 杯水的湯鍋中用大火燒煮，煮滾後轉中火繼續煮 8 分鐘。

3 洋蔥切成細絲。醃黃瓜切碎。

↪洋蔥也可以切成小丁。

4 取一大盆，先放入煮熟的雞蛋與馬鈴薯壓碎，再放入洋蔥、醃黃瓜、5 大匙美乃滋、芥末醬仔細拌勻。

5 取 2 片吐司各抹上 ¼ 小匙的美乃滋，再放上 ½ 分量步驟 **4** 馬鈴薯抹醬後夾起。再依相同方法製作另一個三明治。

↪吐司可用煎鍋稍微煎烤過再抹上抹醬。

2 火腿起司三明治

1 熱鍋中放入 2 片吐司，以小火把兩面煎烤至金黃。利用相同方式煎烤另外 2 片吐司。

↪也可以利用烤吐司機。

2 把蔬菜煎蛋材料與抹醬分別混合拌勻。

3 結球萵苣用水逐片洗淨再將水瀝乾。

4 熱鍋中倒入油，放入 ½ 分量步驟 **2** 蔬菜蛋液以小火把兩面各煎 1 分鐘，盡量煎成吐司大小。

5 取 2 片吐司各抹上 ¼ 分量抹醬，再放上蔬菜煎蛋、起司片、2 片結球萵苣、½ 小匙番茄醬、火腿片夾起。再依相同方法製作另一個三明治。

乾燒蝦仁

+Tip

更簡便的製作方式
直接使用等量的冷凍蝦仁
（300g）來代替。在蓋
過蝦仁的水中浸泡約 10
分鐘，徹底解凍後將水瀝
乾，直接從步驟③開始。

更美味的料理祕訣
上桌前再撒上 2 大匙的
堅果碎粒（腰果、花生
等）。

自製辣椒油
耐熱容器中放入 4 大匙食用油
＋2 大匙韓國辣椒粉，用微波
爐加熱 1 分鐘後，取出並攪拌
均勻，最後以鋪有廚房紙巾的
濾網過篩並放置冷卻。

1 用牙籤插入蝦背的第二節與第三節之間，剔除泥腸。

蝦尾前一節
蝦頭
尾柄

2 摘掉蝦頭與尾柄，並將蝦殼剝除至蝦尾前的最後一節。

→一定要摘除尾柄，下鍋油炸時才不會油爆。

3 在蝦仁上撒點鹽巴與胡椒粉，紅椒與大蔥切末，在小碗中與調味料混合均勻。

4 在調理盆中拌勻麵糊，放入蝦仁。

5 在深鍋中倒入食用油，大火加熱至 180℃（撒入麵糊下沉 2 秒就浮起來的程度）。

→油溫確認方式請參考第 14 頁。

6 把蝦仁一隻一隻地放入油鍋，以中火油炸 2～3 分鐘至金黃，撈出後放在篩網上將油瀝乾。

7 轉大火再回炸 1 分鐘，撈出後放在篩網上將油瀝乾。

→油炸兩次可逼出多餘油分，口感更酥脆。

8 在深鍋中放入辣椒油、紅椒、大蔥，中火拌炒 1 分鐘。

9 倒入調味料以大火煮滾，最後放入蝦仁拌炒 1 分鐘。

🕐 **30～35 分鐘 / 2 人份**

材料
- □ 蝦子 10 隻（中型蝦，300g）
- □ 紅椒½個（或紅辣椒 3 條，50g）
- □ 大蔥 20cm
- □ 辣椒油（或食用油）2 大匙
- □ 食用油 4 杯（800ml）
- □ 鹽 少許
- □ 胡椒粉 少許

調味料
- □ 砂糖 2 大匙
- □ 蒜末 1/2 大匙
- □ 醋 3 大匙
- □ 水 2 大匙
- □ 釀造醬油 1 大匙
- □ 番茄醬 3 大匙

麵糊
- □ 雞蛋 1 顆
- □ 水 5 大匙
- □ 太白粉 約 1 杯（150g）

BBQ
豬肋排

想來點香辣口感時
可在調味料中加入一條的
切碎青陽辣椒。

最佳配菜 ── 烤時蔬

1 水煮玉米、蘆筍 3 ～ 4
份，蒜球 2 份，檸檬 4 ～
6 份。

2 將 100g 的蔬菜①放入
大盆中，加入橄欖油 2 大
匙、鹽巴少許、現磨黑胡
椒粒少許拌勻後，平鋪在
烤盤上。

3 放入預熱至 180℃的烤
箱中層，烤 10 分鐘左右
至蔬菜變金黃。

1 將豬肋排一根一根切好放入大盆，加入可剛好蓋過肋排的清水，浸泡 30 分鐘去除血水，過程中要不時替換清水。

2 在滾水（6 杯）中放入豬肋排、清酒（2 大匙），以大火煮滾後轉中火繼續煮 30 分鐘。

3 將豬肋排洗淨後放在篩網上將水瀝乾。

4 在豬肋排前後面各劃 2 ～ 3 刀，在小碗中把調味料混合均勻。

5 在深鍋中放入調味料以大火煮滾，加入豬肋排後轉中火拌炒 3 分鐘。

6 加入砂糖並開大火拌炒 30 秒，熄火後加入現磨黑胡椒粒。

→ 最後加入砂糖拌炒可增加肋排的光澤感。

準備材料

⏱ **40 ～ 45 分鐘（＋去除血水 30 分鐘）/ 2 人份**

材料
☐ 豬肋排 600g
☐ 砂糖 ½ 大匙
☐ 現磨黑胡椒粒 少許

調味料
☐ 砂糖 2 大匙
☐ 醋 3 大匙
☐ 釀造醬油 2 大匙
☐ 番茄醬 2 大匙
☐ 水 ¼ 杯（50ml）
☐ 鹽 少許

人蔘雞湯

Tip

讓湯頭更香醇的技巧
可於步驟⑦中放入一包含黃耆、當歸、刺楸等的「人蔘雞湯藥膳包」一同熬煮，藥膳包可在大型超市或網路上購買，各家產品的成分不同，購買前需確認清楚。

使用壓力鍋製作

1 將食材處理至步驟⑥後，放入大蔥以外的所有材料。

2 以大火燒煮至洩壓閥出聲，轉中小火繼續煮 30 分鐘。

3 最後關火等蒸氣散去，再打開鍋蓋放入大蔥。

1 將糯米放入調理盆，加入可剛好蓋過糯米的清水，浸泡 1 小時，用篩網將水瀝乾。

2 將水蔘刷洗乾淨，去除頂端後，切成 2～3 段。

3 把手伸進雞肚內，清除所有雜質。

4 用剪刀將雞尾巴及周圍的油脂剪除。

5 將內餡食材混合均勻後，塞入已清理乾淨的雞肚內。

6 為防止內餡漏出，可於一隻雞腿上劃刀，將另一隻雞腿往內塞入刀口後收緊。

→也可使用棉線綁緊。

7 湯鍋中放入全雞、水 7 杯（1.4L）、蒜頭、紅棗、水蔘、鹽 ½ 大匙，大火煮滾後，轉中小火並蓋上鍋蓋繼續煮 45 分鐘。

→熬煮時要不斷撈除湯渣泡沫。

8 放入大蔥後再煮 5 分鐘，最後加入胡椒粉、鹽調味。

→上桌前再撈出蒜頭、紅棗、水蔘。

準備材料

⏱ 1 小時～ 1 小時 5 分鐘（＋浸泡糯米 1 小時）/ 2 人份

材料
☐ 童子雞 1 隻（小型雞，500g）
☐ 蒜頭 5 粒（25g）
☐ 紅棗 4 顆
☐ 水蔘 1 株（小株，10g）
☐ 10cm 大蔥切成蔥花
☐ 鹽 ½ 大匙
☐ 胡椒粉 少許
☐ 水 7 杯（1.4L）

調味料
☐ 糯米 ½ 杯（80g，泡發後100g）
☐ 蒜末 1 小匙
☐ 鹽 少許

雞腿
鍋巴湯

+Tip

想配點生拌韭菜時

1 將韭菜1把（50g）切成5cm長。

2 調理盆中放入韓國辣椒粉1大匙、白芝麻½大匙、醋1大匙、釀造醬油½大匙、韓國醃梅汁2小匙、芝麻油1小匙混合均勻。

3 上桌前再和韭菜拌勻。

使用白飯代替鍋巴
以白飯1碗（200g）來代替鍋巴時，須將步驟⑥的時間縮短至5分鐘。

1 在滾水（5杯）中放入雞腿、清酒（2大匙），大火汆燙3分鐘。

2 雞腿洗淨後放在篩網上將水瀝乾。

3 將馬鈴薯切成 3×3 cm 的塊狀。

4 湯鍋中放入清水6杯（1.2L）、雞腿、馬鈴薯、大蒜、鹽，以大火煮滾。

5 煮滾後蓋上鍋蓋，轉中小火繼續煮40分鐘。

6 加入鍋巴，蓋回鍋蓋再煮10分鐘，煮至米粒膨脹，過程中要不時攪拌，最後加入鹽調味。

準備材料

⏱ 50 ～ 55 分鐘 / 2 人份

材料
- ☐ 雞腿 6 支（600g）
- ☐ 鍋巴 100g
- ☐ 馬鈴薯 2 個（400g）
- ☐ 蒜頭 10 粒（50g）
- ☐ 鹽 1 小匙
- ☐ 水 6 杯（1.2L）

讓加工食品與外送食物更美味

加工食品若保存不當，很容易就會變質腐壞；而外送吃剩時又不知該如何處理。
以下將介紹加工食品與外送料理的保存方式，甚至是加料變身成人氣下酒菜的方法，
料理初學者也能輕鬆學會，請千萬別錯過。

1 加工食品的保存方式

鮪魚罐頭＆雞肉罐頭
去除罐頭中的油脂與湯汁，裝進乾淨密封容器中冷藏保存。若整個罐頭拿去冷藏，會因為氧化而導致食物產生鐵鏽味。

火腿餐肉＆肉類加工品
切面會更容易氧化，因此要用保鮮膜包緊切面裝入保鮮袋或密封容器中冷藏。想延長保存時間的人，也可以用保鮮袋分裝成一次食用的分量再放入冷凍庫。

水果罐頭＆醬菜類
要連湯汁都裝進乾淨密封容器中冷藏保存，美味度才能維持得更長久。

瓶裝醬料類
每次都要用乾淨的湯匙舀取出需要的分量，把瓶口擦乾淨後再蓋回蓋子。

2 外送食物的保存方式

炸雞
裝進保鮮袋或夾鏈袋中冷藏。或是將炸雞去骨後裝進密封容器中冷藏，要做炒飯或醬燒料理時就能方便食用。

披薩
若是隔天就要吃完時，可直接裝進保鮮袋或夾鏈袋中冷藏保存。若是要隔一陣子再吃，就要把披薩分開用保鮮膜包好後，再裝進保鮮袋或夾鏈袋中冷凍存放。

糖醋肉
把料理中的醬汁與炸肉，分開裝進保鮮袋或夾鏈袋中冷藏保存。

豬腳
直接裝進保鮮袋或夾鏈袋中冷藏保存。

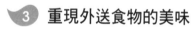

3 重現外送食物的美味

炸雞
用預熱至200℃的烤箱加熱5～7分鐘，炸雞的油脂被逼出後會變得更酥脆。沒有烤箱時，可以把炸雞裝進保鮮袋中，用微波爐（700W）加熱2分30秒～3分鐘，雖然表皮不會變酥脆，卻吃得到充滿水分的軟嫩雞肉。

披薩
冷凍披薩要先用微波爐（700w）解凍，再放入烤箱或鍋子中煎烤。只要放在預熱至170℃的烤箱下層，烤熱至起司再次融化即可，甚至可以再多放些乳酪絲。沒有烤箱時，可用一個較大的平底鍋，放上披薩後在鍋中另一邊加入1大匙冷開水，注意不要讓披薩沾到水，開小火蓋上鍋蓋煎烤3～4分鐘，等水分完全蒸發後即可關火。

糖醋肉
用預熱至200℃的烤箱加熱3～5分鐘。沒有烤箱時，可在熱好的鍋中放入炸肉，以小火把兩面各煎烤2分鐘，取另一小鍋放入糖醋醬料，以小火把醬汁煮至冒泡。醬汁若變得太濃稠，可再加入2～3大匙的水，甚至可以依照喜好放入鹽與醋加重調味。倘若是醬汁與炸肉混在一起的，就裝入耐熱容器中用微波爐（700w）加熱2～3分鐘，或是直接放入鍋中加熱。

④ 剩餘外送食物變身人氣下酒菜

豬腳涼菜冷盤

🕐 **20 分鐘**

市售豬腳 400g，小黃瓜½條（100g），蘋果¼顆（50g），紫高麗菜 2 片（80g），蟹肉棒 1 條（可省略），雞蛋 1 顆，鹽少許，食用油½大匙

涼菜醬汁

砂糖 3 大匙，蒜末 1 ½大匙，醋 3 大匙，鹽½小匙，釀造醬油 1 ½小匙，韓式黃芥末醬 1 ½小匙（可增減）

1 將涼菜醬汁材料混合均勻後，放入冷藏室。
2 小黃瓜從長邊對切，再斜切成 0.3cm 厚片。蘋果去皮去核，切成細絲。紫高麗菜切成細絲。蟹肉棒分成三等分並撕成細絲。
3 大盆放入雞蛋與鹽攪打均勻。熱好的鍋中倒入油並用廚房紙巾抹勻，轉小火後倒入蛋液，等表面開始煎熟後，翻面關火用鍋中餘熱將蛋皮煎熟。煎熟的蛋皮切成細絲。
4 將豬腳與處理好的食材盛盤並澆淋上步驟 1 涼菜醬汁。

香辣酸甜豬腳

🕐 **10 ～ 15 分鐘**

市售豬腳 300g，高麗菜葉 5 片（150g），紫蘇葉 15 片，青辣椒或青陽辣椒 1 條，紅辣椒 1 條，小黃瓜½條（100g）

調味料

韓式黃芥末醬 1 大匙（可增減），果寡糖 2 大匙，韓國辣椒粉 2 大匙，醋 2 大匙，韓式辣椒醬 1 大匙，芝麻 1 小匙，釀造醬油 2 小匙，芝麻油 1 小匙，汽水¼杯（50ml），青陽辣椒末 1 條分量（可增減）

1 高麗菜切成 1×5cm 大小。紫蘇葉切成 1cm 寬粗絲。
2 青、紅辣椒斜切成片。小黃瓜用刀刮除表皮小刺後，從長邊對切，再斜切成 0.3cm 厚片狀。
3 大盆中先把韓式芥末醬與果寡糖混勻，再放入其他調味料拌勻。
   ➔要先拌勻果寡糖與芥末醬，芥末醬能更容易化開。
4 把豬腳與處理好的食材全部放入步驟 3 盆中輕拌。
   ➔若購買整隻豬腳，先切成一口大小後再做調理。

酥炸雞肉沙拉

🕐 **20 ～ 25 分鐘**

香酥炸雞 5 ～ 7 塊（去骨取肉），嫩葉蔬菜 100g

沙拉醬汁

洋蔥¼顆（50g），釀造醬油 1 大匙，料理酒 1 大匙，醋 1 大匙，韓國辣椒粉½小匙，蒜末 1 小匙，芝麻油 1 小匙

1 嫩葉蔬菜洗淨後撕成一口大小，再用蔬菜脫水器去除菜葉水分。
   ➔也能用濾網將水瀝乾。
2 洋蔥切碎後與其他醬汁材料混合均勻。
3 將酥炸雞肉與蔬菜盛盤並搭配沙拉醬汁一起上桌。

台灣食材搭配韓式作法的絕妙組合

台灣妞韓國媳

　　不知道一開始當媳婦的你，是否跟我一樣對廚房的一切感到陌生，但又希望可以自己親手料理一桌菜，做出可口好吃健康的餐點，吃的時候心靈跟身體都有無限的滿足。如果在我剛嫁來韓國時，能遇到本書清楚收錄對廚房的一切，不用我在一次又一次失敗的經驗找答案，告訴我買回來的食材該怎麼分類、保存，才不會讓它們在冰箱變成萬年活化石，給我這些簡單的下廚技巧，我想我會少走很多冤枉路。

　　韓國是一個主婦市場非常發達的國家，背後當然是正面、負面的含意都有。但對於我這樣嚮往打理家裡起居生活的人，倒是可以學到很多前輩的生活智慧，光是飯怎麼煮才會Q彈好吃、剩菜怎麼處理可以變出新料理……這些小撇步就可以拉高生活品質。偏偏我們常因為太努力工作，對於生活智慧囫圇吞棗、道聽塗說，無法有系統、有想法地學習吸收。**其實人生不就是應該學會過生活嗎？**就像是〈艾蜜莉在巴黎〉裡法國人說的，**我們要為了生活而工作，學了這麼多工作知識，你需要一本教你生活的書。**

　　本書的食譜是先介紹一道菜色再補充各種變化方式。就算你每次去市場都看到差不多的菜，買到不想再買了，回到家換個方式又是道新口味的菜色，**就算是韓國、台灣兩地的蔬菜不一樣，你也可以用台灣食材搭配韓式作法，可能會發現一個新天地。**我最推薦書裡的涼拌食譜，台灣的夏天很長，涼拌菜能促進食欲，很建議你嘗試看看喔。

> 拯救遠嫁韓國的台灣媳婦，真是太感激了。

台灣妞韓國媳
一個誤打誤撞嫁到韓國的台灣妞，完全對韓國沒有熱忱，卻要在這個國家為人生開疆闢土、展開新生活，最後發現其實，韓國沒這麼可怕啦 ^^"

FB ｜ 台灣妞韓國媳

建立生活質感，
做出讓人稱讚的家常料理

金老佛爺

很多人想做菜，最擔心的不是做不好，而是怕浪費食物，明明跟著食譜做，卻怎麼做都好像有點不對，偏偏又買了高級食材，只能努力下嚥。失敗的經驗與難吃的料理，就成了讓放棄做菜的原因，最後只情願做些簡單料理……這樣的想法，老金非常有感觸，因為我是過來人。時代不同了，大家都認為上網找資料就能做出好菜，可是基礎呢？有些人沒有長輩的傳承，又或是長輩懶得交代細節而靠著感覺自學，但有了本書之後，我相信看完的朋友都能學到很多知識，**讓自己不只是料理越做越好，也會變得更懂吃喔。**

不論是想做點菜給孩子品嘗手藝的媽媽；或是想學料理的新手上班族，想要吃得健康美味更省錢，這本書不論何時是都能派上用場，一定要珍藏。**本書有別於其他食譜，它從韓國媽媽要懂的生活常識，一直到做出美味的料理，非常詳細。**有了它就等於進了廚藝學校，**建立基礎與生活質感，慢慢做出讓人會稱讚的料理**，將來會聽到別人對你說：「你可以去開餐廳！」

非常感謝有人整理出這些知識，變成這樣實用的書，讓我們這些媽咪、想學料理的新手，可以嘗試做出幸福美滿的家庭料理。這真是本非常棒的工具書，從刀工、挑選食材、醬料、火侯甚至冰箱保存法通通傳授，是最有溫度的暖心工具書。

> 這是最有溫度的韓國料理食譜書。

金老佛爺
從韓國來到台灣念台灣藝術大學，不斷努力下，終於能做自己想做的事情，為了更美好的人生一起努力。

FB ｜ 金老佛爺 Fashion Blog by
　　 Kimlafayette

327

國家圖書館出版品預行編目資料

道地韓國媽媽家常菜 360 道【暢銷 250,000 本珍藏版】 / <<Super Recipe>> 月刊誌著 . -- 初版 . -- 臺北市：三采文化，2020.12
面；　公分 . -- (好日好食)
ISBN 978-957-658-448-0(平裝)

1. 食譜 2. 韓國

427.132　　　　　　　　　109016298

◎封面插畫提供：
Hein Nouwens / Shutterstock.com

suncolor
三采文化集團

好日好食 053

道地韓國媽媽家常菜 360 道【暢銷 250,000 本珍藏版】

作者 |《Super Recipe》月刊誌　譯者 | 陳建安
副總編輯 | 王曉雯　主編 | 黃迺淳
美術主編 | 藍秀婷　封面設計 | 池婉珊
內頁設計 | 陳佩君、Claire Wei

發行人 | 張輝明　總編輯 | 曾雅青　發行所 | 三采文化股份有限公司
地址 | 台北市內湖區瑞光路 513 巷 33 號 8 樓
傳訊 | TEL:8797-1234　FAX:8797-1688　網址 | www.suncolor.com.tw
郵政劃撥 | 帳號：14319060　戶名：三采文化股份有限公司
初版發行 | 2020 年 12 月 31 日　定價 | NT$499
　　3 刷 | 2022 年 5 月 25 日

진짜 기본 요리책 ⓒ 2018 by 수퍼레시피
All rights reserved
First published in Korea in 2018 by Recipe Factory
This translation rights arranged with Recipe Factory,
Through Shinwon Agency Co., Seoul
Complex Chinese translation rights © 2020 by Sun Color Culture Co., Ltd